高等院校土建类专业信息化系列教材

BIM 建筑工程计量与计价

主　编　谭攀静　郑晓茜

副主编　王湘珍　王　欢　刘　莉　李俊祎

主　审　刘珊珊

西安电子科技大学出版社

内 容 简 介

　　本书是由学校教师、企业专家、学生通过互动协商，共同建构的一本立体化教材。本书依据《房屋建筑与装饰工程工程量计算标准》(GB/T 50854—2024)、《河南省房屋建筑与装饰工程预算定额》(HA 01-31—2016)、《建设工程工程量清单计价标准》(GB/T 50500—2024)、《民用建筑通用规范》(GB 55031—2022) 和建标〔2013〕44 号文、建办标〔2016〕4 号文件等编制而成，贯彻岗、课、赛、证一体化，按照全过程造价流程确定主线并分解教学任务，选取某学生宿舍楼项目作为整体工程案例穿插教学，将课堂内容与岗位需求衔接，解构为工程造价概述，建筑面积计算 (2023 年规范)，河南省 2016 定额应用，土方工程，地基处理与桩基工程，砌筑工程，混凝土与钢筋混凝土工程，门窗工程，屋面及防水工程，保温、隔热、防腐工程，楼地面装饰工程，墙柱面装饰工程，天棚工程，油漆、涂料及裱糊工程，措施项目费，工程量清单编制，最高投标限价编制共十七个模块。

　　本书可作为高等院校工程造价管理类和土建施工类专业教材，也可作为建设企业、咨询企业、施工企业及监理企业工程造价岗位技术人员的培训用书或参考资料。

图书在版编目 (CIP) 数据

BIM 建筑工程计量与计价 / 谭攀静，郑晓茜主编 . -- 西安：西安
电子科技大学出版社 , 2025. 7. -- ISBN 978-7-5606-7573-2

Ⅰ. TU723.32

中国国家版本馆 CIP 数据核字第 2025GR4467 号

书　　名	BIM 建筑工程计量与计价	
	BIM JIANZHU GONGCHENG JILIANG YU JIJIA	

策　　划　李鹏飞　刘　杰

责任编辑　李鹏飞

出版发行　西安电子科技大学出版社 (西安市太白南路 2 号)

电　　话　(029) 88202421　88201467　　　　邮　编　710071

网　　址　www.xduph.com　　　　　　　　电子邮箱　xdupfxb001@163.com

经　　销　新华书店

印刷单位　陕西天意印务有限责任公司

版　　次　2025 年 7 月第 1 版　　2025 年 7 月第 1 次印刷

开　　本　787 毫米 × 1092 毫米　1/16　印　张　20

字　　数　475 千字

定　　价　58.00 元

ISBN 978-7-5606-7573-2

XDUP 7874001-1

*** 如有印装问题可调换 ***

前 言

"BIM 建筑工程计量与计价"是工程造价管理类和土建施工类专业的一门专业课程，更是工程造价专业最重要的核心课程，本书是该课程对应的教材。

本书的编写遵循职业岗位工作要求，以模块、项目、案例等为载体，打破传统教材编写体例模式，深度对接行业、企业标准，体现"赛证融通"特色，有助于学生取得技能比赛和职业资格证书，实现职业技能培养与社会人才需求的无缝衔接；同时，结合行业标准与施工过程，以学生实训为主、教师讲授为辅，科学设计"认知—识图—计量—列项—组价—实操"环节，把课程内容分解为十七个教学模块，系统融入思政教学，培养学生将专业知识、职业素养应用于岗位的理实一体能力，提升全过程造价教学和实践效果。

本书编写顺应建设工程全过程造价咨询趋势，着重突出以下几方面的特色：

1. 凸显课程思政，注重教书育人与三教改革对接

本书将职业素养、行业法规、人文精神等思政内容通过相关链接、图例等巧妙嵌入，强化学生职业素养的培养，将专业精神、职业精神和工匠精神融入教材内容，较好体现"教书育人"，践行"三教改革"。

2. 坚守标准规范，凸显区域定额标准与最新规范标准特点

在本书编写过程中，作者通过问卷调查梳理了工程造价等多专业学生和教师对现行教材的意见与建议，选用最新的国家强制性标准《民用建筑通用规范》(GB 55031—2022)作为建筑面积计算最新规范，依据的《房屋建筑与装饰工程工程量计算标准》(GB/T 50854—2024)、《建设工程工程量清单计价标准》(GB/T 50500—2024)均为最新国家标准，弥补了现有教材对新标准的条文解读、案例实操等内容更新滞后，难以满足从业者系统学习新标准、掌握计量计价规则的缺点。

3. 深化岗课赛证，注重融通育人与能工巧匠培养

本书在编写过程中，对接相应行业企业，呼应建筑专业相关职业技能竞赛和资格证书，契合专业教学内容，充分考虑了满足造价工程师岗位职责、专业课程、技能竞赛、职业资格证书("岗课赛证")的要求。

4. 突出技能培养，注重项目实训与技能抽查的匹配

本书通过某学生宿舍楼、典型工作任务等真实案例，结合行业标准和岗位职责，以

职业技能训练为核心，让学生走进真实施工项目，缩短理论知识与实习实践的距离，同时将高职院校"技能抽查标准"的相关内容有机融入，便于师生掌握专业技能抽查的要点。

5. 加强校企合作，注重教学内容与行业标准融合

本书融入了企业专家丰富的实践经验，同时将行业发展新趋势、新业态、新技术引入其中，联合企业专家进行专业解读，并加强 BIM 技术应用元素，与河南省知名造价咨询企业合作，实现职业技能培养与社会人才需求的无缝对接。

6. 重视创新引领，注重信息化平台与多元化技术融入

本书采用多种信息化教学手段，关联编写团队发布在智慧职教平台的精品在线课程视频，启用"线上＋线下"教学模式，通过 Revit、广联达 BIM 土建计量平台 GTJ、广联达云计价 GCCP 等软件，以二维码的形式提供教学资源，将教材内容以三维立体形式呈现在学生面前，激发学生自主学习热情，提升全过程造价教学效果。

另外，需要说明以下几点：一是国家最新发布的《房屋建筑与装饰工程工程量计算标准》(GB/T 50854—2024) 和《建设工程工程量清单计价标准》(GB/T 50500—2024) 的实施日期为 2025 年 9 月 1 日。目前这两项标准尚处于普及阶段，书中对新标准的理解与运用难免存在不到位之处。鉴于此，诚邀各位老师与同行一同交流，分享对新标准的见解、疑问，共同探讨在教学、实践中遇到的问题，助力大家更好地掌握和运用新的国家标准。

二是在教材工程项目实例编制中，广联达 BIM 土建计量平台 GTJ、广联达云计价平台 GCCP 当前尚未适配最新标准。为确保内容时效性与专业性，作者团队将在后续修订版本中同步更新项目实例至最新标准体系，持续为读者提供契合行业发展的高质量教学资源。

三是教材目前配套的精品在线开放课程是 2024 年 5 月完成拍摄的，随着教育理念与技术的不断更新，后续我们将密切关注新版本要求，及时对精品在线开放课程内容进行更新与优化，力求为大家提供更优质、前沿的教学资源，助力知识的高效传递与吸收。

本书由郑州职业技术学院的谭攀静、郑晓茜担任主编，王湘珍、王欢、刘莉、李俊祎担任副主编，鑫诚国际工程咨询有限公司副总工程师刘珊珊担任主审，具体编写分工如下：王欢编写模块 1、模块 4 和模块 5，郑晓茜编写模块 2、模块 3 和模块 6，谭攀静编写模块 7，刘莉编写模块 8、模块 9、模块 10 和模块 11，王湘珍编写模块 12、模块 13 和模块 14，李俊祎编写模块 15、模块 16 和模块 17，刘珊珊对全书内容进行了审读。全书由谭攀静统稿。本书在编写过程中参阅了一些文献资料，同时得到了同仁的大力支持，谨向这些文献的作者和各位同仁致以诚挚的谢意。

由于编者水平有限，书中难免有不妥之处，敬请广大读者批评指正。

编者

2024 年 12 月

CONTENTS // 目 录

知识框架

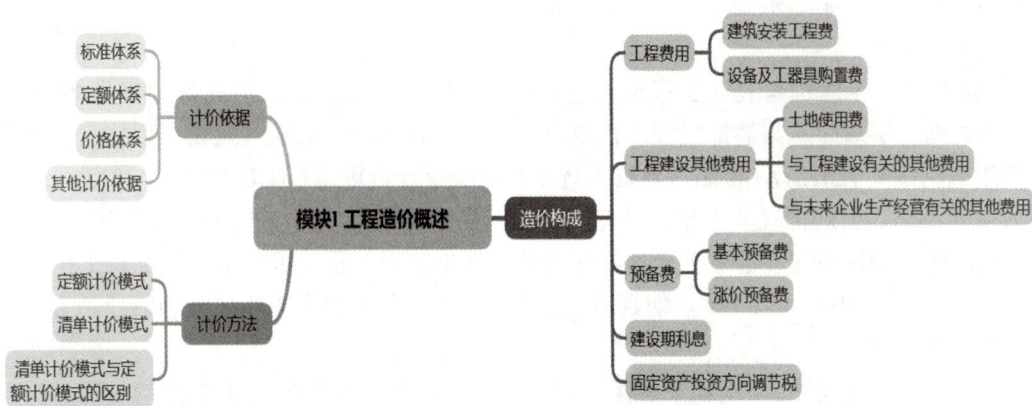

1.1 工程造价的计价依据

建筑工程造价的计价依据，是指运用科学合理的调查、统计和分析测算方法，从工程建设的经济技术活动和市场交易活动中获取的可用于测算、评估和计算工程造价的参数、量值和计价的方法等。要在工程建设各阶段合理确定工程造价，必须有科学适用的计价依据。

工程造价的计价依据主要包括标准体系、定额体系、价格体系及其他计价依据。

1. 标准体系

工程造价计价的标准体系包括如下两个标准：

《建设工程工程量清单计价标准》(GB/T 50500—2024) 包括总则、术语、基本规定、工程量清单编制、最高投标限价编制、投标报价编制、合同工程计量、合同价款调整、合同价款期中支付、工程结算与支付、合同价款争议的解决、工程计价成果与档案管理共

12 部分，以及附录 A～附录 G 共 7 个附录。

《房屋建筑与装饰工程工程量计算标准》(GB/T 50854—2024) 包含了总则、术语、工程计量、工程量清单编制，以及项目编码、项目名称、项目特征、计量单位、工程量计算规则和工作内容等，其中项目编码、项目名称、项目特征、计量单位、工程量计算规则作为"五统一"的内容，要求招标人在编制工程量清单时必须执行。

2. 定额体系

工程造价计价的定额体系主要包括消耗量定额、预算定额、其他定额等。

1) 消耗量定额

《房屋建筑与装饰工程消耗量定额》(TY 01-31—2015) 是以国家和有关部门发布的国家现行设计规范、施工验收规范、技术操作规程、质量评定标准、产品标准和安全操作规程、现行工程量清单计价标准、计算标准和有关定额为依据进行编制的，并参考了有关地区和行业标准、定额、典型工程设计、施工及其他资料。

2) 预算定额

《河南省房屋建筑与装饰工程预算定额》(HA 01-31—2016)(以下简称河南省 2016 定额) 是依据《房屋建筑与装饰工程消耗量定额》(TY 01-31—2015)、《建设工程施工机械台班费用编制规则 (2015)》，参照《建设工程工程量清单计价规范》(GB 50500—2013)，住房和城乡建设部、财政部《关于印发〈建筑安装工程费用项目组成〉的通知》(建标〔2013〕44 号)，住房和城乡建设部《关于做好建筑业营改增建设工程计价依据调整准备工作的通知》(建办标〔2016〕4 号) 等，结合河南省建设领域工程计价改革需要编制的。

3) 其他定额

在工程造价计价中，除消耗量定额、预算定额外，还有其他定额，如概算定额、概算指标、投资估算指标等，这些定额与项目建设密切相关，是计算整个工程造价的重要参考依据。

3. 价格体系

工程造价计价的价格体系可分为价格信息、造价指数和造价指标三类。

1) 价格信息

工程价格信息主要包括人工、材料、施工机械台班价格，由工程造价管理部门依据本地区市场价格行情，定期发布市场指导价格及相关的指数和信息。

2) 造价指数

工程造价指数是反映一定时期的工程造价相对于某一固定时期的工程造价变化程度的比值或比率。它反映了报告期与基期相比的价格变动趋势，是调整工程造价价差的依据。按工程造价的构成要素，造价指数可划分为人工、材料、机械价格指数等。

3) 造价指标

按照工程构成的不同，建设工程造价指标可分为建设投资指标、单项工程造价指标、单位工程造价指标；按照用途的不同，建设工程造价指标可以分为工程经济指标、工程量指标、工料价格指标及消耗量指标。

4. 其他计价依据

在工程造价计价中，除标准体系、定额体系、价格体系外，还要参考相关的法律法规、地方性政策标准、施工图设计文件、施工组织设计等，这些都是建设工程造价的计价依据。

1.2　工程造价的构成

　　建设项目总投资是指投资主体为获取预期收益，在选定的建设项目上投入所需的全部资金，主要包括固定资产投资和流动资产投资两部分。

　　建设项目按投资作用可分为生产性项目和非生产性项目。其中，生产性项目总投资包括固定资产投资和流动资产投资两部分；非生产性项目总投资只有固定资产投资，不含流动资产投资。

　　工程造价是建设项目总投资中的固定资产投资部分，是建设项目从筹建到竣工交付使用的整个建设过程所花费的全部固定资产投资费用。

　　根据国家发展改革委和原建设部审定 (发改投资〔2006〕1325 号) 发行的《建设项目经济评价方法与参数》(第三版) 的规定，工程造价 (固定资产投资) 由五部分构成，如图1-1 所示。

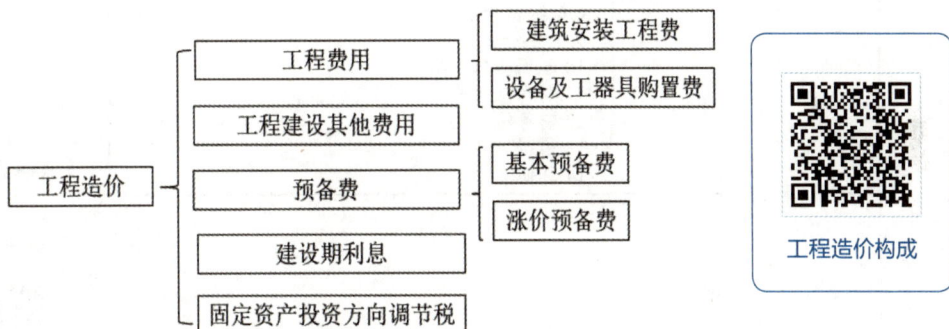

图 1-1　工程造价构成

　　【提示】根据财政部、国家税务总局、国家发展计划委员会财税字〔1999〕299 号文件，自 2000 年 1 月 1 日起发生的投资额，暂停征收固定资产投资方向调节税，但该税种并未取消。

1.2.1　工程费用

　　工程费用主要包括建筑安装工程费和设备及工器具购置费。

1. 建筑安装工程费

　　根据中华人民共和国住房和城乡建设部、财政部《关于印发〈建筑安装工程费用项目组成〉的通知》(建标〔2013〕44 号) 的最新规定，建筑安装工程费的构成如下。

　　1) 按费用构成要素划分

　　我国现行建筑安装工程费按照费用构成要素划分，由人工费、材料费、施工机具使用费、管理费、利润、增值税组成，其中，人工费、材料费、施工机具使用费、管理费和利润包含在分部分项工程费、措施项目费、其他项目费中，其具体构成如图 1-2 所示。

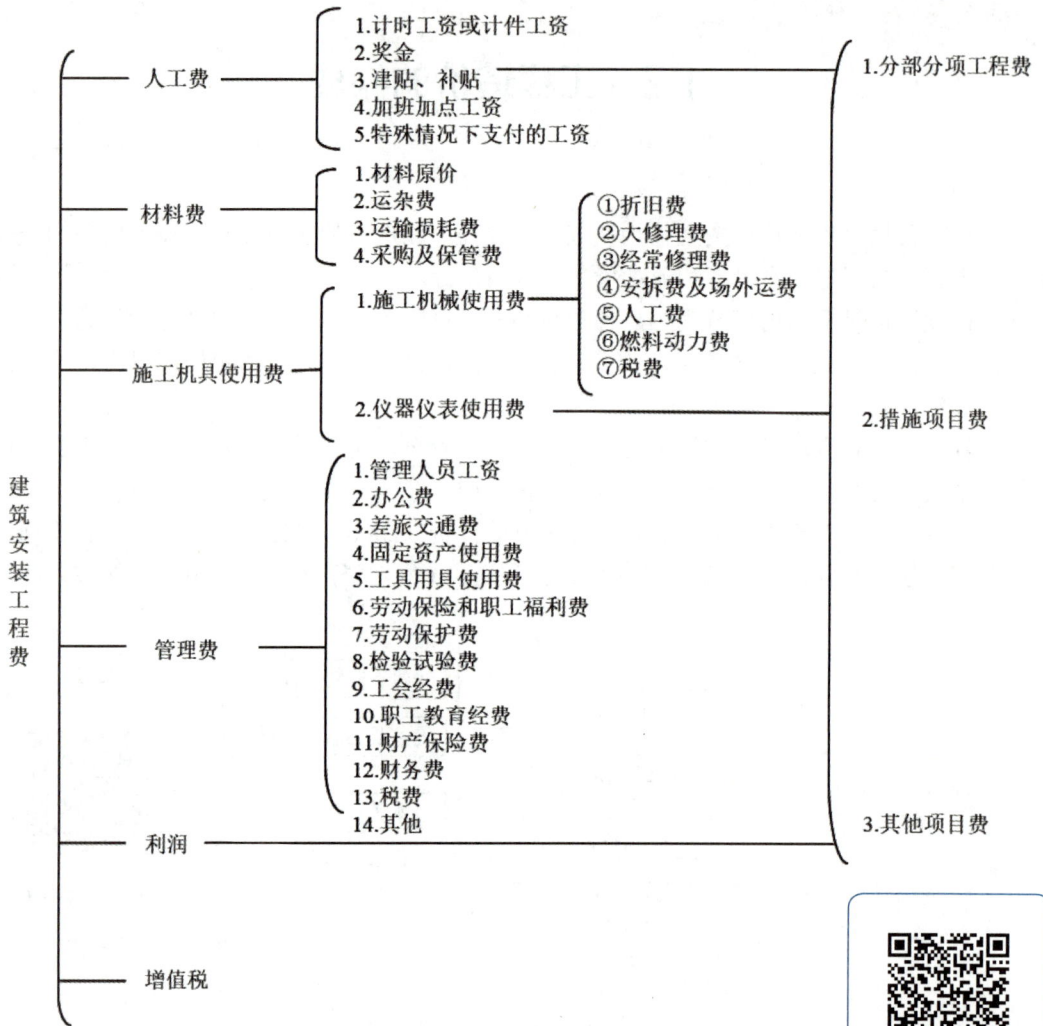

图 1-2　建筑安装工程费的构成（按费用构成要素划分）

（1）人工费。人工费是指按工资总额构成规定，支付给从事建筑安装工程施工的生产工人和附属生产单位工人的各项费用，具体包括计时工资或计件工资、奖金、津贴补贴、加班加点工资及特殊情况下支付的工资等。其计算公式为

$$人工费 = \sum(工日消耗量 \times 日工资单价)$$

式中，

$$日工资单价=\frac{生产工人平均月工资(计时或计件)+平均月(奖金+津贴补贴+特殊情况下支付的工资)}{年平均每月法定工作日}$$

(2) 材料费。材料费是指施工过程中耗费的原材料、辅助材料、构配件、零件、半成品或成品、工程设备的费用，具体包括材料原价、运杂费、运输损耗费、采购及保管费等。

① 材料费的计算公式为

$$材料费 = \sum (材料消耗量 \times 材料单价)$$

式中，

材料单价 = {(材料原价 + 运杂费) × [1 + 运输损耗率 (%)]} × [1 + 采购保管费率 (%)]

② 工程设备费的计算公式为

$$工程设备费 = \sum (工程设备量 \times 工程设备单价)$$

式中，

工程设备单价 = (设备原价 + 运杂费) × [1 + 采购保管费率 (%)]

(3) 施工机具使用费。施工机具使用费是指施工作业所发生的施工机械、仪器仪表使用费或其租赁费。

① 施工机械使用费包括折旧费、大修理费、经常修理费、安拆费及场外运费、人工费、燃料动力费及税费等七项费用。

施工机械使用费的计算公式为

$$施工机械使用费 = \sum (施工机械台班消耗量 \times 机械台班单价)$$

式中，

机械台班单价 = 台班折旧费 + 台班大修费 + 台班经常修理费 + 台班安拆费及场外运费 + 台班人工费 + 台班燃料动力费 + 台班车船税费

② 仪器仪表使用费指工程施工所需使用的仪器仪表的摊销及维修费用。

仪器仪表使用费的计算公式为

仪器仪表使用费 = 工程使用的仪器仪表摊销费 + 维修费

(4) 管理费。管理费指建筑安装企业组织施工生产和经营管理所需的费用。

如果以分部分项工程费为计算基础，则有

管理费 = 分部分项工程费 × 管理费率 (%)

如果以人工费和机械费合计为计算基础，则有

管理费 = 人工费和机械费合计 × 管理费率 (%)

如果以人工费为计算基础，则有

管理费 = 人工费 × 管理费率 (%)

(5) 利润。利润指施工企业完成所承包工程获得的盈利。

(6) 增值税。增值税是根据国家税法规定的，应计入营建装工程造价内的税额。费用计算应以分部分项工程项目清单、措施项目清单、其他项目清单 (专业工程暂估价除外) 的合计金额作为计算基础，乘以政府主管部门规定的增值税税率来计算。

2) 按工程造价形成划分

建筑安装工程费按照工程造价形成划分，由分部分项工程费、措施项目费、其他项目费、增值税组成，其中分部分项工程费、措施项目费、其他项目费中又包含人工费、材料

费、施工机具使用费、管理费和利润。其具体构成如图 1-3 所示。

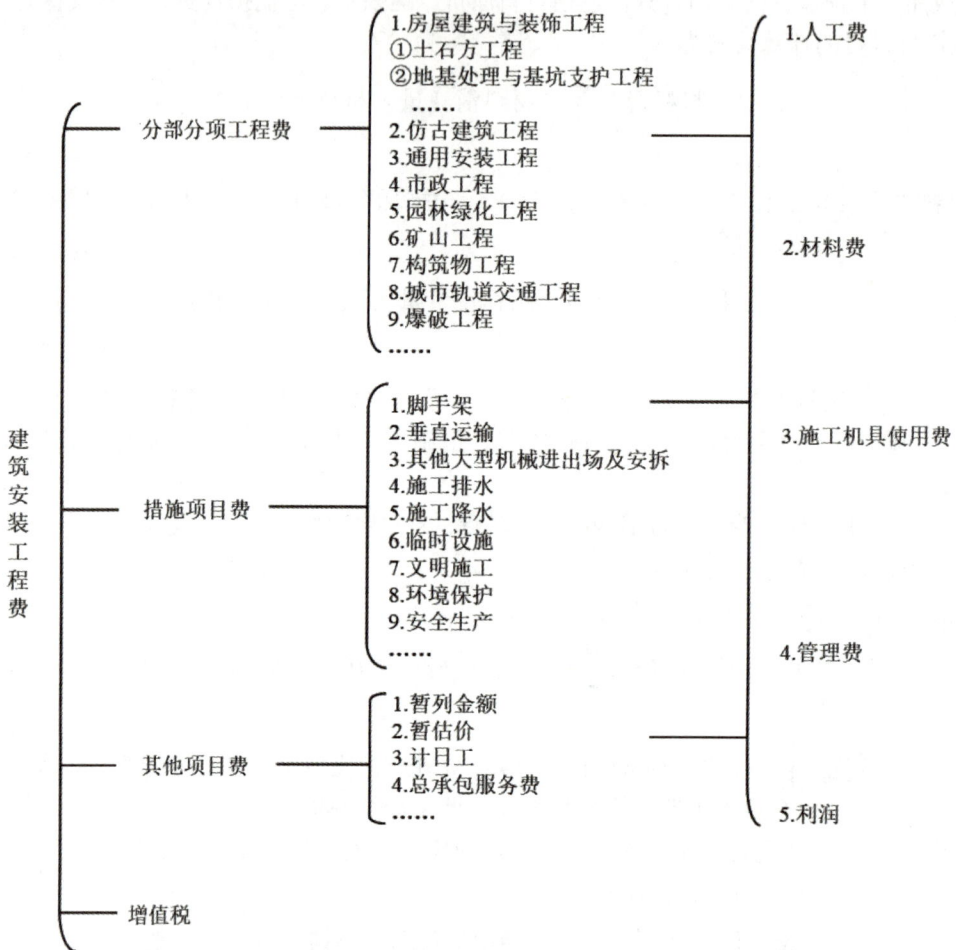

图 1-3　建筑安装工程费的构成 (按工程造价形成划分)

(1) 分部分项工程费。分部分项工程费指各专业工程的分部分项工程应予列支的各项费。其中，分部分项工程指按现行国家计算标准对各专业工程划分的项目，其计算公式为

$$分部分项工程费 = \sum (分部分项工程量 \times 综合单价)$$

式中，综合单价包括人工费、材料费、施工机具使用费、管理费和利润以及一定范围的风险费用。

(2) 措施项目费。措施项目费指为完成工程项目施工，发生于该工程施工前和施工过程中的技术、生活、安全、环境保护等方面的费用，其计算公式为

$$措施项目费 = 计算基数 \times 相应的费率 (\%)$$

(3) 其他项目费。其他项目费主要包括暂列金额、暂估价、计日工、总承包服务费等。
(4) 增值税。增值税与按费用构成要素划分的一致。

2. 设备及工器具购置费

设备及工器具购置费由设备购置费和工具、器具及生产家具购置费组成。

1) 设备购置费

设备购置费是指为工程项目购置或自制的达到固定资产标准的各种国产或进口设备、工具、器具的购置费用。由设备原价和设备运杂费构成，其计算公式为

$$设备购置费 = 设备原价 + 设备运杂费$$

(1) 设备种类及原价构成。设备一般分为国产设备和进口设备两种。国产设备的原价一般是指设备制造厂的交货价，即出厂价或订货合同价。进口设备的原价是指进口设备的抵岸价，即抵达买方边境港口或边境车站，且交完关税等税费后形成的价格。

(2) 设备运杂费。设备运杂费是指除设备原价之外的关于设备采购、运输、途中包装及仓库保管等方面支出费用的总和。其费用按照设备原价乘以设备运杂费率计算，其计算公式为

$$设备运杂费 = 设备原价 \times 设备运杂费率 (\%)$$

2) 工具、器具及生产家具购置费

工具、器具及生产家具购置费是指新建或扩建项目初步设计规定的，保证初期正常生产必须购置的没有达到固定资产标准的设备、仪器、工卡模具、器具、生产家具和备品备件等的购置费用。一般以设备购置费为基数，按照部门或行业规定的工具、器具及生产家具费率计算，其计算公式为

$$工具、器具及生产家具购置费 = 设备购置费 \times 定额费率 (\%)$$

1.2.2　工程建设其他费用

工程建设其他费用是指从工程筹建起到工程竣工验收交付使用止的整个建设期间，除建筑安装工程费用和设备及工器具购置费用以外的，为保证工程建设顺利完成和交付使用后能够正常发挥效用而发生的各项费用。按其内容大体可分为三类：土地使用费、与工程建设有关的其他费用、与未来企业生产经营有关的其他费用，如图 1-4 所示。

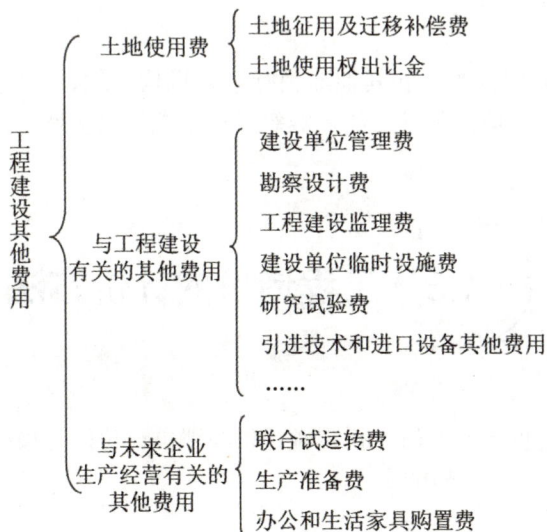

图 1-4　工程建设其他费用的构成

1.2.3 预备费

按照我国现行规定，预备费包括基本预备费和涨价预备费。

1. 基本预备费

基本预备费指在初步设计及概算内难以预料的工程费用。一般用建安工程费用、设备及工器具购置费和工程建设其他费用三者之和乘以基本预备费率进行计算。其计算公式为

基本预备费 = (建安工程费用 + 设备及工器具购置费 + 工程建设其他费用) × 基本预备费率 (%)

基本预备费率一般按照国家有关部门的规定执行。

2. 涨价预备费

涨价预备费是指为在建设期内利率、汇率或价格等因素的变化而预留的可能增加的费用，亦称为价格变动不可预见费。其具体内容包括人工、设备、材料、施工机械的价差费，建筑安装工程费及工程建设其他费用调整，利率、汇率调整等增加的费用。其计算公式为

$$PF = \sum_{t=1}^{n} I_t \left[(1+f)^m (1+f)^{0.5} (1+f)^{t-1} - 1 \right]$$

式中，PF ——涨价预备费；

I_t —— 第 t 年的静态投资计划额，包括建筑安装工程费、设备及工器具购置费、工程建设其他费用及基本预备费；

n —— 建设期年份数；

m —— 建设前期年限 (从编制估算到开工建设)；

f —— 年投资价格上涨率；

t —— 建设期第 t 年。

涨价预备费
应用案例

1.2.4 建设期利息

建设期利息包括向国内银行和其他非银行金融机构贷款、出口信贷、外国政府贷款、国际商业银行贷款以及在境内外发行的债券等在建设期间内应偿还的借款利息。

1.3 工程造价的计价方法

建设期利息
计算方法

我国现行的工程造价计价方法包括定额计价与清单计价两种模式。

1.3.1 定额计价模式

定额计价模式是我国在计划经济时期及计划经济向市场经济转型时期所采用的计价方法。

定额计价模式是指在工程造价计价过程中以各地的预算定额为依据，按其规定的分项工程子目和计算规则，逐项计算各分项工程的工程量，套用预算定额中的工料机单价确定直接工程费，然后按规定取费标准确定构成工程价格的其他费用和利税，获得建筑安装工程造价，如图 1-5 所示。

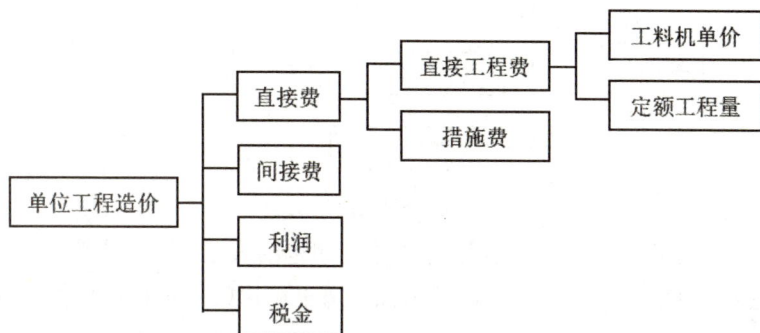

图 1-5　定额计价模式

在定额计价模式下，定额单价采用工料机单价，即只包括人工费、材料费、施工机具使用费，则定额计价的基本方法和程序可用下列公式表述：

每一建筑安装产品基本构造单元的工料机单价 = 人工费 + 材料费 + 施工机具使用费

式中，

$$人工费 = \sum (人工工日数量 \times 单位价格)$$

$$材料费 = \sum (材料消耗量 \times 材料单价) + 工程设备费$$

$$施工机具使用费 = \sum (施工机械台班消耗量 \times 机械台班单价) +$$
$$\sum (仪器仪表台班消耗量 \times 仪器仪表台班单价)$$

$$单位工程直接费 = \sum (建筑安装产品工程量 \times 工料机单价) + 措施费$$

$$单位工程预算造价 = 单位工程直接费 + 间接费 + 利润 + 税金$$

$$单项工程预算造价 = \sum 单位工程预算造价 + 设备及工器具购置费$$

$$建设项目预算造价 = \sum 单项工程预算造价 + 工程建设其他费用 +$$
$$预备费 + 建设期利息$$

1.3.2　清单计价模式

清单计价模式是国际上通用的计价方法，是我国大力推行的与国际惯例接轨的一种先进的计价模式。

清单计价模式亦称综合单价法，是建设工程招标投标中招标人或委托具有资质的中介机构按照国家统一的工程量清单计算标准，编制的反映工程实体消耗和措施消耗的工程量清单，并作为招标文件的一部分提供给投标人，再由投标人依据工程量清单，根据各种渠道所得的工程造价信息和经验数据，结合企业定额自主报价的计价方式，如图 1-6 所示。

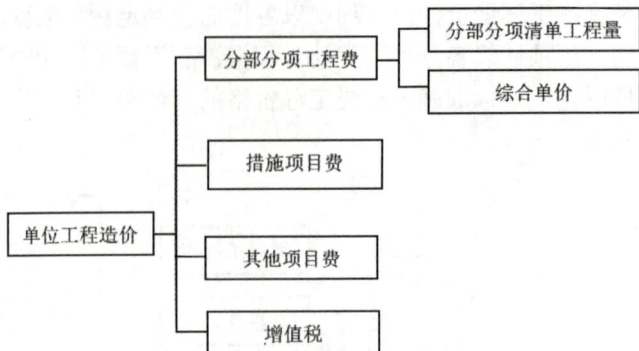

图 1-6　清单计价模式

在清单计价模式下，清单单价采用综合单价，即包括人工费、材料费、施工机具使用费、管理费、利润及一定范围的风险费用，则工程量清单计价的基本程序可用下列公式表述：

分部分项工程费 $= \sum$（分部分项清单工程量 × 相应分部分项综合单价）

措施项目费 $= \sum$ 各个措施项目费

其他项目费 = 暂列金额 + 暂估价 + 计日工 + 总承包服务费

单位工程造价 = 分部分项工程费 + 措施项目费 + 其他项目费 +
　　　　　　　增值税

单项工程造价 $= \sum$ 单位工程造价 + 设备及工器具购置费

建设项目总造价 $= \sum$ 单项工程造价 + 工程建设其他费用 +
　　　　　　　预备费 + 建设期利息

综合单价组价

1.3.3　清单计价模式与定额计价模式的区别

目前，我国建设工程造价以清单计价模式为主，但由于定额计价在我国已实行了几十年，虽然有其不合适的地方，但并不影响其计价的准确性，这种计价模式在一定时期内还有发挥作用的市场。这两种计价模式的区别如表 1-1 所示。

表 1-1　清单计价模式与定额计价模式的区别

比较内容	清单计价模式	定额计价模式
项目设置	清单项目以一个"综合实体"考虑，一个清单项目包括若干个定额项目工程内容	定额项目按施工工序、工艺进行设置，定额项目工程内容一般是单一的
计量规则	按国家规范统一的清单工程量计算标准计算实体净量，措施增量和损耗量由投标人在综合单价中考虑	按各地区使用的定额工程量计算规则计算工程量，一般包含图示尺寸净量、措施增量和损耗量
定价原则	按清单计价标准要求，由施工企业自主报价，市场决定价格，反映市场价格	按工程造价管理机构发布的有关规定及定额基价进行计价，反映计划价格

续表

比较内容	清单计价模式	定额计价模式
单价构成	工程量清单采用综合单价，综合单价包括人工费、材料费、机械费、管理费和利润，并考虑一定范围内的风险因素，且各项费用均由投标人自主报价	定额计价采用定额子目基价，定额子目基价只包括定额编制时期的人工费、材料费、机械费、管理费，并不包括利润和风险因素带来的影响
价差调整	按承发包双方约定的价格直接计算，除招标文件规定外，不存在价差调整	按工程承发包双方约定的价格与定额价调整价差
计价方法	一个清单实体项目综合单价的计价往往需要计算多个子项才能完成组价，即每一个清单项目组合计价	按施工顺序，将不同分项工程的工程量计算出来，然后选套定额单价，每一个分项工程独立计价
计价过程	招标方必须设置清单项目并计算清单工程量。工程计价由两个阶段组成：一是招标方编制工程量清单；二是投标方根据招标工程量清单报价	招标方只负责编写招标文件，投标方根据招标文件确定项目内容及工程量。项目设置、工程量计算、工程计价等工作均在投标阶段完成
工程风险	招标人编制工程量清单，投标人自主报价，因此，招标人要承担量的风险，投标人要承担价的风险	工程量由投标人计算，单价由投标人确定，因此，投标人要同时承担量和价的风险

思政角

　　建设项目工程造价计价依据繁多、造价构成复杂，要严格按照一定的计价模式及计价流程核算造价。作为造价人员，要具备良好的职业素养、求真务实的工作态度、精益求精的工匠精神，做好每一份造价文件，做到有章可循，照章办事，有据可查。

模 块 小 结

　　通过本模块的学习，学生应掌握以下内容：

　　(1) 工程造价主要包括工程费用、工程建设其他费用、预备费、建设期利息及固定资产投资方向调节税 (暂停征收)。

　　(2) 按费用构成要素划分，建筑安装工程费由人工费、材料费、施工机具使用费、管理费、利润、增值税组成；按工程造价形成划分，建筑安装工程费由分部分项工程费、措施项目费、其他项目费、增值税组成。

　　(3) 工程建设其他费用，按其内容大体可分为三类：土地使用费、与工程建设有关的其他费用、与未来企业生产经营有关的其他费用。

(4) 清单计价模式与定额计价模式在项目设置、计量规则、定价原则、单价构成、价差调整、计价方法、计价过程、工程风险等方面存在不同。

同 步 测 试

一、简答题

1. 简述建筑安装工程费的两种划分方法，其对应的费用组成内容有哪些？

2. 简述清单计价模式与定额计价模式的区别。

二、单选题

1. 下列各项费用中，属于分部分项工程费的是 (   )。

A. 挖基坑土方   B. 垂直运输费

C. 临时设施费   D. 文明施工费

2. 按照现行规定，下列 (   ) 不属于材料费的组成内容。

A. 运输损耗费   B. 检验试验费

C. 材料原价   D. 采购及保管费

3. 在我国现行投资构成中，下列费用不属于基本预备费的是 (   )。

A. 设计变更增加的费用

B. 弥补自然灾害造成损失的费用

C. 局部地基处理增加的费用

D. 建设期内由于价格变化而增加的费用

4. 某项目的设备及工器具购置费为 2000 万元，建筑安装工程费为 800 万元，工程建设其他费为 200 万元，基本预备费费率为 5%，则该项目的基本预备费为 (   )。

A. 100 万元   B. 110 万元

C. 140 万元   D. 150 万元

三、多选题

1. 在下列与施工仪器仪表相关的费用中，属于施工仪器仪表台班单价的有 (   )。

A. 折旧费   B. 维护费   C. 校验费

D. 检测软件费   E. 操作人工费

2. 在建设项目总投资估算中，属于动态部分的费用项目有 (   )。

A. 工程建设其他费   B. 基本预备费   C. 涨价预备费

D. 建设期利息   E. 流动资金

3. 清单计价模式与定额计价模式的区别体现在 (   ) 等方面。

A. 项目设置   B. 计量规则   C. 单价构成

D. 价差调整   E. 工程风险

模块 2   建筑面积计算（2023 年规范）

知识框架

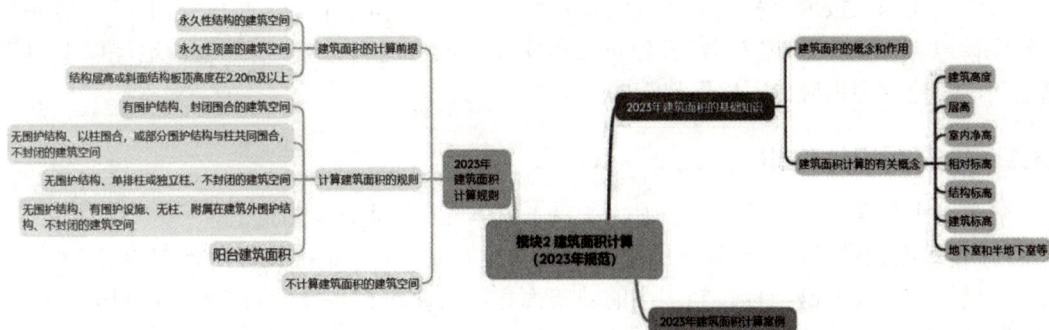

2.1   2023 年建筑面积基础知识

2022 年 8 月 25 日，住房和城乡建设部官网发文批准《民用建筑通用规范》为国家标准，编号为 GB 55031—2022，自 2023 年 3 月 1 日起实施。建筑面积作为民用建筑的重要属性之一，该规范在第 3 章对其计算规则予以了明确界定。自 2023 年 3 月 1 日起，《民用建筑通用规范》(GB 55031—2022) 开始实施后，与推荐性标准《建筑工程建筑面积计算规范》(GB/T 50353—2013) 和《房产测量规范》(GB/T 17986.1—2000) 中关于建筑面积计算规则不一致的地方，均以强制性标准《民用建筑通用规范》的规定为准。

2.1.1   建筑面积的概念

建筑面积是按建筑每个自然层楼 (地) 面处外围护结构外表面所围空间的水平投影面积计算的。外围护结构外表面示意图如图 2-1 所示。

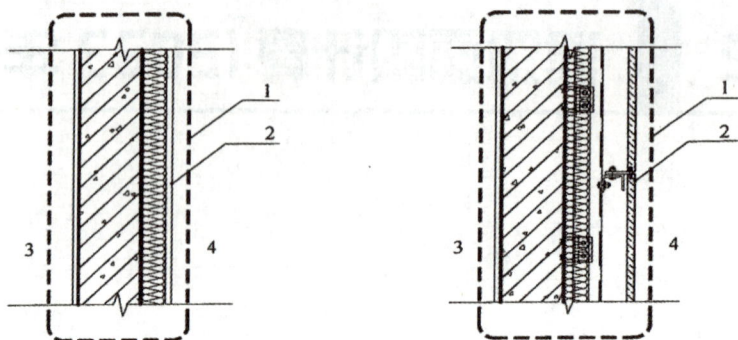

1—外围护结构；2—外围护结构外表面；3—室内；4—室外。

图 2-1   外围护结构外表面示意图

总建筑面积应按地上和地下建筑面积之和计算，地上和地下建筑面积分别计算。其中，室外设计地坪以上的建筑空间，其建筑面积应计入地上建筑面积；室外设计地坪以下的建筑空间，其建筑面积应计入地下建筑面积。

2.1.2　建筑面积的作用

建筑面积是确定各项指标的基础，主要作用体现在以下四个方面。

(1) 建筑面积是确定建设规划的重要指标。根据项目立项批准文件所核准的建筑面积，是初步设计的重要控制指标。施工图的建筑面积不得超过初步设计的 5%，否则必须重新报批。

(2) 建筑面积是确定各项技术经济指标的基础。例如，在建筑设计进行方案比选时，需要比对建筑面积的容积率、建筑密度、建筑系数等技术指标；在施工单位进行造价指标分析时，需要以建筑面积为基础计算单位工程或单项工程的单位面积工程造价、单位建筑面积的材料消耗指标、单位建筑面积的人工用量。

常见计算公式如下：

$$单位建筑面积工程造价 = \frac{工程造价}{建筑面积}$$

$$单位建筑面积的材料消耗指标 = \frac{工程材料消耗量}{建筑面积}$$

$$单位建筑面积的人工用量 = \frac{工程人工工日消耗量}{建筑面积}$$

(3) 建筑面积是计算结构工程量或用于确定某些费用指标的基础。例如，应用统筹计算方法，根据底层建筑面积，可以很方便地计算出室内回填土体积、地面抹灰面积、地面垫层体积；另外，建筑面积也是平整场地费用、脚手架工程费用、垂直运输费和超高费的计算依据。

(4) 建筑面积是选择概算指标和编制概算的主要指标。概算指标通常以建筑面积为计量单位。在用概算指标编制概算时，也要以建筑面积为计算基础。

2.1.3　建筑面积计算的有关概念

最新国家强制性标准《民用建筑通用规范》(GB 55031—2022) 中对建筑高度、层高、室内净高等相关概念作出了如下说明。

1. 建筑高度相关概念

(1) 平屋顶建筑高度。平屋顶建筑高度应按室外设计地坪至建筑物女儿墙顶点的高度计算,无女儿墙的建筑应按至其屋面檐口顶点的高度计算。

(2) 坡屋顶建筑高度。坡屋顶建筑应分别计算檐口及屋脊高度,檐口高度应按室外设计地坪至屋面檐口或坡屋面最低点的高度计算,如图 2-2 所示。屋脊高度应按室外设计地坪至屋脊的高度计算。

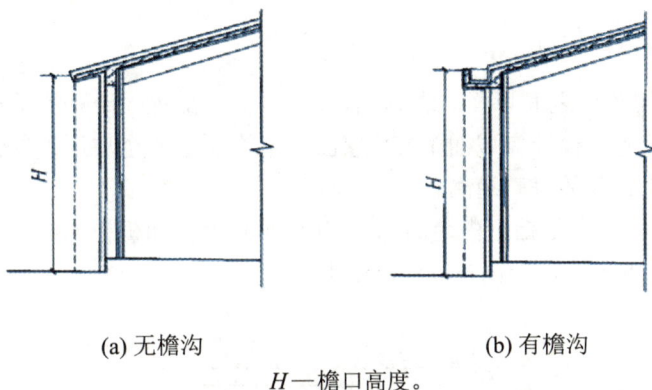

(a) 无檐沟　　　　　　　　　　　(b) 有檐沟

H—檐口高度。

图 2-2　檐口高度计算示意图

(3) 同一座建筑有多种屋面形式时的建筑高度。当同一座建筑有多种屋面形式,或多个室外设计地坪时,建筑高度应分别计算后取其中最大值。

当同一座建筑物有多种屋面形式,或台地建筑有多个室外设计地坪 (地面面层) 时,建筑高度应分别计算后取其中最大值,如图 2-3 所示。

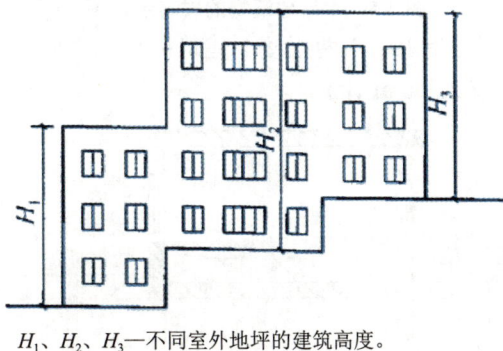

H_1、H_2、H_3—不同室外地坪的建筑高度。

图 2-3　建筑高度计算示意图

若 $H_2 \geqslant H_3$,且 $H_2 \geqslant H_1$,则建筑高度为 H_2;对于坡地建筑,室外地坪起算点应为建筑围护结构外表面与室外设计地坪 (地面面层) 交界的最低处,如图 2-4 所示。

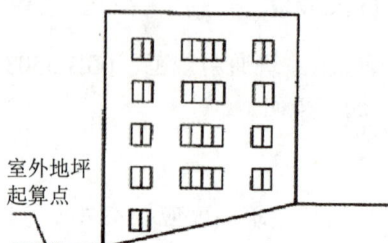

图 2-4　坡地建筑室外地坪起算点示意图

(4) 屋顶设备用房及其他局部突出屋面用房的建筑高度。当屋顶设备用房及其他局部突出屋面用房的总面积不超过屋面面积的 1/4 时，不应计入建筑高度。

【提示】屋顶设备用房及其他局部突出屋面用房是指屋顶楼梯间、电梯机房、水箱间、装饰塔等。

2. 层高

层高是指建筑物各层之间以楼 (地) 面面层 (设计完成面) 计算的垂直距离，屋顶层层高是由该层楼面面层 (设计完成面) 至平屋面的结构面层或至坡屋顶的结构梁顶与外墙结构面延长线的交点计算的垂直距离。

(1) 单层建筑物的层高是指室内地面标高 (±0.000) 至屋面板板面结构最低处标高之间的垂直距离。如图 2-5 所示，层高按 3.850 m 计。

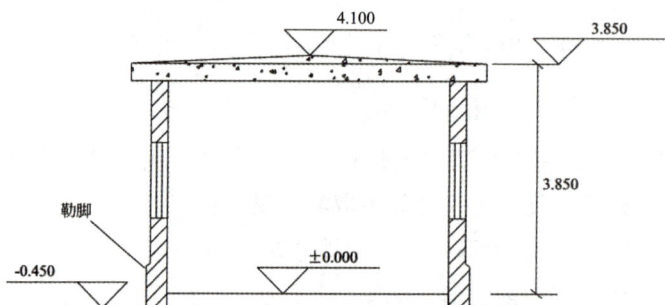

图 2-5　单层建筑物的层高示意图

(2) 多层建筑物的层高是指上、下两层楼面建筑标高或楼面结构标高之间的垂直距离。如图 2-6 所示，一层层高按 2.800 m 计。

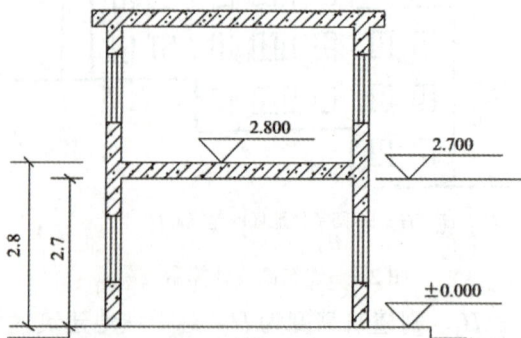

图 2-6　多层建筑物的层高示意图

3. 室内净高

室内净高指室内有效使用空间的垂直距离。多层建筑物的净高是指上下两层楼面建筑标高或楼面结构底标高之间的有效垂直距离。如图 2-7 所示,一层净高按 2.700 m 计。

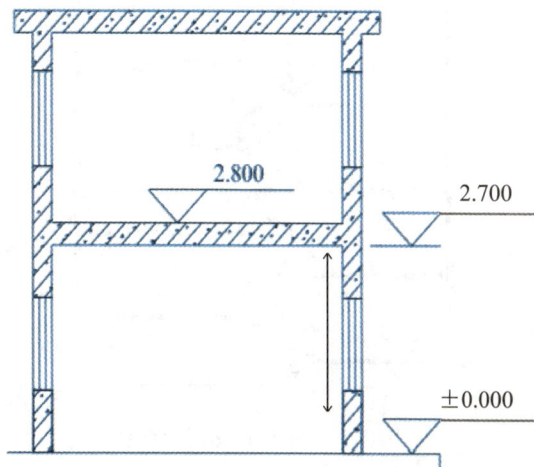

图 2-7　多层建筑物的室内净高示意图

建筑的室内净高应满足各类型功能场所空间净高的最低要求,地下室、局部夹层、公共走道、建筑避难区、架空层等有人员正常活动的场所最低处室内净高不应小于 2.00 m。

4. 其他相关概念

(1) 相对标高。相对标高是指以建筑物室内首层主要地面高度为零 (作为标高的起点) 所测量的高度。

(2) 结构标高。结构标高是指没有装修前的相对标高,是构件安装或施工的高度。

(3) 建筑标高。建筑标高是指装修后的相对标高。

(4) 地下室。地下室指房间楼 (地) 面低于室外设计地坪的高度超过该房间建筑层高 1/2 的建筑空间。

(5) 半地下室。半地下室指房间楼 (地) 面低于室外设计地坪的高度超过该房间建筑层高的 1/3,且不超过 1/2 的建筑空间。

(6) 建筑幕墙。建筑幕墙指由面板与支承结构体系 (支承装置与支承结构) 组成的可相对主体结构有一定位移能力或自身有一定变形能力、不承担主体结构所受作用的建筑外围护墙。

(7) 变形缝。变形缝指为防止建筑物在外界因素作用下,结构内部产生附加变形和应力,导致建筑物开裂、碰撞甚至破坏而预留的构造缝,包括伸缩缝、沉降缝和防震缝。

(8) 屋面板找坡。屋面板找坡是指平屋顶为了排水,把屋面板搭成斜的。建筑物高度是指地面至最低点的距离。如图 2-5 所示,建筑物的高度为 3.850 m。

(9) 自然层。自然层是指按楼地面结构分层的楼层,如图 2-8 所示,该建筑物总共有 6 个自然层。

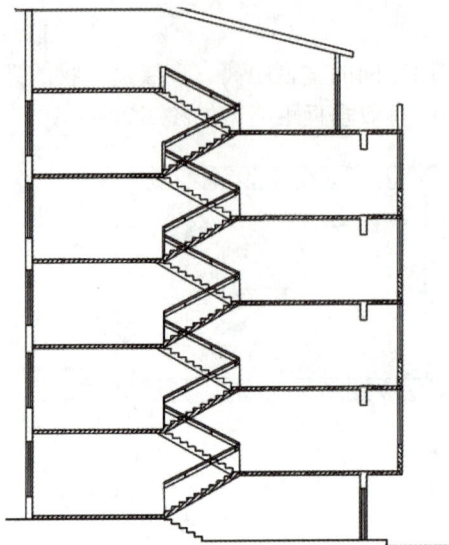

图 2-8　楼层自然层示意图

2023 年建筑面积的
基础知识

2.2　2023 年建筑面积计算规则

2.2.1　建筑面积的计算前提

计算建筑面积的建筑空间需要满足以下三个前提条件：

(1) 需为永久性结构的建筑空间，此永久性结构是相对临时性结构而言，即不包括临时房屋、活动房屋、简易房屋；

(2) 要有永久性顶盖，不包括临时搭建的各类顶盖，如临时性遮阳篷等；

(3) 结构层高或斜面结构板顶高度在 2.200 m 及以上的建筑空间，如图 2-9 所示。

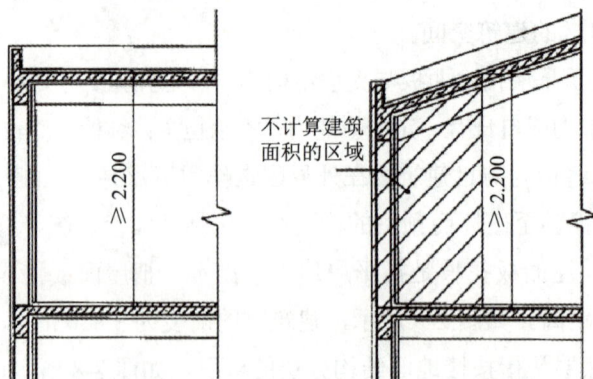

图 2-9　结构层高或斜面结构板顶高度在 2.200 m 及以上的建筑空间示意图

2.2.2　计算建筑面积的规则

在建筑面积的计算规则中，按维护情况和封闭情况将建筑空间分成了几类，并明确了阳台面积的计算方法。

1. 有围护结构、封闭围合的建筑空间

这类建筑空间应按其外围护结构外表面所围空间的水平投影面积计算，包括以下建筑空间：

(1) 建筑外围护结构以内的各类使用空间及局部楼层；

(2) 地下室、半地下室及其相应出入口；

(3) 与室内相通的变形缝；

(4) 建筑内的设备层、管道层、避难层；立体书库、立体仓库、立体车库；

(5) 水箱间、电梯机房；

(6) 门厅、大厅及门厅、大厅内的回廊；

(7) 封闭的通廊、挑廊、连廊，封闭架空通道；

(8) 有顶盖的采光井；室内有围护设施的悬挑看台、舞台灯控室、室内场馆看台下部空间；

(9) 附属在建筑物外墙的落地橱窗等。

此类建筑空间不包括永久性顶盖，有围护结构、均布荷载不大于 0.5 kN/m²，且点荷载不大于 1 kN 的室内非上人顶盖，如展览、机场等建筑中的房中房顶部。

2. 无围护结构、以柱围合，或部分围护结构与柱共同围合，不封闭的建筑空间

这类建筑空间应按其柱或外围护结构外表面所围空间的水平投影面积计算，包括以下建筑空间：

(1) 由墙、柱围合的雨篷、车棚、货棚、站台、有顶盖平台、有顶盖空中花园；

(2) 门廊、门斗；

(3) 室外楼梯；

(4) 地下车库出入口；

(5) 有柱的室外连廊；

(6) 建筑物架空层及吊脚架空层；

(7) 结构转换层等。

3. 无围护结构、单排柱或独立柱、不封闭的建筑空间

这类建筑空间应按其顶盖水平投影面积的 1/2 计算，包括以下建筑空间：

(1) 由单排柱或独立柱支撑的室外连廊、车棚、货棚、站台、室外场馆看台雨篷；

(2) 单排柱或独立柱支撑的室外楼梯等。

4. 无围护结构、有围护设施、无柱、附属在建筑外围护结构、不封闭的建筑空间

这类建筑空间应按其围护设施外表面所围空间水平投影面积的 1/2 计算，包括以下建筑空间：

(1) 无柱的室外挑廊、连廊、檐廊；

(2) 出挑的无柱室外楼梯；

(3) 出挑的有顶盖空中花园等，不包含无柱雨篷。

5. 阳台建筑面积

阳台建筑面积应按围护设施外表面所围空间水平投影面积的 1/2 计算；当阳台封闭时，应按其外围护结构外表面所围空间的水平投影面积计算。

2.2.3　不计算建筑面积的建筑空间

建筑面积的计算规则中概括了不计算建筑面积的六类建筑空间。

(1) 结构层高或斜面结构板顶高度小于 2.200 m 的建筑空间，如层高小于 2.200 m 的设备管道夹层、结构板顶高度小于 2.200 m 的坡屋顶等。

(2) 无顶盖的建筑空间，如室外平台、室外挑台、露台、室外游泳池、室外台阶、坡道、建筑屋面、屋顶花园、花架；无顶盖架空通廊、各种操作平台、上料平台、设备平台。

(3) 附属在建筑外围护结构上的构 (配) 件，指附属在外围护结构的装饰、遮阳、设备平台等构 (配) 件，如附属在外墙的装饰柱、门窗线脚、勒脚、突出墙面的装饰线条、空调机板、遮阳板、建筑挑檐、无柱雨篷等非建筑外围护结构系统的构 (配) 件，如图 2-10 所示。

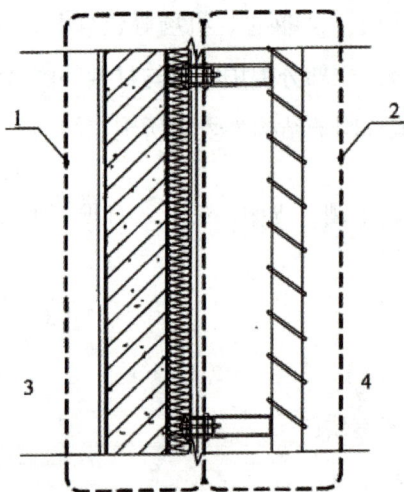

1—外围护结构；2—附属在建筑外围护结构上的构 (配) 件；3—室内；4—室外。

图 2-10　附属在建筑外围护结构系统的构 (配) 件

(4) 建筑出挑部分的下部空间。

(5) 建筑物中用作城市街巷通行的公共交通空间，常见骑楼、建筑的过街通道等。

(6) 独立于建筑物之外的各类构筑物，如烟囱、水塔、水 (油) 罐、栈桥、储仓、储油 (水) 池等。

2023 年建筑面积的
计算规则

2.3　2023 年建筑面积计算案例

某办公楼项目是框架结构，地上 3 层，室内外高差为 0.450 m，建筑高度为 12.750 m (室外地面至女儿墙顶)，内外墙采用 200 mm 厚加气混凝土砌块，外墙保温层采用 60 mm 厚挤塑聚苯板。①～⑤轴线外墙中心线长度为 22.9 m，A～D 轴线外墙中心线长度为 22.100 m，建筑施工图纸如图 2-11 所示。试完成总建筑面积的计算。

计算建筑面积的注意事项：

(1) 不同楼层建筑面积需要分别计算；

(2) 注意建筑面积计算规则中特殊情况的计算。

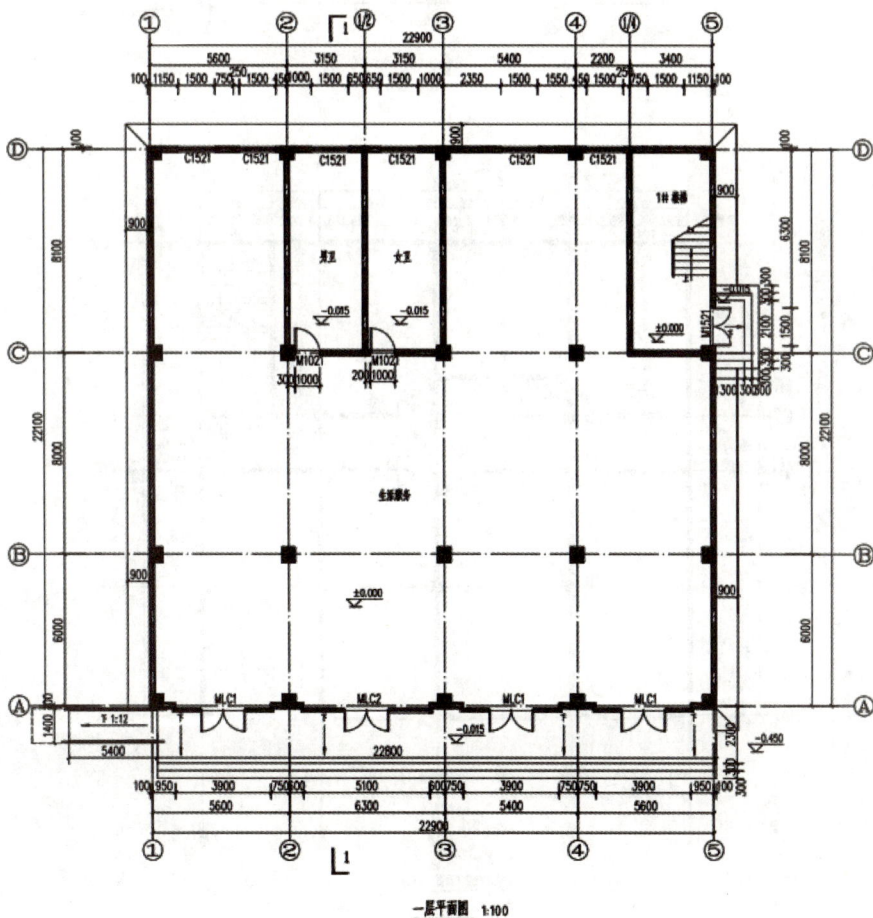

一层平面图　1:100

(a)

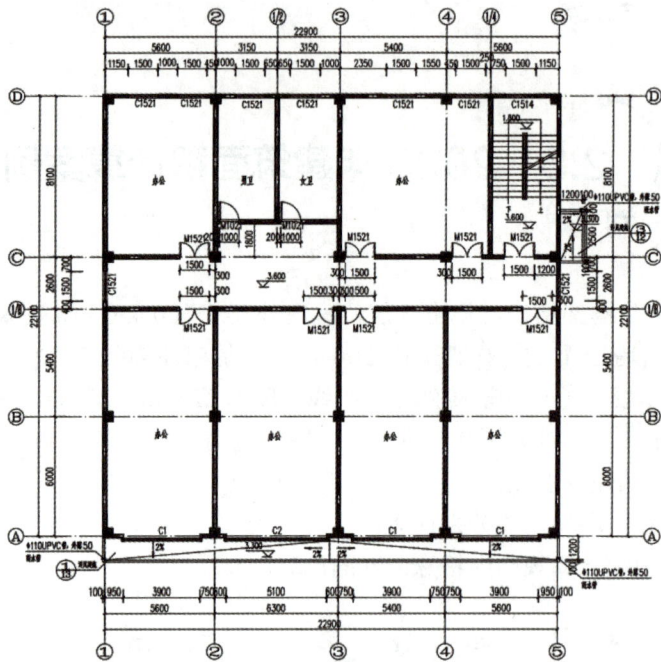

(b)

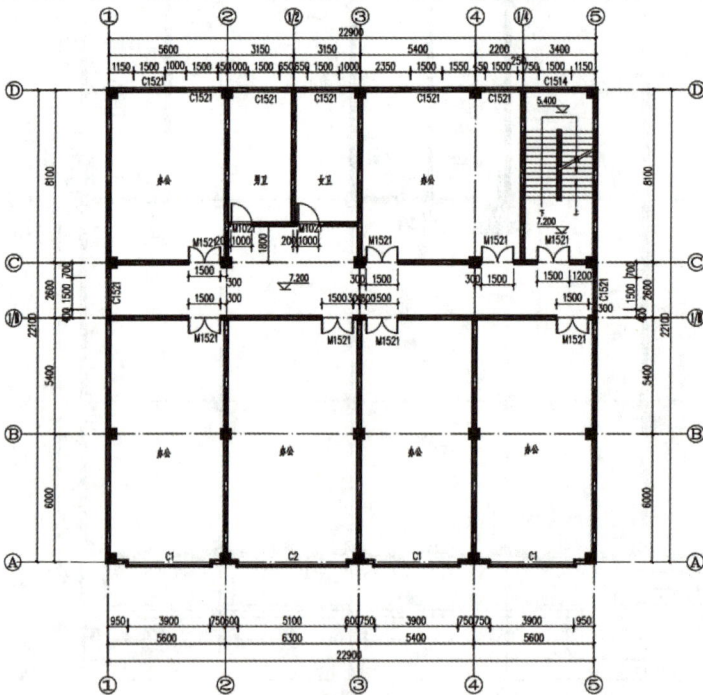

(c)

图 2-11　某办公楼项目一层至三层平面图

【解】

【分析】外墙保护层面积应包含在建筑面积内。

(1) 首层建筑面积为

$$S_{首层} = (22.1 + 0.1 + 0.1 + 0.06 + 0.06) \times (22.9 + 0.1 + 0.1 + 0.06 + 0.06)$$
$$= 22.42 \times 23.22$$
$$= 520.59 \text{ m}^2$$

(2) 二、三层建筑面积同首层建筑面积为

$$S_{二层} = S_{三层} = S_{首层} = 520.59 \text{ m}^2$$

(3) 总建筑面积 $= 520.59 \times 3 = 1561.77 \text{ m}^2$

赛证融合

1. 建筑面积应计算全面积建筑空间层高的有 (　　)。

A. 2.200 m 以上　　　　　　　　B. 2.200 m 及以上

C. 2.100 m 以上　　　　　　　　D. 2.100 m 及以上

2. 对于室外走廊，以下建筑面积计算方式正确的有 (　　)。

A. 有围护结构的，按其结构底板水平投影面积 1/2 计算

B. 有围护结构的，按其结构底板水平面积计算

C. 无围护结构有围护设施的，按其围护设施外围水平面积 1/2 计算

D. 无围护设施的，不计算建筑面积

3. 根据现行工程量计算标准规范，以下建筑物的计算规则中正确的有 (　　)。

A. 当室内公共楼梯间两侧自然层不同时，楼梯间以楼层多的层数计算

B. 在剪力墙包围之内的阳台，按其结构底板水平投影面积计算全面积

C. 建筑物的外墙保温层，按其空铺保温材料的垂直投影的面积计算

D. 当高低跨的建筑物局部相通时，其变形缝的面积计算在低跨面积内

E. 有顶盖无围护结构的货棚，按其顶盖水平投影面积的 1/2 计算

4. 根据《建筑工程建筑面积计算规范》(GB/T 50353—2013)，建筑物出入口坡道外侧设计有外挑宽度为 2.200 m 的钢筋混凝土顶盖，坡道两侧外墙外边线间距为 4.400 m，则该部位建筑面积是 (　　)。

A. 4.840 m^2　　　　B. 9.240 m^2　　　　C. 9.680 m^2　　　　D. 不予计算

5. 根据《建筑工程建筑面积计算规范》(GB/T 50353—2013)，建筑物室外楼梯建筑面积计算正确的有 (　　)。

A. 并入建筑物自然层，按其水平投影面积计算

B. 无顶盖的不计算

C. 结构净高 < 2.100 m 的不计算

D. 下部建筑空间加以利用的不重复计算

6. 根据《建筑工程建筑面积计算规范》(GB/T 50353—2013)，建筑物室内变形缝建筑面积计算正确的为 (　　)。

A. 不计算

B. 按自然层计算

C. 不论层高只按底层计算

D. 按变形缝设计尺寸的 1/2 计算

思政角

建筑面积计算是建筑工程中重要的一环,《民用建筑通用规范》(GB 55031—2022) 是最新的国家强制性标准，在造价工作中要坚守标准，严守职业道德底线。

模块 2 赛证融合参考答案

模 块 小 结

本模块介绍了建筑面积的作用和概念，要求理解建筑面积的相关概念，掌握计算建筑面积的建筑空间应满足的三个前提条件。本模块按维护情况和封闭情况将建筑空间分为了几类，并明确阳台面积的计算方法，理解不计算建筑面积的六类建筑空间。

通过本模块的学习，要求学生能结合实际施工图纸，根据《民用建筑通用规范》(GB 55031—2022) 中关于建筑面积的计算规则，进行实际工程建筑面积的计算。

同 步 测 试

一、简答题

1. 什么是建筑面积？其作用有哪些？

2. 计算建筑面积的主要规则有哪些？

二、计算题

某学生宿舍楼工程项目为多层居住建筑，主楼地上六层，辅助用房地上两层。在建筑施工图建筑设计说明中项目概况"第五条主要技术指标中建筑基底面积：3068.46 m²，总建筑面积：17770.68 m²。"某学生宿舍楼工程项目中建施图纸"JZ-02 一层平面图"如图 2-13 所示。外墙保护层面积，应包含在建筑面积中；雨篷建筑面积按一半计算。试完成底层建筑面积的计算。

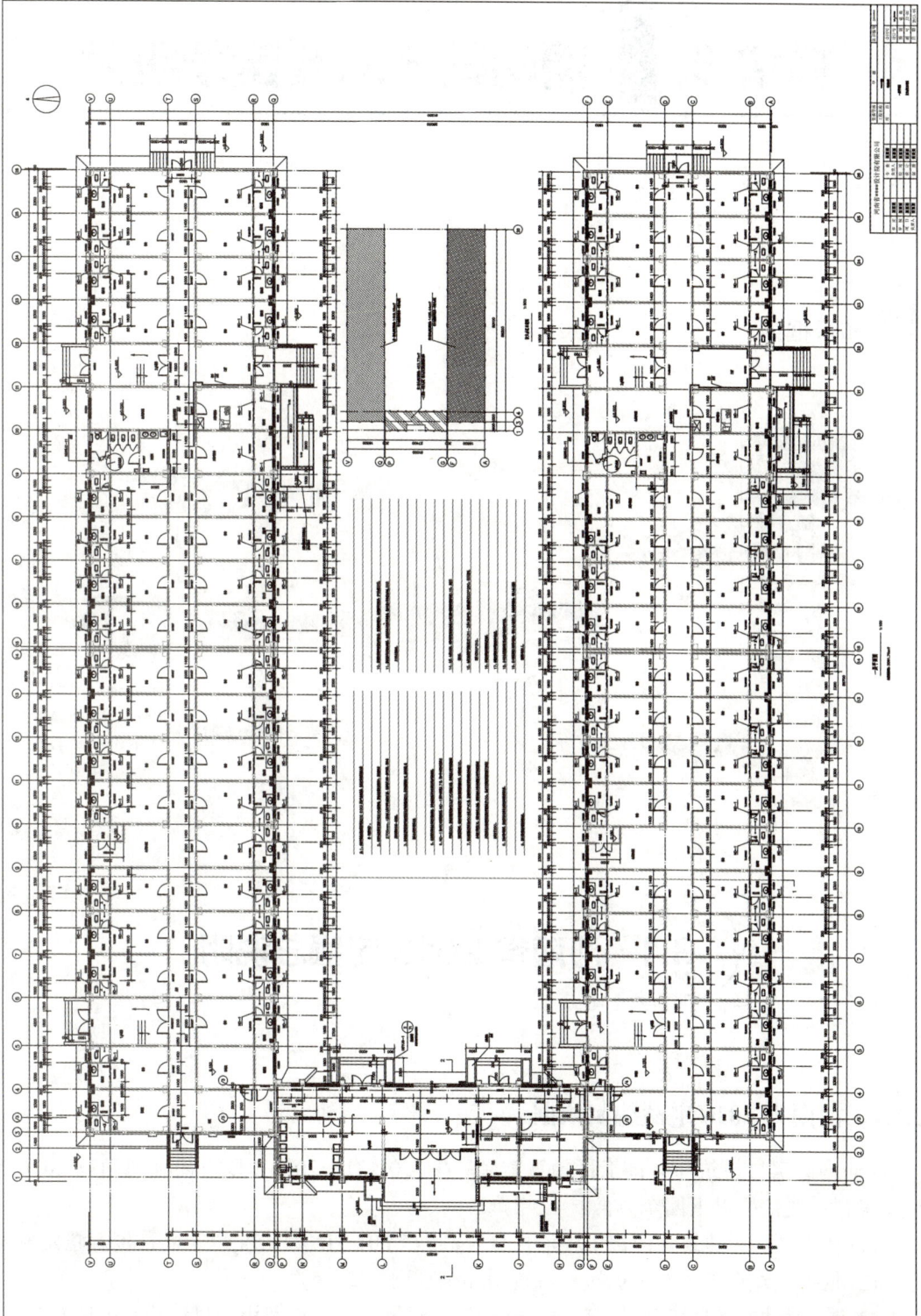

图 2-12　学生宿舍楼建筑施工图 JZ-02 一层平面图

模块3   河南省2016定额应用

📖 知识框架

```
河南省2016定额编制依据
河南省2016定额适用范围
工程造价计价程序表中规定的费用项目
定额基价组成                                              工程造价计价程序表说明
定额基价动态原则调整    河南省2016年定额总说明    工程造价计价程序表    工程造价计价程序表编制
定额基价人工消耗量调整
其他措施费说明                         模块3 河南省2016定额                                 房屋建筑和装饰专业定额内容及范围
安文费、规费说明                              应用              房屋建筑与装饰工程专业说明    人工、材料、机械说明
总承包服务费说明                                                                          其他说明

分部分项工程费                                                                          河南省2016定额基价说明
措施项目费                                             河南省2016定额应用和计取    河南省2016定额的直接套用
其他项目费    建设工程费用组成说明                                                           河南省2016定额基价的换算
规费                                                                                    河南省2016定额的补充
增值税
```

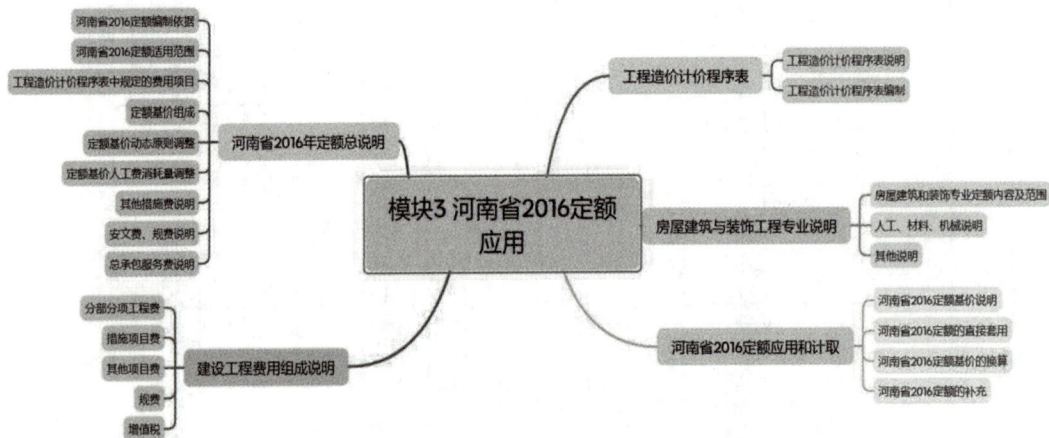

⌜ 3.1 河南省 2016 定额总说明

3.1.1 河南省 2016 定额编制依据

《河南省房屋建筑与装饰工程预算定额》(HA 01-31—2016)(以下简称河南省 2016 定额) 编制主要依据以下四个方面：

(1) 依据《房屋建筑与装饰工程消耗量定额》(TY01-31—2015)(以下简称消耗量定额)。

(2) 依据《建设工程施工机械台班费用编制规则》(2015)。

(3) 住房和城乡建设部、财政部《关于印发〈建筑安装工程费用项目组成〉的通知》(建标〔2013〕44 号)。

(4) 住房和城乡建设部《关于做好建筑业营改增建设工程计价依据调整准备工作的通

知》(建办标〔2016〕4 号)。

3.1.2　河南省 2016 定额适用范围

《河南省房屋建筑与装饰工程预算定额》(HA 01-31—2016) 的适用范围主要有以下四类：

(1) 适用于河南省行政区域内工业与民用建筑的新建、扩建和改建房屋建筑与装饰工程。

(2) 是编审投资估算指标、设计概算、施工图预算、招标控制价的依据。

(3) 是建设工程实行工程量清单招标的工程造价计价基础。

(4) 是编制企业定额、考核工程成本、进行投标报价、选择经济合理的设计与施工方案的参考。

3.1.3　工程造价计价程序表中规定的费用项目

定额工程造价计价程序表中规定的费用项目包括分部分项工程费、措施项目费、其他项目费、规费、增值税。基价各项费用按照增值税原理编制，适用一般计税方法，各项费用均不含可抵扣增值税进项税额，即除税价，一般计税方法的工程造价计价程序表如表 3-1 所示。

表 3-1　工程造价计价程序表 (一般计税方法)

序号	费用名称	计算公式	备注
1	分部分项工程费	[1.2] + [1.3] + [1.4] + [1.5] + [1.6] + [1.7]	
1.1	其中: 综合工日	定额基价分析	
1.2	定额人工费	定额基价分析	
1.3	定额材料费	定额基价分析	
1.4	定额机械费	定额基价分析	
1.5	定额管理费	定额基价分析	
1.6	定额利润	定额基价分析	
1.7	调差:	[1.7.1] + [1.7.2] + [1.7.3] + [1.7.4]	
1.7.1	人工费差价		
1.7.2	材料费差价		不含税价调差
1.7.3	机械费差价		
1.7.4	管理费差价		按规定调差
2	措施项目费	[2.2] + [2.3] + [2.4]	
2.1	其中: 综合工日	定额基价分析	
2.2	安全文明施工费	定额基价分析	不可竞争费

续表

序号	费用名称	计算公式	备注
2.3	单价类措施费	[2.3.1] + [2.3.2] + [2.3.3] + [2.3.4] + [2.3.5] + [2.3.6]	
2.3.1	定额人工费	定额基价分析	
2.3.2	定额材料费	定额基价分析	
2.3.3	定额机械费	定额基价分析	
2.3.4	定额管理费	定额基价分析	
2.3.5	定额利润	定额基价分析	
2.3.6	调差：	[2.3.6.1] + [2.3.6.2] + [2.3.6.3] + [2.3.6.4]	
2.3.6.1	人工费差价		
2.3.6.2	材料费差价		不含税价调差
2.3.6.3	机械费差价		
2.3.6.4	管理费差价		按规定调差
2.4	其他措施费（费率类）	[2.4.1] + [2.4.2]	
2.4.1	其他措施费（费率类）	定额基价分析	
2.4.2	其他（费率类）		按约定
3	其他项目费	[3.1] + [3.2] + [3.3] + [3.4] + [3.5]	
3.1	暂列金额		按约定
3.2	专业工程暂估价		按约定
3.3	计日工		按约定
3.4	总承包服务费	业主分包专业工程造价 × 费率	按约定
3.5	其他		按约定
4	规费	[4.1] + [4.2] + [4.3]	不可竞争费
4.1	定额规费	定额基价分析	
4.2	工程排污费		据实计取
4.3	其他		
5	不含税工程造价	[1] + [2] + [3] + [4]	
6	增值税	[5] × 9%	一般计税方法
7	含税工程造价	[5] + [6]	

3.1.4 定额基价组成

定额基价是指完成一个规定计量单位的分部分项工程量清单项目或措施清单项目所需的费用。其中，全费用综合单价由人工费、材料费、机械使用费、其他措施费、安文费、管理费、利润、规费组成；2024 计价标准综合单价包含人工费、材料费、机械使用费、管理费和利润，以及一定范围内的风险费用；工程造价计价时可按需分析统计、核算。其他措施费不发生或部分发生时可作调整，计算公式如下：

定额基价 (全费用综合单价) = 人工费 + 材料费 + 机械使用费 + 其他措施费 +

　　　　　　　安文费 + 管理费 + 利润 + 规费 (如河南省 2016 定额)

定额基价 (计价标准综合单价) = 人工费 + 材料费 + 机械使用费 + 管理费 + 利润

3.1.5　定额基价动态原则调整

定额基价是定额编制基期暂定价，按市场最终定价原则，定额基价中涉及的有关费用按动态原则调整。河南定额站发布的"豫建标定〔2016〕40 号文"关于 2016 定额动态调整规则的通知中，关于人工费、材料费、机械费、管理费调整的约定内容如下。

1. 人工费指数法动态管理

河南省 2016 定额的人工费实行指数法动态管理，由省站发布，基期人工费在定额实施期，由工程造价管理机构结合建筑市场情况，定期发布相应的价格指数调整，原则上按半年度定期发布。定期发布的人工费指数，作为编制工程造价控制价，是调整人工费差价的依据。人工费指数属于政府指导价，不列入风险范围。

费用调差公式为

$$调整后人工费 = 基期人工费 + 指数调差$$

其中，

$$指数调差 = 基期费用 \times 调差系数 \times K_n$$

$$调差系数 = \frac{发布期价格指数}{基期价格指数} - 1$$

注意：在调整人工费时，$K_n = 1$；在调整机械费时，$K_n = 1$；在调整管理费时，$K_n = 6\%$。

豫建标定〔2016〕40 号文的发布期价格指数、基期价格指数、基期工日单价如表 3-2 所示。

表 3-2　发布期价格指数、基期价格指数、基期工日单价

基期价格指数			
专业	人工费指数	机械类指数	管理类指数
房屋建筑与装饰工程	1.370	1	1
通用安装工程	1.332	1	1
市政工程	0.947	1	1
第 1 期价格指数			
专业	人工费指数	机械类指数	管理类指数
房屋建筑与装饰工程	1	1	1
通用安装工程	1	1	1
市政工程	1	1	1
基期工日单价			
工种	人工工日	普工	一般技工	高级技工
单价 /(元 / 工日)	87.1	87.1	134	201

【案例 3.1】结合河南省 2016 定额定额子目 (4-1 砖基础)，以 2023 年 12 月 8 日《河南省建设工程消防技术中心关于发布 2023 年 7 月至 12 月人工费、机械人工费、管理费指数的通知》进行人工费调差计算。

【解】 (1) 房屋建筑与装饰工程 2023 年 7 月至 12 月人工费、机械人工费、管理费指数如表 3-3 所示。

表 3-3　2023 年 7 月至 12 月人工费、机械人工费、管理费指数

专 业	人工费指数	机械人工费指数	管理费指数
房屋建筑与装饰工程	1.328	1.239	2.129
通用安装工程	1.337	1.239	2.254
市政工程	1.261	1.239	1.812
综合管廊工程	1.151	1.239	1.548
装配式建筑工程	1.213	1.239	1.601
绿色建筑工程	1.194	1.239	1.726
轨道工程	1.219	1.239	1.429
市政养护维修工程	1.121	1.239	1.345

(2) 河南省 2016 定额定额子目 (4-1 砖基础) 如图 3-1 所示。

工作内容：清理基槽坑，调、运、铺砂浆，运、砌砖。

单位：10m³

定　额　编　号			4 - 1
项　　　　目			砖基础
基　　　价 (元)			3981.03
其中	人　工　费 (元)		1281.49
	材　料　费 (元)		1950.03
	机械使用费 (元)		47.38
	其他措施费 (元)		52.36
	安　文　费 (元)		113.81
	管　理　费 (元)		234.59
	利　　　润 (元)		160.25
	规　　　费 (元)		141.12

名　　称	单位	单价 (元)	数　　量
综合工日	工日	—	(10.07)
烧结煤矸石普通砖 240×115×53	千块	287.50	5.262
干混砌筑砂浆 DM M10	m³	180.00	2.399
水	m³	5.13	1.050
干混砂浆罐式搅拌机 公称储量 (L) 20000	台班	197.40	0.240

图 3-1　河南省 2016 定额定额子目 (4-1 砖基础)

(3) 对定额子目 (4-1 砖基础) 进行人工费调差，指数调差计算过程如下：

调差系数 = (发布期价格指数 ÷ 基期价格指数) - 1 = (1.328÷1.370) - 1 = -0.03

指数调差 = 基期费用 × 调差系数 × K_n = 1281.49 × (-0.03) × 1 = -38.45

调整后人工费 = 基期人工费 + 指数调差 = 1281.49 − 38.45 = 1243.04

2. 材料费单价法动态管理

河南省 2016 定额中的材料费是按"除税价"编制的，包含运输损耗、运杂费和采购保管费，实行单价法动态管理，结合市场价、信息价综合取定。

3. 机械费中人工费指数动态管理

河南省 2016 定额中的机械费是按"除税价"编制的，实行动态管理，其中，台班组成中的人工费实行指数法动态调整，调整公式如下：

调整后机械费 = 基期机械费 + 指数调差 + 单价调差

4. 管理费指数动态管理

河南省 2016 定额中的管理费实行指数法动态管理，调整公式如下：

调整后管理费 = 基期管理费 + 指数调差

3.1.6　定额基价人工费消耗量调整

定额基价中的人工费是指根据《房屋建筑与装饰工程消耗量定额》有关规定测算出来的基期人工费。《〈河南省房屋建筑与装饰工程预算定额 (HA 01-31—2016)〉〈河南省通用安装工程预算定额 (HA 02-31—2016)〉〈河南省市政工程预算定额 (HA A1-31—2016)〉综合解释》(以下简称《综合解释》) 总说明第 15 条说明，在编制招标控制价时，人工、材料、机械定额消耗量不能调整 (定额规定允许调整的除外)；在投标报价时，可调整。

【案例 3.2】以河南省 2016 定额定额子目 (4-1 砖基础) 为例来讲解定额基价中人工费消耗量调整，其中，定额子目 (4-1 砖基础) 中人工消耗量来自《房屋建筑与装饰工程消耗量定额》(TY 01-31—2015) 定额子目 (4-1 砖基础)，如图 3-2 所示。

图 3-2　《房屋建筑与装饰工程消耗量定额》定额子目 (4-1 砖基础)

【解】河南省 2016 定额定额子目 (4-1 砖基础) 如图 3-1 所示。

定额子目 (4-1 砖基础) 中材料消耗量 5.262、2.399、1.050 和机械消耗量 0.240 来自消耗量定额中对应材料的消耗量。

3.1.7　其他措施费说明

定额基价中的其他措施费 (费率类) 包含材料二次搬运费、夜间施工增加费、冬雨季施工增加费。

《综合解释》总说明部分"13. 其他措施费 (夜间施工增加费、二次搬运费、冬雨季施工增加费)"在编制最高投标限价 (招标控制价) 时，应按定额足额计取。

(1) 在编制最高投标限价时，其他措施费要足额计取；

(2) 投标报价要结合最高投标限价机动考虑；

(3) 结算价要根据实际情况进行调整。

3.1.8　安文费、规费说明

定额基价中的安全文明施工费、规费为不可竞争费，按足额计取。

增值税是不可竞争费，按足额计取。

3.1.9　总承包服务费说明

实行总发包、承包的工程，可另外计取总承包服务费，具体规定如下。

(1) 业主单独发包的专业施工与主体施工交叉进行或虽未交叉进行，但业主要求主体承包单位履行总包责任 (如现场协调、竣工验收、资料整理等) 的工程，可另外计取总承包服务费 (甲方单独发包)。

(2) 总承包服务费由业主承担，其费用可约定，或按单独发包专业工程含税工程造价的 1.5% 计价 (不含工程设备)。

(3) 施工配合费是指专业分包单位要求总承包单位为其提供脚手架、垂直运输和水电设施等所发生的费用。发生时当事方可约定，或按专业分包工程含税工程造价的 1.5%～3.5% 计价 (不含工程设备)。

河南省 2016
定额阐述

3.2　建设工程费用组成说明

根据住房和城乡建设部、财政部《关于印发〈建筑安装工程费用项目组成〉的通知》(建标〔2013〕44 号)、住房和城乡建设部《关于做好建筑业营改增建设工程计价依据调整准备工作的通知》(建办标〔2016〕4 号)、财政部和国家税务总局《关于全面推开营业税改征增值税试点的通知》(财税〔2016〕36 号)，结合河南省实际情况，确定河南省建设工程费用组成。

建设工程费用由分部分项工程费、措施项目费、其他项目费、规费、增值税组成，定额各项费用组成中均不含可抵扣进项税额。

3.2.1　分部分项工程费

分部分项工程费是指各专业工程的分部分项工程应予列支的各项费用。

专业工程是指按现行国家计量规范划分的房屋建筑与装饰工程、仿古建筑工程、通用安装工程、市政工程、园林绿化工程、矿山工程、构筑物工程、城市轨道交通工程、爆破工程等各类工程。

分部分项工程是指按现行国家计量规范对各专业工程划分的项目。如房屋建筑与装饰工程划分的土石方工程、地基处理与桩基工程、砌筑工程、钢筋及钢筋混凝土工程等。

分部分项工程费包含以下几项内容：

1. 人工费

人工费是指按工资总额构成规定，支付给从事建筑安装工程施工的生产工人和附属生产单位工人的各项费用，包含计时工资或计件工资、奖金、津贴补贴、加班加点工资、特殊情况下支付的工资等内容。

2. 材料费

材料费是指施工过程中耗费的原材料、辅助材料、构配件、零件、半成品或成品、工程设备的费用，包含材料原价、运杂费、运输损耗费、采购及保管费。材料运输损耗率、采购及保管费率如表 3-4 所示。

表 3-4　材料运输损耗率、采购及保管费率（除税价格）

序号	材料类别名称	运输损耗率 (%)		采购及保管费率 (%)	
		承包方提运	现场交货	承包方提运	现场交货
1	砖、瓦、砌块	1.74	—	2.41	1.69
2	石灰、砂、石子	2.26	—	3.01	2.11
3	水泥、陶粒、耐火土	1.16	—	1.81	1.27
4	饰面材料、玻璃	2.33	—	2.41	1.69
5	卫生洁具	1.17	—	1.21	0.84
6	灯具、开关、插座	1.17	—	1.21	0.84
7	电缆、配电箱(屏、柜)	—	—	0.84	0.60
8	金属材料、管材	—	—	0.96	0.66
9	其他材料	1.16	—	1.81	1.27

3. 施工机具使用费

施工机具使用费是指施工作业所发生的施工机械、仪器仪表使用费或其租赁费，包含以下几项内容：

(1) 施工机械使用费以施工机械台班耗用量乘以施工机械台班单价表示，施工机械台班单价由折旧费、大修理费、经常修理费、安拆费及场外运费、人工费、燃料动力费、税费七项费用组成。

(2) 仪器仪表使用费是指工程施工使用的仪器仪表的摊销及维修费用。

4. 企业管理费

企业管理费是指建筑安装企业组织施工生产和经营管理所需的费用，包含管理人员工资、办公费、差旅交通费、固定资产使用费、工具用具使用费（如振捣棒机械使用费）、劳动保险和职工福利费、劳动保护费、检验试验费、工会经费、职工教育经费、财产保险费、财务费、税金、工程项目附加税费及其他。

5. 利润

利润是指施工企业完成所承包工程获得的盈利。

3.2.2   措施项目费

措施项目费是指为完成建设工程施工，发生于该工程施工前和施工过程中的技术、生活、安全、环境保护等方面的费用，包括以下内容。

1. 安全文明施工费

安全文明施工费是按照国家现行的建筑施工安全、施工现场环境与卫生标准和有关规定，购置和更新施工安全防护用具及设施、改善安全生产条件和作业环境及因施工现场扬尘污染防治标准提高所需要的费用，包含环境保护费、文明施工费、安全施工费、临时设施费和扬尘污染防治增加费。安全文明施工费是不可竞争费，不能随意调整。

2. 单价类措施费

单价类措施费是指计价定额中规定的，在施工过程中可以计量的措施项目，包括以下几项内容：

(1) 脚手架费是指施工需要的各种脚手架搭、拆、运输费用及脚手架购置费的摊销（或租赁）费用。

(2) 垂直运输费。

(3) 超高增加费。

(4) 大型机械设备进出场及安拆费是指计价定额中列项的大型机械设备进出场及安拆费。

(5) 施工排水及井点降水。

(6) 其他。

(7) 地下室等非夜间施工照明增加费。

(8) 模板及支撑，详见模块 7 相关内容。

3. 其他措施费（费率类）

其他措施费（费率类）是指计价定额中规定的，在施工过程中不可计量的措施项目，包括夜间施工增加费、二次搬运费、冬雨季施工增加费，其费率比例如表 3-5 所示。

表 3-5   其他措施费（费率类）比例

序号	费用名称	所占比例（占定额其他措施费比例）
1	夜间施工增加费	25%
2	二次搬运费	50%
3	冬雨季施工增加费	25%

3.2.3　其他项目费

其他项目费包含暂列金额、计日工、总承包服务费、其他项目，详见模块 1 相关内容。

3.2.4　规费

规费是指按国家法律、法规规定，由省级政府和省级有关权力部门规定必须交纳或计取的费用，包括以下内容。

1. 社会保险费

(1) 养老保险费：企业按照规定标准为职工缴纳的基本养老保险费。

(2) 失业保险费：企业按照规定标准为职工缴纳的失业保险费。

(3) 医疗保险费：企业按照规定标准为职工缴纳的基本医疗保险费。

(4) 生育保险费：企业按照规定标准为职工缴纳的生育保险费。

(5) 工伤保险费：企业按照规定标准为职工缴纳的工伤保险费。

2. 住房公积金

住房公积金是指企业按规定标准为职工缴纳的住房公积金。

3. 工程排污费

工程排污费是指企业按规定缴纳的施工现场工程排污费。

4. 其他应列而未列入的规费

其他应列而未列入的规费按实际发生计取。

3.2.5　增值税

增值税是指根据国家有关规定，计入建筑安装工程造价内的增值税。根据《关于深化增值税改革有关政策的公告》(财政部、税务总局、海关总署公告〔2019〕39 号) 的通知，建筑业增值税率自 2019 年 4 月 1 日起调整为 9%。

增值税概述

3.3　工程造价计价程序表

3.3.1　工程造价计价程序表说明

建筑与装饰工程工程造价计价程序表包括一般计税方法和简易计税方法两种，简易计税方法的工程造价计价程序表如表 3-6 所示。

表 3-6　工程造价计价程序表（简易计税方法）

序号	费用名称	计算公式	备注
1	分部分项工程费	[1.2] + [1.3] + [1.4] + [1.5] + [1.6] + [1.7]	
1.1	其中：综合工日	定额基价分析	
1.2	定额人工费	定额基价分析	
1.3	定额材料费	定额基价分析	
1.4	定额机械费	定额基价分析 ÷(1 − 11.34%)	
1.5	定额管理费	定额基价分析 ÷(1 − 5.13%)	
1.6	定额利润	定额基价分析	
1.7	调差：	[1.7.1] + [1.7.2] + [1.7.3] + [1.7.4]	
1.7.1	人工费差价		
1.7.2	材料费差价		含税价调差
1.7.3	机械费差价		
1.7.4	管理费差价	[管理费差价]÷(1 − 5.13%)	按规定调差
2	措施项目费	[2.2] + [2.3] + [2.4]	
2.1	其中：综合工日	定额基价分析	
2.2	安全文明施工费	定额基价分析	不可竞争费
2.3	单价类措施费	[2.3.1] + [2.3.2] + [2.3.3] + [2.3.4] + [2.3.5] + [2.3.6]	
2.3.1	定额人工费	定额基价分析	
2.3.2	定额材料费	定额基价分析	
2.3.3	定额机械费	定额基价分析 ÷(1 − 11.34%)	
2.3.4	定额管理费	定额基价分析 ÷(1 − 5.13%)	
2.3.5	定额利润	定额基价分析	
2.3.6	调差：	[2.3.6.1] + [2.3.6.2] + [2.3.6.3] + [2.3.6.4]	
2.3.6.1	人工费差价		
2.3.6.2	材料费差价		含税价调差
2.3.6.3	机械费差价		按规定调差
2.3.6.4	管理费差价	[管理费差价]÷(1 − 5.13%)	按规定调差
2.4	其他措施费（费率类）	[2.4.1] + [2.4.2]	
2.4.1	其他措施费（费率类）	定额基价分析	
2.4.2	其他（费率类）		按约定
3	其他项目费	[3.1] + [3.2] + [3.3] + [3.4] + [3.5]	
3.1	暂列金额		按约定
3.2	专业工程暂估价		按约定
3.3	计日工		按约定
3.4	总承包服务费	业主分包专业工程造价 × 费率	按约定
3.5	其他		按约定
4	规费	[4.1] + [4.2] + [4.3]	不可竞争费
4.1	定额规费	定额基价分析	
4.2	工程排污费		据实计取
4.3	其他		
5	不含税工程造价	[1] + [2] + [3] + [4]	
6	增值税	[5] × 3%	简易计税方法
7	含税工程造价	[5] + [6]	

3.3.2　工程造价计价程序表编制

某工程项目墙体均为 200 mm 厚蒸压粉煤灰加气混凝土砌块 600 mm × 190 mm × 240 mm，采用干混砂浆 DM M10 砌筑，其工程量为 72 m³，其中，机械人工工日 0.071/10 m³。采用外墙双排脚手架，搭设高度为 3 m，搭设面积为 360 m²，其中，机械人工工日 0.18/100 m³。按 2023 年 7～12 月人工费、机械费、管理费指数调整，其他材料费、机械使用费不变。其他措施费、管理费、利润均按定额足额计取。查询河南省 2016 定额，按一般计税方法表计算工程造价。

根据工程情况，分部分项工程选取河南省 2016 定额定额子目 (4-45 蒸压加气混凝土砌块墙墙厚≤200 mm 砂浆)，如图 3-3 所示。

工作内容：调、运、铺砂浆或运、搅拌、铺粘结剂，运、部分切割，安装砌块，安放木砖、垫块，木楔卡固、刚性材料嵌缝。

单位：10 m³

定　额　编　号			4 – 43	4 – 44	4 – 45	4 – 46	4 – 47	4 – 48
项　　目			蒸压加气混凝土砌块墙					
			墙厚					
			≤150mm		≤200mm		≤300mm	
			砂浆	粘结剂	砂浆	粘结剂	砂浆	粘结剂
基　　　价 (元)			4404.97	10994.75	4399.90	10977.55	4115.59	10688.82
其中	人 工 费 (元)		1258.94	1277.48	1258.94	1277.48	1076.81	1095.15
	材 料 费 (元)		2439.63	9007.04	2434.56	8989.84	2432.79	8983.84
	机 械 使 用 费 (元)		14.02	4.61	14.02	4.61	14.02	4.61
	其 他 措 施 费 (元)		51.64	52.62	51.64	52.62	44.15	45.14
	安 文 费 (元)		112.23	114.38	112.23	114.38	95.96	98.10
	管 理 费 (元)		231.33	235.76	231.33	235.76	197.78	202.21
	利 润 (元)		158.02	161.04	158.02	161.04	135.10	138.13
	规 费 (元)		139.16	141.82	139.16	141.82	118.98	121.64
名　称	单位	单价 (元)	数　　量					
综合工日	工日		(9.93)	(10.12)	(9.93)	(10.12)	(8.49)	(8.68)
蒸压粉煤灰加气混凝土砌块 600 × 120 ×240	m³	235.00	9.770	10.150	—	—	—	—
蒸压粉煤灰加气混凝土砌块 600 × 190 ×240	m³	235.00	—	—	9.770	10.150	—	—
蒸压粉煤灰加气混凝土砌块 600 × 240 ×240	m³	235.00	—	—	—	—	9.770	10.150
砌块砌筑粘结剂	kg	22.00	—	297.400	—	297.400	—	297.400
干混砌筑砂浆 DM M10	m³	180.00	0.710	—	0.710	—	0.710	—
水	m³	5.13	0.400	0.200	0.400	0.200	0.400	0.200
水泥砂浆 1 : 3	m³	193.91	—	0.100	—	0.100	—	0.100
砌筑水泥砂浆 M7.5	m³	145.30	—	0.080	—	0.080	—	0.080
其他材料费	%		0.570	0.524	0.361	0.332	0.288	0.265
干混砂浆罐式搅拌机 公称储量 (L) 20000	台班	197.40	0.071	—	0.071	—	0.071	—
灰浆搅拌机 拌筒容量 (L) 200	台班	153.74	—	0.030	—	0.030	—	0.030

图 3-3　河南省 2016 定额定额子目 (4-45 蒸压加气混凝土砌块墙≤200 mm 砂浆)

该宿舍楼墙体按表 3-1 的详细计算过程如下：

1. 分部分项工程费。

1.1　综合工日：9.93 × 72 ÷ 10 = 71.50 工日。

1.2 定额人工费：$1258.94 \times 72 \div 10 = 9064.37$ 元。

1.3 定额材料费：$2434.56 \times 72 \div 10 = 17528.83$ 元。

1.4 定额机械费：$14.02 \times 72 \div 10 = 100.94$ 元。

1.5 定额管理费：$231.33 \times 72 \div 10 = 1665.58$ 元。

1.6 定额利润：$158.02 \times 72 \div 10 = 1137.74$ 元。

1.7 调差：$[1.7.1] + [1.7.2] + [1.7.3] + [1.7.4] = -148.69$ 元。

1.7.1 人工费差价 = 定额人工费 (基期人工费) × (发布期价格指数 ÷ 基期价格指数 - 1) × $K_n = 1258.94 \times (1.328 \div 1.370 - 1) \times 1 \times 72 \div 10 = -38.60 \times 7.2 = -277.89$ 元。

1.7.2 材料费差价 = $\sum$ (计算期材料单价 - 定额材料单价) - 材料用量 = 0 元。

1.7.3 机械费差价 = 定额机械费中的人工费 × (发布期价格指数 ÷ 基期价格指数 - 1) × K_n + (计算期燃料动力单价 - 定额燃料动力单价) - 燃料动力用量 = $0.071 \times 134 \times (1.239 \div 1 - 1) \times 1 \times 72 \div 10 + 0 = 16.37$ 元。

1.7.4 管理费差价 = 定额管理费 × (发布期价格指数 ÷ 基期价格指数 - 1) × K_n = $231.33 \times (2.129 \div 1 - 1) \times 6\% \times 72 \div 10 = 112.83$ 元。

综上所述，分部分项工程费 = $[1.2] + [1.3] + [1.4] + [1.5] + [1.6] + [1.7] = 29\,348.77$ 元。

单价类措施费选取河南省 2016 定额定额子目 (17-49 外脚手架，15 m 以内，双排脚手架)，如图 3-4 所示。

工作内容：1. 场内、场外材料搬运。2. 搭、拆脚手架、挡脚板、上下翻板子。3. 拆除脚手架后材料的堆放。

单位：100m²

定　额　编　号		17-48	17-49	17-50	17-51
项　　目		外脚手架			
		15m 以内		20m 以内	30m 以内
		单排	双排		
基　　价 (元)		1772.37	2239.54	2527.27	2813.37
其中	人 工 费 (元)	699.22	882.03	1012.82	1099.15
	材 料 费 (元)	572.32	723.39	795.62	943.07
	机械使用费 (元)	65.24	83.87	88.53	88.53
	其他措施费 (元)	29.43	37.18	42.59	46.12
	安 文 费 (元)	63.97	80.81	92.57	100.25
	管 理 费 (元)	160.70	203.00	232.53	251.84
	利 润 (元)	102.17	129.06	147.84	160.11
	规 费 (元)	79.32	100.20	114.77	124.30
名　称	单位	单价 (元)	数		量
综合工日	工日	—	(5.66)	(7.15)	(8.19)	(8.87)
脚手架钢管	kg	4.55	40.315	56.014	62.279	72.012
扣件	个	5.67	16.353	23.331	25.525	30.486
木脚手板	m³	1652.10	0.098	0.107	0.118	0.145
脚手架钢管底座	个	5.00	0.213	0.217	0.227	0.229
镀锌铁丝 φ4.0	kg	5.18	8.616	9.238	9.022	10.200
圆钉	kg	7.00	1.084	1.237	1.316	1.384
红丹防锈漆	kg	14.80	3.987	5.354	6.340	7.334
油漆溶剂油	kg	4.40	0.337	0.488	0.512	0.640
缆风绳 φ8	kg	8.35	0.193	0.193	0.215	0.870
原木	m³	1280.00	0.003	0.003	0.002	0.003
垫木 60×60×60	块	0.61	1.796	1.796	1.835	1.864
防滑木条	m³	1336.00	0.001	0.001	0.001	0.001
挡脚板	m³	1800.00	0.007	0.007	0.007	0.008
载重汽车 装载质量 (t) 6	台班	465.97	0.140	0.180	0.190	0.190

图 3-4　河南省 2016 定额定额子目 (17-49 外脚手架 15 m 以内 双排脚手架)

2. 措施项目费。

2.1 综合工日：$7.15 \times 360 \div 100 = 25.74$ 工日。

2.2 安全文明施工费：$112.23 \times 72 \div 10 + 80.81 \times 360 \div 100 = 1098.97$ 元。

2.3 单价类措施费：$[2.3.1] + [2.3.2] + [2.3.3] + [2.3.4] + [2.3.5] + [2.3.6] = 7249.76$ 元。

2.3.1 定额人工费：$882.03 \times 360 \div 100 = 3175.31$ 元。

2.3.2 定额材料费：$723.39 \times 360 \div 100 = 2604.20$ 元。

2.3.3 定额机械费：$83.87 \times 360 \div 100 = 301.93$ 元。

2.3.4 定额管理费：$203 \times 360 \div 100 = 730.80$ 元。

2.3.5 定额利润：$129.06 \times 360 \div 100 = 464.62$ 元。

2.3.6 调差：$[2.3.6.1] + [2.3.6.2] + [2.3.6.3] + [2.3.6.4] = -27.10$ 元。

2.3.6.1 人工费差价 = 定额人工费（基期人工费）×（发布期价格指数 ÷ 基期价格指数 $- 1$）$\times K_n = 882.03 \times (1.328 \div 1.370 - 1) \times 1 \times 360 \div 100 = -97.35$ 元。

2.3.6.2 材料费差价 = $\sum$（计算期材料单价 - 定额材料单价）- 材料用量 = 0 元。

2.3.6.3 机械费差价 = 定额机械费中的人工费 ×（发布期价格指数 ÷ 基期价格指数 -1）$\times K_n +$（计算期燃料动力单价 - 定额燃料动力单价）- 燃料动力用量 = $0.18 \times 134 \times (1.239 \div 1 - 1) \times 1 \times 360 \div 100 + 0 = 20.75$ 元。

2.3.6.4 管理费差价 = 定额管理费 ×（发布期价格指数 ÷ 基期价格指数 $- 1$）$\times K_n = 203 \times (2.129 \div 1 - 1) \times 6\% \times 360 \div 100 = 49.50$ 元。

2.4 其他措施费（费率类）：$[2.4.1] + [2.4.2] = 505.66$ 元。

2.4.1 其他措施费（费率类）：$51.64 \times 72 \div 10 + 37.18 \times 360 \div 100 = 505.66$ 元。

2.4.2 其他（费率类）：0 元。

综上所述，措施项目费：$[2.2] + [2.3] + [2.4] = 8854.39$ 元。

3. 其他项目费。

3.1 暂列金额：0 元。

3.2 专业工程暂估价：0 元。

3.3 计日工：0 元。

3.4 总承包服务费：0 元。

3.5 其他：0 元。

综上所述，其他项目费：$[3.1] + [3.2] + [3.3] + [3.4] + [3.5] = 0$ 元。

4. 规费。

4.1 定额规费：$139.16 \times 72 \div 10 + 100.20 \times 360 \div 100 = 1362.67$ 元。

4.2 工程排污费：0 元。

4.3 其他：0 元。

案例工程造价
计价程序表
（一般计税方法）

综上所述，规费：$[4.1] + [4.2] + [4.3] = 1362.67$ 元。

5. 不含税工程造价：$[1] + [2] + [3] + [4] = 29348.77 + 8854.39 + 0 + 1362.67 = 39565.83$ 元。

6. 增值税：$[5] \times 9\% = 3560.92$ 元。

7. 含税工程造价：$[5] + [6] = 43126.75$ 元。

3.4 房屋建筑与装饰工程专业说明

3.4.1 房屋建筑和装饰专业定额内容及范围

河南省 2016 定额房屋建筑与装饰工程专业的内容及范围如下：

(1) 房屋建筑与装饰工程专业河南省 2016 定额总共十七章，包含内容如图 3-5 所示。

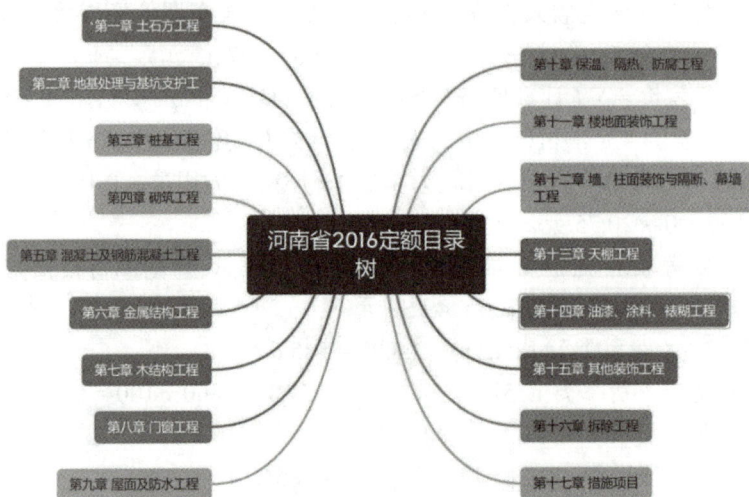

图 3-5   河南省 2016 定额章节目录树

(2) 定额涉及室外地 (路) 面、室外给排水等工程项目，按《河南省市政工程预算定额》的相应项目执行。

(3) 定额不再包括构筑物相应子目。

(4) 定额是按正常施工条件和施工方法、机械化程度以及合理的劳动组织及工期进行编制的。

3.4.2 人工、材料、机械说明

房屋建筑与装饰工程专业说明中关于人工、材料、机械的进一步说明如下。

(1) 定额的人工以人工费表示，按 8 小时工作制计算。

(2) 定额中材料消耗量包括净用量和损耗量。规范 (设计文件) 规定的预留量 (安装常见)、搭接量 (钢筋部分) 不在损耗中考虑。

(3) 定额中所使用的混凝土、沥青混凝土、砌筑砂浆、抹灰砂浆及各种胶泥均按半成品编制，混凝土按预拌混凝土编制，砂浆按预拌砂浆编制；若使用现拌砂浆、现拌混凝土，则按下面条款规定换算。

① 使用现拌砂浆的，除将定额中的干混砂浆调换为现拌砂浆外，砌筑砂浆按每立方

米砂浆增加：一般技工 0.382 工日、200 L 灰浆搅拌机 0.02 台班，同时，扣除原定额中干混砂浆罐式搅拌机台班；其余定额按每立方米砂浆增加人工 0.382 工日，同时将原定额中干混砂浆罐式搅拌机调换为 200 L 灰浆搅拌机，台班含量不变。

② 使用湿拌预拌砂浆的，除将定额中的干混砂浆调换为湿拌砂浆外，另按相应定额中按每立方米砂浆扣除人工 0.20 工日，并扣除干混预拌砂浆罐式搅拌机台班数量。

(4) 对于用量少、低值易耗的零星材料，列为其他材料。

(5) 凡单位价值在 2000 元以内、使用年限在一年以内的不构成固定资产的施工机械，不列入机械台班消耗量，作为工具用具在建筑安装工程费中的管理费考虑，其消耗的燃料动力等列入材料费内。

3.4.3　其他说明

房屋建筑与装饰工程专业说明中关于人工、材料、机械以外的其他说明如下。

(1) 材料、成品、半成品运输包括自施工单位现场仓库或现场指定堆放地点运至安装地点的水平和垂直运输。

(2) 垂直运输基准面在室内以室内地 (楼) 坪面为基准面，在室外以设计室外地坪面为基准面。

(3) 定额按建筑面积计算的综合脚手架、垂直运输等，是按一个整体工程考虑的。

(4) 定额除注明高度的以外，均按单层建筑物檐高在 20 m、多层建筑物 6 层 (不含地下室) 以内编制。对于单层建筑物檐高在 20 m 以上、多层建筑物 6 层 (不含地下室) 以上的工程，其降效应增加的人工、机械及有关费用另按本定额中的建筑物超高增加费计算，如自来水加压、工人上下班降效、材料垂直运输降效等。

(5) 定额未包括土石方外运费用，发生时另行计算。

(6) 工作内容已说明了主要的施工工序，次要工序虽未说明，但均已包括在内。

(7) 定额未考虑施工与生产同时进行、在有害身体健康的环境中施工时的降效增加费，发生时需另行计算。

3.5　河南省 2016 定额应用和计取

3.5.1　河南省 2016 定额基价说明

定额子目的基价指基期暂定的全费用单价，由人工费、材料费、机械使用费、其他措施费、安文费、管理费、利润、规费合计而来。

《建设工程工程量清单计价标准》(GB/T 50500—2024)(以下简称计价标准) 中综合单价由人工费、材料费、机械使用费、管理费、利润合计组成。

下面以河南省 2016 定额定额子目 (4-1 砖基础) 为例说明定额基价，如表 3-7 所示。

表3-7 河南省2016定额定额子目 (4-1砖基础) 定额基价说明

工作内容：清理基槽坑，调、运、铺砂浆，运、砌砖。

单位：10 m³

定 额 编 号			4 — 1	定额说明
项 目			砖基础	
基 价（元）			3981.03	基期暂定价（全费用综合单价）= 1281.49 + 1950.03 + 47.38 + 52.36 + 113.81 + 234.59 + 160.25 + 141.12 = 3981.03 定额基价（计价标准综合单价）= 人工费 + 材料费 + 机械使用费 + 管理费 + 利润 = 1281.49 + 1950.03 + 47.38 + 234.59 + 160.25 = 3673.74
其中	人工费（元）		1281.49	一线工人的人工费
	材料费（元）		1950.03	287.50 × 5.262 + 180 × 2.399 + 5.13 × 1.050 = 1950.03
	机械使用费（元）		47.38	来源于机械台班定额消耗量，含司炉操作人员工资（一般技工）
	其他措施费（元）		52.36	
	安文费（元）		113.81	
	管理费（元）		234.59	含管理人员工资
	利润（元）		160.25	
	规费（元）		141.12	
名称	单位	单价（元）	数量	
综合工日	工日	—	(10.07)	① 人工消耗量：来自消耗量定额 P72(4-1 砖基础)，只显示但不参与工程造价计算。 综合工日 = 定额人工数量（普工 + 一般技工 + 高级技工）+ 机械人工数量（机械人工费算在机械使用费中）=(2.309 + 6.450 + 1.075) 工日 + 0.236 工日 = 9.834 + 0.236 = 10.07 工日 ② 2016定额编制时普工按87.1元/工日，一般技工按134元/工日，高级技工按201元/工日，则一线工人人工费为：2.309 × 87.1 + 6.450 × 134 + 1.075 × 201 = 1281.49元
烧结煤矸石普通砖 240 × 115 × 53	千块	287.50	5.262	① 消耗量来自消耗量定额 P72(4-1 砖基础) ② 材料费 = 5.262 × 287.50 + 2.399 × 180 + 1.050 × 5.13 = 1950.03 元 ③ 认真对比材料规格，如有不同换算，注意换算的单位
干混砌筑砂浆 DM M10	m³	180.00	2.399	
水	m³	5.13	1.050	① 消耗量来自消耗量定额 P72(4-1 砖基础) ② 机械费 = 0.240 × 197.40 = 47.38 元 ③ 调价时注意调机械人工、柴油、电等
干混砂浆罐式搅拌机公称储量(L)20000	台班	197.40	0.240	

3.5.2　河南省 2016 定额的直接套用

在进行河南省 2016 定额定额子目的确定和换算时应注意以下三个方面。

(1) 依据施工图纸、设计说明和做法说明，选择预算定额项目。

(2) 核对工程内容、技术特征和施工方法 (施工方案)，准确地确定与施工图纸相对应的预算定额项目。

(3) 检查施工图纸中分项工程的名称、内容和计量单位与预算定额项目是否对应一致。

当工程项目的设计要求、做法说明和施工方法等与定额内容完全相符时，可直接套用预算定额基价。在套用预算定额基价时，分项工程的工程内容、计量单位应与定额项目一致。

【案例 3.3】某工程砖基础工程量为 300 m³，采用烧结煤矸石普通砖 240 mm×115 mm×53 mm、预拌干混砌筑砂浆 DM M10，求该砖基础的定额基价合计。

【解】【分析】该砖基础的材料种类和施工做法等与河南省 2016 定额定额子目 (4-1 砖基础) 完全相符，可直接套用，如图 3-1 所示。

$$定额基价合计 = 分项工程量 × 定额基价$$

其中：

分项工程量 $V = 300 \text{ m}^3$

定额基价 $= 1281.49 + 1950.03 + 47.38 + 234.59 + 160.25 = 3673.74$ 元 $/10\text{m}^3$

该砖基础的定额基价合计 $= 300 × 3673.74/10 = 110212.20$ 元

3.5.3　河南省 2016 定额基价的换算

当工程做法要求与定额内容不完全相符时，且定额规定允许调整换算时，应根据不同情况进行调整换算。定额基价调整换算应按定额规定进行，换算后的定额基价应在其编号后加注 "换" 或 "h" 以示区别。定额基价的换算主要包括系数换算、标号换算、厚度换算。

由于施工条件和方法不同，某些定额项目可以用乘以系数来进行换算。系数换算分为部分系数换算和全系数换算。

1. 部分系数换算

根据定额的分章说明，对定额基价部分内容乘以规定系数。

$$换算基价 = 定额基价 + 调整部分金额 × (调整系数 - 1)$$

【案例 3.4】挖基坑土方，土壤类别为三类土，湿土，挖土深度为 3 m，采用机械挖土的方式开挖，试确定其定额基价。

【解】【分析】定额土方子目按干土编制，该题中土方为湿土，机械挖、运湿土时应进行换算，相应定额子目中的人工、机械乘以系数 1.15。

挖掘机挖基坑土方，三类土，挖土深度为 3 m，选取河南省 2016 定额定额子目 (1-50 挖掘机挖槽坑土方)，如图 3-6 所示。

$$换算后定额基价 (1-50)_{换} = 定额基价 + 人工费 × (1.15 - 1) + 机械使用费 × (1.15 - 1) +$$
$$管理费 + 利润$$
$$= (72.03 + 0 + 24.71 + 8.23 + 6.82) + 72.03 × 0.15 + 24.71 × 0.15$$
$$= 126.30 \text{ 元 } /10 \text{ m}^3$$

工作内容：挖土，弃土于5m以内，清理机下余土；人工清底修边。

单位：10m³

定额编号			1-49	1-50	1-51
项目			挖掘机挖槽坑土方		
			一、二类土	三类土	四类土
基价（元）			136.03	138.33	141.13
其中	人工费（元）		72.03	72.03	72.03
	材料费（元）		—	—	—
	机械使用费（元）		22.41	24.71	27.01
	其他措施费（元）		4.52	4.52	4.58
	安文费（元）		9.83	9.83	9.95
	管理费（元）		8.23	8.23	8.33
	利润（元）		6.82	6.82	6.90
	规费（元）		12.19	12.19	12.33
名称	单位	单价（元）	数量		
综合工日	工日	—	(0.87)	(0.87)	(0.88)
履带式推土机 功率（kW）75	台班	857.00	0.002	0.002	0.002
履带式单斗液压挖掘机 斗容量（m³）1	台班	1149.61	0.018	0.020	0.022

图 3-6　河南省 2016 定额定额子目（1-50 挖掘机挖槽坑土方）

2. 全系数换算

根据定额的分章说明，对定额基价全部内容乘以规定系数。

$$换算基价 = 定额基价 \times 调整系数$$

【案例 3.5】某工程现浇混凝土楼梯设置为三跑楼梯（即一个自然层、两个休息平台），预拌混凝土 C20，试确定其定额基价。

【解】【分析】定额楼梯是按建筑物一个自然层的双跑楼梯考虑，如果是三跑楼梯（即一个自然层、两个休息平台），则应按相应项目定额乘以系数 0.9。

双跑楼梯，预拌混凝土 C20，选取河南省 2016 定额定额子目（5-46 楼梯 直形），如图 3-7 所示。

换算后定额基价 (5-46)$_换$ = 定额基价 × 0.9

　　　　　　　= (人工费 + 材料费 + 机械使用费 + 管理费 + 利润) × 0.9

　　　　　　　= (338.46 + 692.91 + 0 + 89.41 + 52) × 0.9 = 1055.50 元 /10 m²

工作内容：浇筑、振捣、养护等。

单位：10m² 水平投影面积

定额编号			5-46	5-47	5-48
项目			楼梯		
			直形	弧形	螺旋形
基价（元）			1254.26	1362.24	1911.15
其中	人工费（元）		338.46	526.34	733.19
	材料费（元）		692.91	488.62	694.61
	机械使用费（元）		—	—	—
	其他措施费（元）		13.88	21.63	30.11
	安文费（元）		30.18	47.02	65.44
	管理费（元）		89.41	139.31	193.90
	利润（元）		52.00	81.02	112.76
	规费（元）		37.42	58.30	81.14
名称	单位	单价（元）	数量		
综合工日	工日	—	(2.67)	(4.16)	(5.79)
预拌混凝土 C20	m³	260.00	2.586	1.798	2.586
土工布	m²	11.70	1.090	1.150	1.265
塑料薄膜	m²	0.26	11.529	11.550	12.709
水	m³	5.13	0.722	0.696	0.591
电	kW·h	0.70	1.560	1.590	1.590

图 3-7　河南省 2016 定额定额子目（5-46 楼梯 直形）

3. 标号换算

当施工图设计要求中砂浆或混凝土的强度等级或配合比与预算定额项目规定不相符时，可根据定额说明进行相应换算。换算前后材料的消耗量是不变的，只对材料价格进行换算，其换算步骤如下：

(1) 查找该分项工程的定额基价及定额消耗量；

(2) 查找两种不同标号的混凝土或砂浆的预算单价；

(3) 计算两种不同标号材料的价差；

(4) 进行调整，计算该分项工程换算后的定额基价。

标号换算的换算公式如下：

换算后基价 = 原定额基价 +（换入材料单价 − 换出材料单价）× 换出材料定额用量

【案例 3.6】某工程现浇混凝土柱，截面尺寸为 600 mm × 600 mm，采用 C30 碎石混凝土。已知石子最大粒径 40 mm 的碎石混凝土 C20 的单价为 216.97 元，C30 的单价为 259.32 元，试确定其定额基价。

【解】【分析】该现浇混凝土柱是矩形的，查找近似的定额为 (5-11 矩形柱)，该分项工程采用的是 C30 碎石混凝土，而定额中混凝土强度等级是 C20 碎石混凝土。根据河南省 2016 定额第五章说明，当设计强度等级不同时可以换算。

矩形柱，预拌混凝土 C30，选取河南省 2016 定额定额子目 (5-11 矩形柱)，如图 3-8 所示。

换算后定额基价 $(5\text{-}11)_{换}$

= 原定额基价 + 定额混凝土消耗量 ×（C30 碎石混凝土单价 − C20 碎石混凝土单价)

= (913.09 + 2631.85 + 0 + 241.45 + 140.42) + 9.797 × (259.32 − 216.97)

= 4341.71 元 /10 m³

工作内容：浇筑、振捣、养护等。

单位：10m³

定　额　编　号			5-11	5-12	5-13	5-14
项　　　目			矩形柱	构造柱	异形柱	圆形柱
基　　　价（元）			4146.83	5173.89	4262.55	4263.61
其中	人 工 费（元）		913.09	1528.65	979.29	980.61
	材 料 费（元）		2631.85	2637.64	2637.95	2636.86
	机械使用费（元）		—	—	—	—
	其他措施费（元）		37.49	62.76	40.20	40.25
	安 文 费（元）		81.49	136.42	87.37	87.48
	管 理 费（元）		241.45	404.20	258.86	259.20
	利 润（元）		140.42	235.07	150.55	150.74
	规 费（元）		101.04	169.15	108.33	108.47
名　称	单位	单价（元）	数　　量			
综合工日	工日	—	(7.21)	(12.07)	(7.73)	(7.74)
预拌混凝土 C20	m³	260.00	9.797	9.797	9.797	9.797
土工布	m²	11.70	0.912	0.885	0.912	0.885
水	m³	5.13	0.911	2.105	2.105	1.950
预拌水泥砂浆	m³	220.00	0.303	0.303	0.303	0.303
电	kW·h	0.70	3.750	3.720	3.720	3.750

图 3-8　河南省 2016 定额定额子目 (5-11 矩形柱)

4. 厚度换算

当工程实际中材料厚度与预算定额不同时，可以进行厚度换算，如找平层、面层厚度调整和墙面厚度调整等。

换算原则：在装饰装修时，能用定额子目增减的尽量用定额增减；不能用辅助子目增减的，可在定额子目下按比例增减。

【案例 3.7】某地面装饰工程，在现浇混凝土楼地面上做干混地面砂浆找平层，厚度为 25 mm，试确定 25 mm 厚的干混地面砂浆找平层的定额基价。

【解】【分析】定额基价中平面砂浆找平层按 20 mm 编制，该工程地面砂浆找平层为 25 mm，需要对定额项目进行厚度调整换算。

混凝土楼地面上干混地面砂浆找平层的厚度为 25 mm，选取河南省 2016 定额定额子目 (11-1 平面砂浆找平层 混凝土或硬基层上 20 mm)，如图 3-9 所示。

$$
\begin{aligned}
定额基价 (11-1)_{换} &= 定额基价 (11-1) + (25-20) \div 1 \times 定额基价 (11-3) \\
&= (1105.06 + 369.25 + 67.12 + 160.64 + 92.38) + \\
&\quad (25-20) \div 1 \times (30.20 + 18.36 + 3.36 + 4.51 + 2.59) \\
&= 2089.55 \ 元/100 \ m^2
\end{aligned}
$$

工作内容：清理基层、调运砂浆、抹平、压实。

单位：100m²

定 额 编 号				11-1	11-2	11-3
项 目				平面砂浆找平层		
				混凝土或硬基层上	填充材料上	每增减 1mm
				20mm		
基 价 (元)				2022.71	2442.24	65.42
其中	人 工 费 (元)			1105.06	1320.78	30.20
	材 料 费 (元)			369.25	461.05	18.36
	机械使用费 (元)			67.12	83.90	3.36
	其他措施费 (元)			38.90	46.59	1.09
	安 文 费 (元)			84.54	101.27	2.37
	管 理 费 (元)			160.64	192.42	4.51
	利 润 (元)			92.38	110.66	2.59
	规 费 (元)			104.82	125.57	2.94
名 称		单位	单价 (元)	数 量		
综合工日		工日	—	(7.48)	(8.96)	(0.21)
干混地面砂浆 DS M20		m³	180.00	2.040	2.550	0.102
水		m³	5.13	0.400	0.400	—
干混砂浆罐式搅拌机 公称储量 (L) 20000		台班	197.40	0.340	0.425	0.017

图 3-9　河南省 2016 定额定额子目 (11-1 平面砂浆找平层 混凝土或硬基层上 20 mm)

3.5.4　河南省 2016 定额的补充

由于新技术、新材料、新工艺的采用，当设计图纸中的项目在定额基价中没有相近子目时应制定补充定额。补充的方法一般有以下两种：

1. 定额代换法

定额代换法是利用性质相似、材料大致相同、施工方法很接近的定额项目，将类似项目分解套用或考虑一定系数调整使用。采取此种方法一定要在实践中注意观察和测定，合理确定系数，保证定额基价的准确性，也为以后新编定额项目做准备。

2. 定额编制法

人工及机械台班使用量可按劳动定额、机械台班使用定额计算；材料消耗量可按图纸的构造做法及相应的公式计算，并计入规定的损耗量；然后乘以人工日工资单价、材料价格和机械台班单价，管理费、利润等其他费用按定额水平计取。

知识拓展

本书对河南省 2016 定额消耗量适用情况、材料费、施工机具使用费、企业管理费、利润、其他措施费 (费率类)、其他项目费作出了进一步拓展解读，具体内容如下：

(1) 材料费在编制最高投标限价时，要求必须采用信息价，不详时可参考市场价；在编制投标报价时，以市场价格为主，可参考信息价。

(2) 施工机具使用费中振捣棒机械使用费放在管理费中，所消耗的电放在材料费中。

(3) 企业管理费在编制最高投标限价时，应按规定指数调整，不能随意变化；在编制投标报价时，可结合企业自身情况调整。

(4) 利润在编制最高投标限价时，不可调整，足额计取；在编制投标报价时，可结合企业自身情况调整。

(5) 其他措施费 (费率类) 在编制最高投标限价时，应按定额足额计取；其他措施费在编制竣工结算价时，应根据实际情况计取。

赛证融合

1. 关于消耗量定额与工程量计算规范，下列说法正确的是 (　　)。
A. 消耗量定额量的划分和工程量计算规范中分部工程的划分基本一致
B. 消耗量定额的项目编码与工程量计算规范项目编码基本一致
C. 工程量计算规范中考虑了施工方法
D. 消耗量定额项目划分基于"综合实体"体现功能单元
2. 关于工程量计算规范和消耗量定额的描述，下列说法正确的有 (　　)。
A. 消耗量定额一般是按施工工序划分项目的，体现功能单元
B. 工程量计算规范一般按"综合实体"划分清单项目，工作内容相对单一
C. 工程量计算规范规定的工程量主要是图纸 (不含变更) 的净量
D. 消耗量定额项目计量考虑了施工现场实际情况

E. 消耗量定额与工程量计算规范中的工程量基本计算方法一致

3. 工程量清单要素中的项目特征的主要作用体现在 (　　)。

A. 提供确定综合单价和依据　　　　B. 描述特有属性

C. 明确质量要求　　　　　　　　　　D. 明确安全要求

E. 确定措施项目

模块 3 赛证融合
参考答案

思政角

在建筑工程计量与计价学习过程中，要明白国家行业最新规范、标准和定额的作用，树立行业标准与规范意识，坚守国家标准，增强对从事本行业工作的责任感和使命感，树立崇高的职业理想。

模 块 小 结

本模块介绍了河南省 2016 定额应用，概述了河南省 2016 定额总说明，要求理解建设工程费用组成说明及工程造价计价标准程序表，掌握房屋建设与装饰工程专业说明、河南省 2016 定额应用和计取，并进行知识拓展和赛证融合。主要学习内容如下：

(1) 河南省 2016 定额总说明包括河南 2016 定额的编制依据、适用范围，以及定额基价组成、动态原则调整原则、人工费消耗量调整，其他措施费、安文费、规费说明、总承包服务费说明。

(2) 建设工程费用组成说明主要介绍了建设工程费用的组成，包含分部分项工程费、措施项目费、其他项目费、规费、增值税。

(3) 工程造价计价程序表介绍了工程造价计价程序表 (一般计税方法) 和工程造价计价程序表 (简易计税方法)，并以实际工程案例来说明如何编制工程造价计价程序表。

(4) 房屋建筑与装饰工程专业说明介绍了专业定额内容及范围，对人工、材料、施工机械和其他方面取费标准的确定作了进一步说明。

(5) 河南省 2016 定额应用和计取说明了河南省 2016 定额基价、河南省 2016 定额的直接套用、河南省 2016 定额基价的部分系数换算、全系数换算、标号换算、厚度换算。

同 步 测 试

一、简答题

1. 简述《河南省房屋建筑与装饰工程预算定额》(HA 01-31—2016) 中河南省建设工程费用项目组成。

2. 简述《河南省房屋建筑与装饰工程预算定额》(HA 01-31—2016) 中的定额子目基价说明的组成。

3. 简述《河南省房屋建筑与装饰工程预算定额》(HA 01-31—2016) 中的定额子目基价的常见应用。

二、单选题

1.《河南省房屋建筑与装饰工程预算定额》(HA 01-31—2016) 定额子目的计量单位一般为扩大一定倍数的单位，如定额子目 (1-1 人工挖一般土方 (基深) 一、二类土 ≤2 m) 的计量单位为 (   )。

A. m³   B. 10 m³   C. 100 m³   D. 10 m³

2. (   ) 是指为完成建设工程施工，发生于该工程施工前和施工过程中的技术、生活、安全、环境保护等方面的费用。

A. 税金   B. 规费   C. 措施项目费   D. 其他项目费

3. 已知某工程不含税工程造价为 1200 万元，增值税税率为 9%，根据《河南省房屋建筑与装饰工程预算定额》(HA 01-31—2016) 的计价程序表，采用一般计税方法，该工程的含税造价为 (   ) 万元。

A. 1200   B. 1308   C. 1300   D. 1318.68

4. 已知某工程分部分项工程费为 1000 万元，措施项目费为 300 万元，其他项目费为 200 万元，规费为 30 万元，增值税税率为 9%，根据《河南省房屋建筑与装饰工程预算定额》(HA 01-31—2016) 的计价程序表，采用一般计税方法，该工程的含税造价为 (   ) 万元。

A. 1200   B. 1500   C. 1530   D. 1667.70

5. 根据《河南省房屋建筑与装饰工程预算定额》(HA 01-31—2016) 计算，某建筑工程分部分项工程的定额人工费为 100 万元，已知人工费基期价格指数为 1.370，计算期价格指数为 1.328，则该分部分项工程人工费差价为 (   ) 万元。

A. 97   B. 100   C. 103   D. 106

三、计算题

某学生宿舍楼工程项目的现浇混凝土独立基础采用预拌混凝土 C30 浇筑，已知该 C30 预拌混凝土现行市场价为 350 元 /m³，试确定该现浇混凝土独立基础的定额基价。

模块 4 土方工程

知识框架

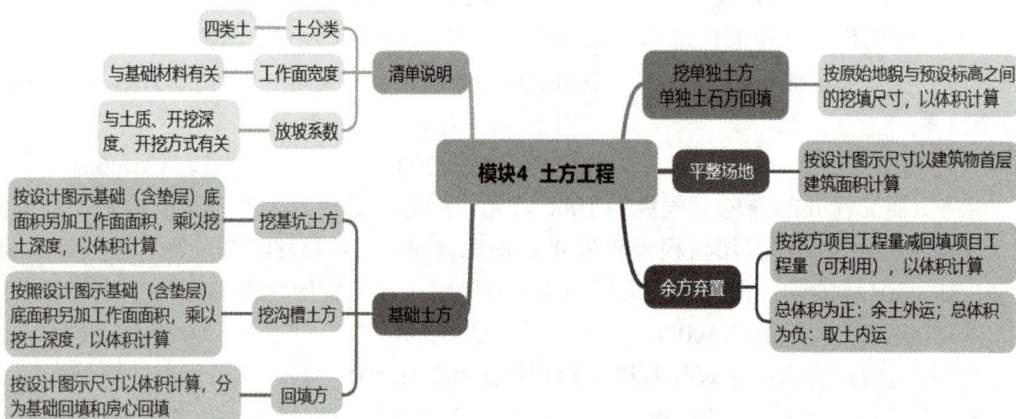

4.1 土方工程工程量清单编制

土方工程是指利用工程机械对地面进行土壤开挖、填筑、平整等一系列工序。其主要施工工艺包括平整场地、开挖土方、回填土方、运输土方等施工过程。

4.1.1 土方工程工程量清单

土方工程工程量清单主要包括挖单独土方、单独土石方回填、挖基坑土方、挖沟槽土方、回填方、平整场地、余方弃置等项目。

1. 挖单独土方工程量清单

《房屋建筑与装饰工程工程量计算标准》(GB/T 50854—2024) 附录 A.1 对挖单独土方工程量清单的项目编码、项目名称、项目特征、计量单位、工程量计算规则和工作内容做出了详细的规定，如表 4-1 所示。

表 4-1　挖单独土方工程量清单（编号：010101001）

项目编码	项目名称	项目特征	计量单位	工程量计算规则	工作内容
010101001	挖单独土方	土类别	m³	按原始地貌与预设标高之间的挖填尺寸，以体积计算	1. 开挖 2. 装车 3. 场内运输 4. 障碍物清除

【说明】单独土方项目是指为使施工场地达到预设标高（设计室外标高 / 设计室外地面做法底标高 / 委托人指定标高）所进行的土方工程。

2. 单独土石方回填工程量清单

《房屋建筑与装饰工程工程量计算标准》(GB/T 50854—2024) 附录 A.1 对单独土石方回填工程量清单的项目编码、项目名称、项目特征、计量单位、工程量计算规则和工作内容做出了详细的规定，如表 4-2 所示。

表 4-2　单独土方回填工程量清单（编号：010101003）

项目编码	项目名称	项目特征	计量单位	工程量计算规则	工作内容
010101003	单独土石方回填	1. 材料品种 2. 密实度	m³	按原始地貌与预设标高之间的挖填尺寸，以体积计算	1. 运输 2. 回填 3. 压实

3. 挖基坑土方工程量清单

《房屋建筑与装饰工程工程量计算标准》(GB/T 50854—2024) 附录 A.2 对挖基坑土方工程量清单的项目编码、项目名称、项目特征、计量单位、工程量计算规则和工作内容做出了详细的规定，如表 4-3 所示。

表 4-3　挖基坑土方工程量清单（编号：010102001）

项目编码	项目名称	项目特征	计量单位	工程量计算规则	工作内容
010102001	挖基坑土方	1. 土类别 2. 开挖深度 3. 基底处理方式	m³	按设计图示基础（含垫层）底面积另加工作面面积，乘以挖土深度，以体积计算	1. 开挖、放坡（若有）、挡土板围护（若有） 2. 装车 3. 场内运输 4. 清底修边 5. 基底夯实 6. 基底钎探

【说明】1. 在基础土方中，底宽 ≤ 3m 且底长 > 3 倍底宽的为沟槽，超出上述范围的为基坑。底宽、底长均不包含工作面尺寸。

2. 基础土方的开挖深度自预设标高算至基础（含垫层）底标高，下有石方的算至土石分界线。

3. 项目特征中的"基底处理方式"可描述为基底夯实、基底钎探等。如基础土方采用逆作法等特殊工艺时，应增加相应特征描述。

4. 挖沟槽土方工程量清单

《房屋建筑与装饰工程工程量计算标准》(GB/T 50854—2024) 附录 A.2 对挖沟槽土方工程量清单的项目编码、项目名称、项目特征、计量单位、工程量计算规则和工作内容做出了详细的规定，如表4-4所示。

表4-4　挖沟槽土方工程量清单（编号：010102002)

项目编码	项目名称	项目特征	计量单位	工程量计算规则	工作内容
010102002	挖沟槽土方	1. 土类别 2. 开挖深度 3. 基底处理方式	m^3	基础沟槽土方按照设计图示基础（含垫层）底面积另加工作面面积，乘以挖土深度，以体积计算 管沟土方按设计图示管底基础（含垫层）底面积另加工作面面积，乘以挖土深度，以体积计算；无管底基础及垫层时，按管外径的水平投影面积另加工作面面积，乘以挖土深度，以体积计算。管道线路上各类井的土方并入管沟土方内计算	1. 开挖、放坡（若有）、挡土板围护（若有） 2. 装车 3. 场内运输 4. 清底修边 5. 基底夯实 6. 基底钎探

5. 回填方工程量清单

《房屋建筑与装饰工程工程量计算标准》(GB/T 50854—2024) 附录 A.2 对回填方工程量清单的项目编码、项目名称、项目特征、计量单位、工程量计算规则和工作内容做出了详细的规定，如表4-5所示。

表4-5　回填方工程量清单（编号：010102007)

项目编码	项目名称	项目特征	计量单位	工程量计算规则	工作内容
010102007	回填方	1. 填方部位 2. 材料品种 3. 密实度	m^3	按设计图示尺寸以体积计算 1. 基础回填按设计图示基础（含垫层）底面积另加工作面面积，乘以回填深度，减去回填范围内建筑物（构筑物）、基础（含垫层）、管道，以体积计算 2. 房心回填：按回填区的净体积计算	1. 运输 2. 回填 3. 压实

【说明】计算土方开挖、回填工程量时，均不考虑不同密实状态的土体积折算。

6. 平整场地工程量清单

《房屋建筑与装饰工程工程量计算标准》(GB/T 50854—2024) 附录 A.3 对平整场地工程量清单的项目编码、项目名称、项目特征、计量单位、工程量计算规则和工作内容做出了详细的规定，如表4-6所示。

表 4-6 平整场地工程量清单（编号：010103001）

项目编码	项目名称	项目特征	计量单位	工程量计算规则	工作内容
010103001	平整场地	土石类别	m²	按设计图示尺寸以建筑物首层建筑面积计算。建筑物地下室结构外边线突出首层结构外边线时，其突出部分的建筑面积合并计算	1.土方挖、填、运 2.场地找平

【说明】平整场地是指基础土方施工前，对建筑物所在场地标高 ±300 mm 之间的就地挖、填、运及平整。

7. 余方弃置工程量清单

《房屋建筑与装饰工程工程量计算标准》(GB/T 50854—2024) 附录 A.3 对余方弃置工程量清单的项目编码、项目名称、项目特征、计量单位、工程量计算规则和工作内容做出了详细的规定，如表 4-7 所示。

表 4-7 余方弃置工程量清单（编号：010103002）

项目编码	项目名称	项目特征	计量单位	工程量计算规则	工作内容
010103002	余方弃置	土石类别	m³	按挖方清单项目工程量减回填清单项目工程量(可利用)，以体积计算	1.装卸 2.外运 3.消纳

【说明】余方弃置包括施工现场至指定弃置点的土方装卸、运输，且应满足国家及当地建设行政主管部门关于建筑垃圾消纳和处置的要求。

4.1.2 土方工程清单工程量计算规则

土方工程清单工程量计算规则主要包括挖单独土方、单独土石方回填、挖基坑土方、挖沟槽土方、回填方、平整场地、余方弃置等项目。

1. 土方工程相关解释说明

1) 土分类

项目特征中的"土类别"可按表 4-8 确定，如有需要可增加干土、湿土的描述。如土类别不能准确划分时，可依据地勘报告进行描述。

表 4-8 土 分 类 表

土分类	土 的 名 称
一、二类土	粉土、砂土(粉砂、细砂、中砂、粗砂、砾砂)、粉质黏土、弱中盐渍土、软土(淤泥质土、泥炭、泥炭质土)、软塑红黏土、冲填土
三类土	黏土、碎石土(圆砾、角砾)混合土、可塑红黏土、硬塑红黏土、强盐渍土、素填土、压实填土
四类土	碎石土(卵石、碎石、漂石、块石)、坚硬红黏土、超盐渍土、杂填土

2) 干土、湿土的划分

干土、湿土的划分，以地质勘测资料的地下常水位为准，地下常水位以上为干土，以下为湿土。地表水排出后，土的含水率大于或等于 25% 时为湿土；含水率超过液限，土和水的混合物呈现流动状态时为淤泥；温度在 0℃ 及以下，并夹含有冰的土为冻土。

3) 工作面

挖沟槽、基坑土方的工作面宽度按设计要求进行计算；无设计要求时可按表 4-9、表 4-10 计算。

表 4-9 基础施工所需工作面宽度计算

基础材料	每边各增加工作面宽度 (mm)
砖基础	200
浆砌毛石、条石基础	250
混凝土基础、垫层 (支模板)	600
基础垂直面做砂浆防潮层	400(自防潮层面)
基础垂直面做防水层或防腐层	1000(自防水层或防腐层面)
支挡土板	100(在上述宽度外另加)

表 4-10 管沟施工每侧所需工作面宽度计算

管道材质	管道结构宽 (mm)			
	≤ 500	≤ 1000	≤ 2500	> 2500
混凝土及钢筋混凝土管道 (mm)	400	500	600	700
其他材质管道 (mm)	300	400	500	600

【说明】管道结构宽：有管座的按基础外缘，无管座的按管道外径。

4) 放坡系数

根据土质情况，施工中当开挖深度超过一定限度时，应将土壁做成一定坡度的边坡。土方边坡的坡度以其高度 H 与边坡宽度 B 之比来表示，放坡系数 $K = B/H$，如图 4-1 所示。

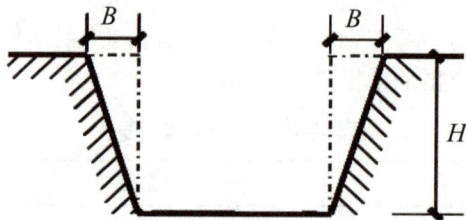

图 4-1 边坡放坡

土方边坡的大小与土质、开挖深度、开挖方法、边坡留置时间的长短、排水情况、附近堆土等有关，一般按施工组织设计规定的放坡坡度进行施工。如果施工组织设计无规定，则按表 4-11 的规定计算。

表 4-11 放 坡 系 数

土类别	放坡起点 (m)	放 坡 系 数			
		人工挖土	机械挖土		
			在坑内作业	在坑上作业	顺沟槽在坑上作业
一、二类土	1.20	1 : 0.50	1 : 0.33	1 : 0.75	1 : 0.50
三类土	1.50	1 : 0.33	1 : 0.25	1 : 0.67	1 : 0.33
四类土	2.00	1 : 0.25	1 : 0.10	1 : 0.33	1 : 0.25

【说明】1. 放坡起点，是指某类别土壤边壁直立不加支撑开挖的最大深度。

2. 沟槽、基坑中土壤类别不同时，分别按放坡起点、放坡系数、依不同土壤厚度加权平均计算。

3. 基础土方放坡，自基础 (含垫层) 底标高算起；原槽、坑作基础垫层时，放坡自垫层上表面开始计算。

2. 土方工程清单工程量计算规则

1) 挖单独土方清单工程量计算规则

挖单独土方的清单工程量按原始地貌与预设标高之间的挖填尺寸，以体积计算。

2) 单独土石方回填清单工程量计算规则

单独土石方回填的清单工程量按原始地貌与预设标高之间的挖填尺寸，以体积计算。

3) 挖基坑土方清单工程量计算规则

挖基坑土方的清单工程量按设计图示基础 (含垫层) 底面积另加工作面面积，乘以挖土深度，以体积计算。

4) 挖沟槽土方清单工程量计算规则

挖沟槽土方的清单工程量按设计图示尺寸以体积计算，具体分为以下两种：

(1) 基础沟槽土方按设计图示基础 (含垫层) 底面积另加工作面面积，乘以挖土深度，以体积计算。

(2) 管沟土方按设计图示管底基础 (含垫层) 底面积另加工作面面积，乘以挖土深度，以体积计算；无管底基础及垫层时，按管外径的水平投影面积另加工作面面积，乘以挖土深度，以体积计算。管道线路上各类井的土方并入管沟土方内计算。

5) 回填方清单工程量计算规则

回填方的清单工程量按设计图示尺寸以体积计算，具体分为以下两种：

(1) 基础回填：按设计图示基础 (含垫层) 底面积另加工作面面积，乘以回填深度，减去回填范围内建筑物 (构筑物)、基础 (含垫层)、管道，以体积计算。

(2) 房心回填：按回填区的净体积计算。

6) 平整场地清单工程量计算规则

平整场地的清单工程量按设计图示尺寸以建筑物首层建筑面积计算。建筑物地下室结构外边线突出首层结构外边线时，其突出部分的建筑面积合并计算。

7) 余方弃置清单工程量计算规则

余方弃置的清单工程量按挖方清单项目工程量减回填清单项目工程量 (可利用)，以体积计算。

4.2 土方工程河南省 2016 定额应用

4.2.1 土方工程相关定额说明

土方工程相关定额说明主要包括挖沟槽土方、挖基坑土方、回填土方、运输土方、平整场地等项目内容。

1. 土方干湿状态

河南省 2016 定额中土方子目是按干土编制的，如挖湿土，在人工挖、运湿土时，相应项目人工乘以系数 1.18；在机械挖、运湿土时，相应项目人工、机械乘以系数 1.15；在采取降水措施后，人工挖、运土相应项目的人工乘以系数 1.09，机械挖、运土不再乘系数。

干湿土定额换算
应用案例

2. 人工挖土

(1) 当人工挖沟槽、基坑深度超过 6 m 时，6 m＜深度≤7 m，按深度≤6 m 相应项目人工乘以系数 1.25；7 m＜深度≤8 m，按深度＜6 m 相应项目人工乘以系数 1.25^2；以此类推。

(2) 当在挡土板内人工挖槽时，相应项目人工乘以系数 1.43；桩间挖土不扣除桩所占体积，相应项目人工、机械乘以系数 1.50。

3. 机械挖土

(1) 挖掘机 (含小型挖掘机) 挖土方项目，已综合了挖掘机挖土方和挖掘机挖土后，基底和边坡遗留厚度≤0.3 m 的人工清理和修整。使用时不得调整，人工基底清理和边坡修整不另行计算。

(2) 小型挖掘机是指斗容量≤0.30 m^3 的挖掘机，适用于基础 (含垫层) 底宽≤1.2 m 的沟槽土方工程或底面积≤8 m^2 的基坑土方工程。

(3) 当机械挖、运湿土时，相应项目人工、机械乘以系数 1.15。在采取降水措施后，机械挖、运土不再乘以系数。

(4) 当挖掘机在垫板上作业时，相应项目人工、机械乘以 1.25。当在挖掘机下铺设垫板、汽车运输道路上铺设材料时，其费用另行计算。

4.2.2 土方工程定额工程量计算规则

土方工程定额工程量计算规则主要包括挖沟槽土方、挖基坑土方、回填土方、运输土方、平整场地等项目。

1. 挖沟槽土方定额工程量计算规则

挖沟槽土方定额工程量按设计图示沟槽长度乘以沟槽断面面积，

沟槽长度示意图

以体积计算。其中，条形基础的沟槽长度按外墙下的取中心线计算，内墙下的取沟槽净长度计算；管道的沟槽长度以设计图示管道中心线计算。

沟槽断面面积包括工作面宽度、放坡宽度的面积，其大小与土方开挖方式有关，主要有以下两种形式，如图 4-2 所示。

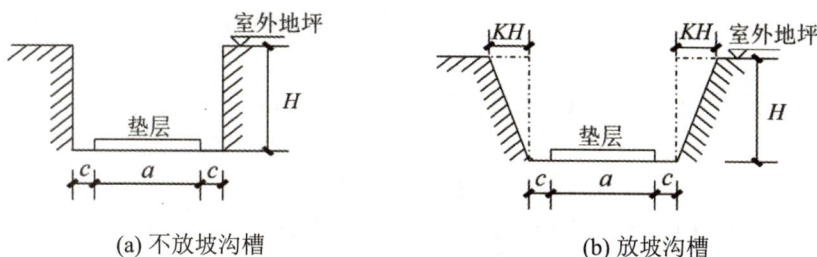

图 4-2　沟槽开挖方式

(1) 不放坡沟槽断面（见图 4-2(a)）的断面面积计算公式为

$$S = (a + 2c)H$$

(2) 放坡沟槽断面（见图 4-2(b)）的断面面积计算公式为

$$S = (a + 2c + KH)H$$

式中：a——沟槽（垫层）宽度；

c——工作面宽度，按施工组织设计规定计算，如施工组织设计未规定，则按表 4-9、表 4-10 的规定计算；

K——放坡系数，按施工组织设计规定计算，如施工组织设计未规定，则按表 4-11 的规定计算；

H——开挖深度，按自预设标高算至基础（含垫层）底标高。

2. 挖基坑土方定额工程量计算规则

挖基坑土方定额工程量按设计图示基础（含垫层）尺寸，另加工作面宽度、土方放坡宽度，乘以开挖深度，以体积计算。

挖基坑土方主要有以下几种形式：

(1) 方形不放坡基坑的工程量计算公式为

$$V = (a + 2c)(b + 2c)H$$

式中：a——基坑（垫层）长度；

b——基坑（垫层）宽度；

c——工作面宽度，按施工组织设计规定计算，如施工组织设计未规定，则按表 4-9 的规定计算；

H——开挖深度，按自预设标高算至基础（含垫层）底标高。

(2) 圆形不放坡基坑的工程量计算公式为

$$V = \pi r^2 H$$

式中：r——坑底半径（含工作面）；

H——开挖深度，按自预设标高算至基础（含垫层）底标高。

(3) 方形不放坡基坑（见图 4-3(a)）的工程量计算公式为

$$V = (a + 2c + KH)(b + 2c + KH)H + \frac{1}{3}K^2H^3$$

式中：a —— 基坑（垫层）长度；

b —— 基坑（垫层）宽度；

c —— 工作面宽度，按施工组织设计规定计算，如施工组织设计未规定，则按表 4-9 的规定计算；

K —— 放坡系数，按施工组织设计规定计算，如施工组织设计未规定，则按表 4-10 的规定计算；

H —— 开挖深度，按自预设标高算至基础（含垫层）底标高。

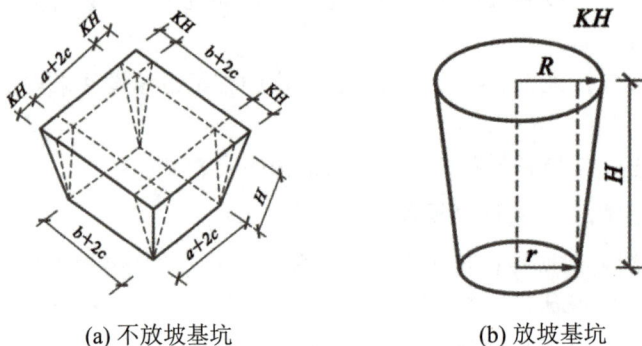

(4) 圆形放坡基坑（见图 4-3(b)）的工程量计算公式为

$$V = \frac{r^2 + (r + KH)^2 + r(r + KH)}{3}\pi H$$

式中：r —— 坑底半径（含工作面）；

K —— 放坡系数，按施工组织设计规定计算，如施工组织设计未规定，则按表 4-11 的规定计算；

H —— 开挖深度，按自预设标高算至基础（含垫层）底标高。

(a) 不放坡基坑   (b) 放坡基坑

图 4-3   基坑示意图

3. 回填土方定额工程量计算规则

回填土方定额工程量按设计图示尺寸以体积计算，主要有以下两种形式：

(1) 沟槽、基坑回填：设计室外地坪以下的土方回填。

回填体积 = 挖方体积 − 设计室外地坪标高以下埋设的基础体积

(2) 房心回填：室外地坪和室内地坪垫层之间的土方回填。

回填体积 = 主墙间净面积（扣除连续底面积 2 m^2 以上的设备基础）× 回填厚度

4. 平整场地定额工程量计算规则

平整场地定额工程量按设计图示尺寸以建筑物首层建筑面积计算，建筑物地下室结构外边线突出首层结构外边线时，其突出部分的建筑面积与首层建筑面积合并计算。

5. 运输土方定额工程量计算规则

运输土方定额工程量是按天然密实体积计算的，挖土体积减去回填土体积（折合天然

密实体积)，总体积为正，则为余土外运；总体积为负，则为取土内运。

$$运输土方工程量 = 挖土总体积 - 回填土总体积$$

4.3 土方工程清单列项与定额组价

4.3.1　挖基坑土方清单列项与定额组价

1. 挖基坑土方清单列项

挖基坑土方的清单列项，如表 4-3 所示。

基坑计量计价

2. 挖基坑土方定额组价

挖基坑土方分人工、机械两种开挖方式。其中，人工开挖按照土类别、坑深划分为 (1-17) ～ (1-24) 定额子目；挖掘机开挖按照土类别、是否含装土划分为 (1-49) ～ (1-51)、(1-52) ～ (1-54) 定额子目；小型挖掘机开挖按照土类别、是否含装土划分为 (1-55) ～ (1-57)、(1-58) ～ (1-60) 定额子目。

【案例 4.1】某工程有现浇混凝土独立基础 10 个，基础垫层底长度为 2 m，宽度为 1.5 m，室外地坪标高为 -0.450 m，垫层底标高为 -2.100 m，土质为砂土，采用人工挖土，坑边堆放，工作面取 300 mm，试准确进行工程量计算并列项组价。

【解】(1) 案例分析计算。

【分析】

列项：垫层底长≤ 3 倍底宽，土方列项为挖基坑土方。

开挖深度：$H = 2.1 - 0.45 = 1.65$ m。

放坡系数：本工程为砂土，属于一、二类土，放坡起点为 1.2 m，1.65 m > 1.2 m，需要放坡开挖，放坡系数 $K = 0.5$。

工作面：$c = 300$ mm。

① 清单工程量。

$$V_{清} = (2 + 2 \times 0.6) \times (1.5 + 2 \times 0.6) \times 1.65 \times 10 = 142.56 \text{ m}^3$$

② 定额工程量。

$$V_{定} = [(2 + 2 \times 0.6 + 0.5 \times 1.65) \times (1.5 + 2 \times 0.6 + 0.5 \times 1.65) \times 1.65 +$$
$$1/3 \times 0.5^2 \times 1.65^3] \times 10$$
$$= 237.85 \text{ m}^3$$

(2) 案例清单列项与定额组价。

① 定额子目应用。结合案例工程实际情况，选取河南省 2016 定额定额子目 (1-17 人工挖基坑土方 (坑深) 一、二类土≤ 2 m)。

② 清单列项与定额组价。该案例中挖基坑土方的清单列项与定额组价，如表 4-12 所示。

表 4-12   挖基坑土方案例清单列项与定额组价

序号	项目编码	项目名称	项目特征描述	计量单位	工程量	金额（元）	
						综合单价	合价
1	010102001001	挖基坑土方	1. 土类别：一、二类土 2. 开挖深度：2 m 以内 3. 弃土运距：坑边堆放	m^3	142.56	55.22	7872.16
	1-17	人工挖基坑土方（坑深）一、二类土 ≤ 2 m		$10\ m^3$	23.785	330.96	7871.88

4.3.2   挖沟槽土方清单列项与定额组价

1. 挖沟槽土方清单列项

挖沟槽土方的清单列项，如表 4-4 所示。

2. 挖沟槽土方定额组价

挖沟槽土方分人工、机械两种开挖方式。其中，人工开挖按照土类别、槽深划分为 (1-9) ~ (1-16) 定额子目；机械开挖定额子目选择同上述挖基坑土方一致。

【案例 4.2】某工程的基础平面图、剖面图如图 4-4 所示，室外地坪标高为 -0.150 m，基础底标高为 -1.700 m，土质类别为三类土，采用人工开挖，槽边堆放，在混凝土基础及垫层施工时需要支设模板，试准确进行工程量计算并列项组价。

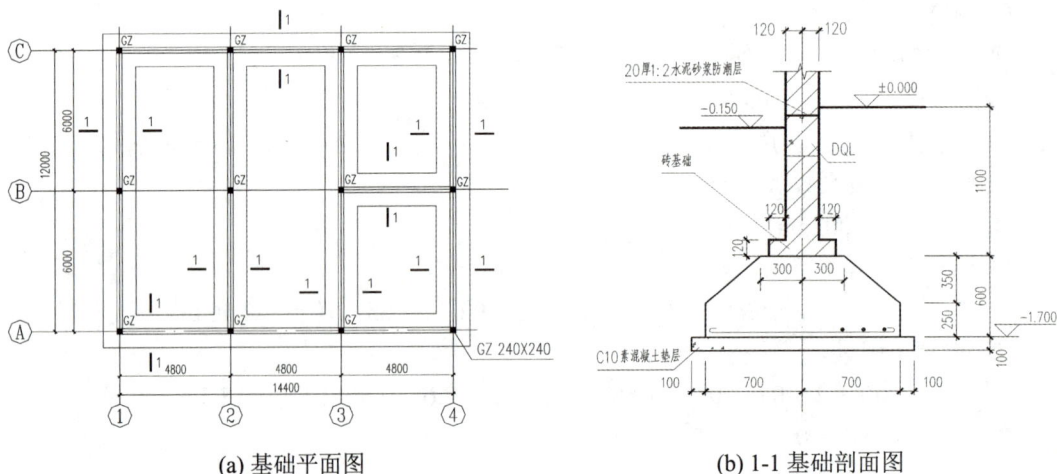

(a) 基础平面图   (b) 1-1 基础剖面图

图 4-4   某工程基础平面图、剖面图

【解】(1) 案例分析计算。

【分析】

列项：该工程垫层底宽 1.6 m < 3 m，底长 > 3 倍底宽，为挖沟槽土方。

开挖深度：$H = 1.8 - 0.15 = 1.65$ m。

放坡系数：本工程为三类土，放坡起点为 1.5 m，1.65 m ＞1.5 m，需要放坡开挖，放坡系数 $K = 0.33$。

工作面：结合基础材料确定工作面宽度，即垫层每边工作面 $c = 600$ mm。

① 清单工程量。

a. 沟槽长度：

外墙中心线长度：$L_中 = (12 + 14.4) \times 2 = 52.8$ m

内墙槽底净长度：$L_净 = (12 - 1.6 - 2 \times 0.6) \times 2 + (4.8 - 1.6 - 2 \times 0.6) = 20.4$ m

沟槽总长度：$L = 52.8 + 20.4 = 73.2$ m

b. 沟槽工程量：

$$V_清 = 截面面积 \times 沟槽长度 = (1.6 + 2 \times 0.6) \times 1.65 \times 73.2 = 338.18 \text{ m}^3$$

② 定额工程量。

沟槽长度：$L = 73.2$ m

沟槽断面面积：$S = (1.6 + 2 \times 0.6 + 0.33 \times 1.65) \times 1.65 = 5.518 \text{ m}^2$

沟槽工程量：$V_定 = 截面面积 \times 沟槽长度 = 5.518 \times 73.2 = 403.92 \text{ m}^3$

(2) 案例清单列项与定额组价。

① 定额子目应用。结合案例工程实际情况，选取河南省 2016 定额定额子目 (1-11 人工挖沟槽土方 (槽深) 三类土 ≤2 m)。

② 清单列项与定额组价。该案例中挖沟槽土方的清单列项与定额组价如表 4-13 所示。

表 4-13　挖沟槽土方案例清单列项与定额组价

序号	项目编码	项目名称	项目特征描述	计量单位	工程量	金额 (元)	
						综合单价	合价
1	010102002001	挖沟槽土方	1. 土类别：三类土 2. 开挖深度：2 m 以内 3. 弃土运距：槽边堆放	m³	338.18	62.74	21217.41
	1-11	人工挖沟槽土方 (槽深) 三类土 ≤ 2m		10m³	40.392	525.31	21218.32

4.3.3　回填方清单列项与定额组价

1. 回填方清单列项

回填方的清单列项如表 4-5 所示。

2. 回填方定额组价

回填方按照施工方法和质量要求，分为松填和夯填两种方式。其中，松填适用于 (1-127) 定额子目；夯填分为 (1-130) ～ (1-133) 定额子目。原土夯实分为 (1-128)、(1-129) 定额子目。机械碾压分为 (1-134) ～ (1-136) 定额子目。

沟槽计量计价

4.3.4　平整场地清单列项与定额组价

1. 平整场地清单列项

平整场地的清单列项如表 4-6 所示。

2. 平整场地定额组价

平整场地划分为人工场地平整 (1-123) 定额子目和机械场地平整 (1-124) 定额子目。

4.3.5　余方弃置清单列项与定额组价

1. 余方弃置清单列项

余方弃置的清单列项如表 4-7 所示。

2. 余方弃置定额组价

土方装车分为 (1-27)、(1-61)、(1-62) 定额子目。土方运输按照施工方法、运距划分为 (1-28)～(1-31)、(1-63)～(1-66) 定额子目。

4.4　工程项目实例

某学生宿舍楼的现场土壤类别为一、二类土，机械场地平整，开挖深度在 2 m 以内。当基础施工至室外标高时，采用 3∶7 灰土进行回填，回填土按现行有关规范要求分层夯实，每层厚度不大于 250 mm，压实系数 ≥ 0.94，房心回填采用素土夯填。

土方工程分部分项工程和单价措施项目清单与计价表如表 4-14 所示。

表 4-14　分部分项工程和单价措施项目清单与计价表

序号	项目编码	项目名称	项目特征描述	计量单位	工程量	金额（元）		其中
						综合单价	合价	暂估价
1	10101001001	平整场地	1. 土壤类别：一、二类土	m²	3083.11	1.52	4686.33	
	1-124	机械场地平整		100 m²	30.8311	152.33	4696.50	
2	10101002001	挖一般土方	1. 土壤类别：一、二类土 2. 挖土深度：2 m 内	m³	9736.08	5.04	49069.84	
	1-43	挖掘机挖一般土方　一、二类土		10 m³	973.608	50.32	48991.93	

续表

序号	项目编码	项目名称	项目特征描述	计量单位	工程量	金额（元）		其中
						综合单价	合价	暂估价
3	10103001001	回填方	1. 密实度要求：夯填 2. 填方材料品种：素土 3. 房心回填	m³	2284.51	17.55	40093.15	
	1-131		夯填土　人工　槽坑	10 m³	228.451	175.44	40079.43	
4	10103001002	回填方	1. 密实度要求：夯填 2. 填方材料品种：3：7灰土 3. 基础回填	m³	5462.88	122.21	667618.56	
	1-133		夯填土　机械　槽坑	10 m³	546.288	1222.11	667624.44	

📖 **拓展知识**

(1) 原土打夯是指按设计要求，在建筑物或构筑物工程施工时对原状土进行夯实的工作，包括碎土、平土、找平、洒水等工作内容，一般用在基底浇筑垫层前或室内回填之前，对原土地基进行加固。

原土打夯在施工图纸上以"素土夯实"表示。其中，挖沟槽、基坑的工作内容中已包括底部夯实，因此当发生这两项施工内容时，原土打夯不再单列。散水、坡道、台阶、平台等部位，垫层底的底部夯实均未包括在相应子目内，应另列项计算。

(2) 在土方施工中，堆、弃土地点一般有三种方案：其一，可将挖出的土直接堆放在槽坑边，或运至施工现场某一地点堆放，回填后再将余土运出；其二，如果场地狭小，亦可将土全部运出施工现场，待回填时再将回填土运回；其三，将土部分运出，部分在施工现场某一地点堆放，待回填时将其运回。

📖 **赛证融合**

1. 某土方工程量清单编制，挖土数为 10000 m³，回填土数为 6000 m³；已知土方天然密实体积：夯实后体积＝1：0.87，则回填方、余方弃置的清单工程量（天然密实状态）分别为（　　）。

 A. 6000 m³、4000 m³   B. 6896.55 m³、3103.45 m³

 C. 6000 m³、3103.45 m³   D. 6896.55 m³、4000 m³

2. 根据现行工程量计算标准规范，建筑物场地厚度为 250 mm 的挖土，项目编码列项应为（   ）。

A. 基础土方　　　　　　　　　　B. 沟槽土方

C. 一般土方　　　　　　　　　　D. 平整场地

3. 根据现行工程量计算标准规范规定，下列关于回填方工程量计算方法中正确的是（   ）。

A. 室内回填按主墙间净面积乘以回填厚度，扣除间隔墙所占体积

B. 场地回填按回填面积乘以平均回填厚度计算

C. 基础回填为挖方工程量减去室内地坪以下埋设的基础体积

D. 回填项目特征描述中应包括密实度和废弃料品种

4. 根据现行工程量计算标准规范，下列土方工程工程量计算正确的是（   ）。

A. 建筑场地厚度≤±300 mm 的挖、填、运、找平，均按平整场地计算

B. 设计底宽≤7 m，底长＞3 倍底宽的土方开挖，按挖沟槽土方计算

C. 设计底宽＞7 m，底长＞3 倍底宽的土方开挖，按挖一般土方计算

D. 设计底宽≤7 m，底长＜3 倍底宽的土方开挖，按挖基坑土方计算

E. 土方工程量均按设计尺寸以体积计算

模块 4 赛证融合
参考答案

🔖 思政角

土方施工条件复杂，不确定因素多，因此在施工过程中要严格遵守行业规范。作为从业人员，要具备高度的责任心和强烈的质量意识，从设计、施工、验收等环节把好每一道质量关，降低不合理的施工成本，培养严于律己、对工程计量计价精益求精的职业品质。

模 块 小 结

通过本模块的学习，要求学生掌握以下内容：

(1) 单独土方项目是指使施工场地达到预设标高所进行的土方工程；基础土方项目是指预设标高以下为实施基础施工所进行的土方工程。

(2) 在基础土方中，底宽≤3 m 且底长＞3 倍底宽的为沟槽，超出上述范围的为基坑，

底宽、底长均不包含工作面尺寸。

(3) 挖基坑土方清单工程量按设计图示基础（含垫层）底面积另加工作面面积，乘以挖土深度，以体积计算。

(4) 基础沟槽土方清单工程量按设计图示基础（含垫层）底面积另加工作面面积，乘以挖土深度，以体积计算；管沟土方按设计图示管底基础（含垫层）底面积另加工作面面积，乘以挖土深度，以体积计算。

(5) 基础回填清单工程量按设计图示基础（含垫层）底面积另加工作面面积，乘以回填深度，减去回填范围内建筑物（构筑物）、基础（含垫层）、管道，以体积计算；房心回填按回填区的净体积计算。

(6) 平整场地指基础土方施工前，对建筑物所在场地标高 ±300 mm 之间的就地挖、填、运及平整。其清单工程量按设计图示尺寸以建筑物首层建筑面积计算。建筑物地下室结构外边线突出首层结构外边线时，其突出部分的建筑面积合并计算。

(7) 运土方以天然密实体积计算，工程量按挖土体积减去回填土体积，总体积为正，则为余土外运；总体积为负，则为取土内运。

同 步 测 试

一、简答题

1. 简述平整场地、沟槽、基坑土方的划分原则。

2. 简述挖沟槽土方、挖基坑土方的清单工程量计算规则。

3. 回填土具体分为哪几种？对应的清单工程量计算规则有哪些？

二、单选题

1. 土方体积应按挖掘前的（　　）计算。

A. 天然密实体积　　　　　　　B. 虚方体积

C. 松填体积　　　　　　　　　D. 夯实后体积

2. 根据《房屋建筑与装饰工程工程量计算标准》(GB/T 50854—2024)，若开挖设计长为 10 m，宽为 3 m，深度为 0.8 m 的土方工程，在清单中列项应为（　　）。

A. 平整场地　　　　　　　　　B. 挖沟槽土方

C. 挖基坑土方　　　　　　　　D. 挖土方

3. 根据《房屋建筑与装饰工程工程量计算标准》(GB/T 50854—2024)，建筑物场地厚度为 250 mm 的挖土，项目编码列项应为（　　）。

A. 基础土方　　　　　　　　　B. 沟槽土方

C. 一般土方　　　　　　　　　D. 平整场地

4. 根据《房屋建筑与装饰工程工程量计算标准》(GB/T 50854—2024)，挖 480 mm 宽的钢筋混凝土直埋管道沟槽，每侧工作面宽度应为（　　）。

A. 200 mm   B. 250 mm

C. 400 mm   D. 500 mm

三、计算题

某建筑物基础如图 4-5 所示，基础垫层宽度为 1.4 m，工作面宽度为 0.6 m，沟槽深度为 2.6 m，土类别为三类土，采用人工开挖方式，试计算该沟槽土方工程的清单与定额工程量。

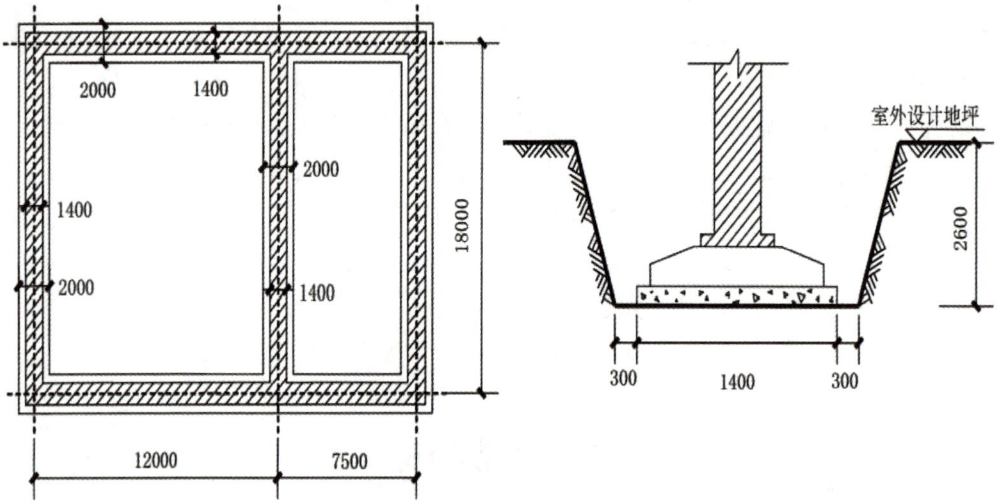

(a) 基础平面图   (b) 剖面图

图 4-5 某建筑物基础平面图、剖面图

知识框架

填料桩复合地基
按设计图示尺寸以体积计算 —— 换填垫层
按设计图示处理范围以面积计算 —— 强夯地基
按设计桩截面面积乘以桩长以体积计算 —— 填料桩复合地基
按设计桩截面面积乘以桩长以体积计算 —— 水泥粉煤灰碎石桩复合地基
其他处理类型
—— 地基处理

按设计图示墙体尺寸以体积计算 —— 地下连续墙
按设计图示尺寸以桩长计算 —— 预制钢筋混凝土板桩
按设计图示尺寸以质量计算 —— 型钢桩、钢板桩
按设计图示尺寸以钻孔深度计算 —— 锚杆(锚索)
按设计图示尺寸以土钉置入深度计算 —— 土钉
其他支护类型
—— 基坑支护

模块5 地基处理与桩基工程

预制钢筋混凝土实心桩 / 预制钢筋混凝土空心桩 —— 按设计图示尺寸以桩长计算
钢管桩 —— 按设计图示尺寸以质量计算
截(凿)桩头 —— 按设计图示数量计算
其他预制桩类型
—— 预制桩

泥浆护壁成孔灌注桩 / 沉管灌注桩 / 干作业机械成孔灌注桩 —— 按设计截面面积乘以设计桩长以体积计算
钻孔压灌桩 —— 按设计图示尺寸以桩长计算
灌注桩后注浆 —— 按设计图示注浆孔数计算
其他灌注桩类型
—— 灌注桩

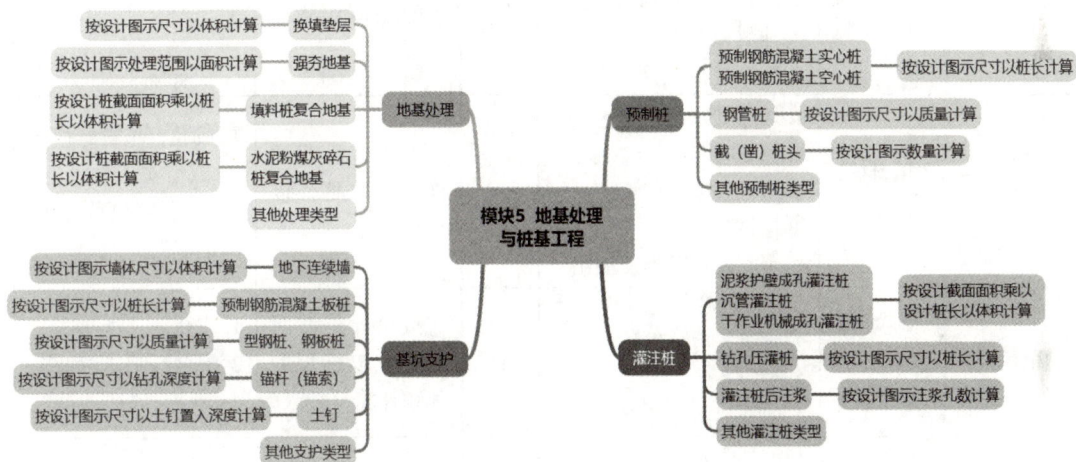

5.1 地基处理与桩基工程工程量清单编制

地基处理按照施工工艺，包括换填垫层、强夯地基、填料桩复合地基、水泥粉煤灰碎石桩复合地基、水泥土搅拌桩复合地基、注浆加固地基等；基坑支护按照施工方法，包括地下连续墙、预制钢筋混凝土板桩、型钢桩、钢板桩、锚杆(锚索)、土钉、喷射混凝土或水泥砂浆、钢筋混凝土腰梁及冠梁等。根据施工方法不同，桩可分为预制桩和灌注桩。

5.1.1 地基处理与桩基工程工程量清单

地基处理与桩基工程工程量清单主要包括地基处理、基坑支护、预制桩、灌注桩等项目。

1. 地基处理工程量清单

《房屋建筑与装饰工程工程量计算标准》(GB/T 50854—2024) 附录 B.1 对地基处理工程量清单的项目编码、项目名称、项目特征、计量单位、工程量计算规则和工作内容做出了详细的规定，如表 5-1 所示。

表 5-1　地基处理工程量清单（编号：010201）

项目编码	项目名称	项目特征	计量单位	工程量计算规则	工作内容
010201001	换填垫层	1. 换填材料种类及配比 2. 换填方式及压实系数 3. 掺加剂（料）品种	m³	按设计图示尺寸以体积计算	1. 铺设土工材料（若有），分层铺填 2. 碾压、振密或夯实
010201003	强夯地基	1. 夯击能量 2. 夯击遍数及方式 3. 夯击点布置形式、间距 4. 地耐力要求 5. 夯填材料种类	m²	按设计图示处理范围以面积计算	1. 铺设夯填材料 2. 强夯
010201005	填料桩复合地基	1. 地层类别 2. 桩形式 3. 空桩长度、桩长 4. 桩径 5. 填充材料种类及配比	m³	按设计桩截面面积乘以桩长以体积计算	1. 成孔、填料、振实或夯实 2. 泥浆排放或场内运输
010201006	水泥粉煤灰碎石桩复合地基	1. 地层类别 2. 空桩长度、桩长 3. 桩径 4. 混合料强度等级	m³	按设计桩截面面积乘以桩长以体积计算	1. 成孔 2. 混合料制作、灌注、养护
010201007	水泥土搅拌桩复合地基	1. 地层类别 2. 空桩长度、桩长 3. 桩截面尺寸 4. 做法、搅拌要求 5. 水泥强度等级、掺量	m³	按设计图示桩体尺寸以体积计算	1. 材料制备 2. 预搅下沉、喷浆（粉）搅拌提升
010201009	注浆加固地基	1. 地层类别 2. 空钻深度、注浆深度 3. 注浆间距 4. 浆液种类及配比 5. 水泥强度等级	m³	按设计加固地基尺寸以体积计算	1. 成孔 2. 注浆导管制作、安装 3. 浆液制作、压浆

【说明】1. 项目特征中的"地层类别"应按模块 4 表 4-8 的规定，并根据岩土工程勘察报告进行描述。

2. 换填垫层的"换填材料种类"可描述为砂石、粉质黏土、灰土、粉煤灰、矿渣等。如有土工合成材料，则应增加相应特征描述。

3. 项目特征及工程量计算规则中的"桩长"应包括桩尖（若有），空桩长度 = 孔深 - 桩长，孔深为自然地面至设计桩底的深度。

4. 填料桩复合地基的"桩形式"可描述为振冲碎石桩、沉管砂石桩、灰土（土）挤密桩、夯实水泥土桩、柱锤冲扩桩等。设计文件指定成孔方式的，清单编制时应增加"成孔方式"的描述。

2. 基坑支护工程量清单

《房屋建筑与装饰工程工程量计算标准》(GB/T 50854—2024) 附录 B.2 对基坑支护工程量清单的项目编码、项目名称、项目特征、计量单位、工程量计算规则和工作内容做出了详细的规定，如表 5-2 所示。

表 5-2　基坑支护工程量清单 (编号: 010202)

项目编码	项目名称	项目特征	计量单位	工程量计算规则	工作内容
010202001	地下连续墙	1. 地层类别 2. 墙体厚度 3. 成槽深度 4. 混凝土种类、强度等级 5. 接头形式	m3	按设计图示墙体尺寸以体积计算	1. 导墙修筑及拆除 2. 挖土成槽、固壁、清底置换 3. 混凝土输送、灌注、养护 4. 接头处理 5. 泥浆制备、排放或场内运输
010202005	预制钢筋混凝土板桩	1. 地层类别 2. 送桩深度、桩长 3. 桩截面形式、尺寸 4. 混凝土强度等级	m	按设计图示尺寸以桩长计算	1. 工作平台搭设、拆除 2. 插桩、板桩连接 3. 沉桩
010202006	型钢桩、钢板桩	1. 地层类别 2. 截面形式或组合截面形式 3. 钢桩材质规格和型号 4. 送桩深度、桩长 5. 是否拔出	t	按设计图示尺寸以质量计算	1. 工作平台搭设、拆除 2. 插桩、锁口连接 3. 沉桩、接桩、拔桩 4. 刷防护材料
010202007	锚杆(锚索)	1. 地层类别 2. 锚杆(索)类型、深度、部位 3. 杆体材料品种、规格、数量 4. 预应力值 5. 浆液种类、强度等级	m	按设计图示尺寸以钻孔深度计算	1. 工作平台搭设、拆除 2. 成孔 3. 锚杆(锚索)制作、插入 4. 隔离套管、定位支架安装 5. 浆液制作、注浆 6. 预应力锚杆张拉、锁定
010202008	土钉	1. 地层类别 2. 土钉类型、深度、部位 3. 杆体材料品种、规格、数量 4. 浆液种类、强度等级	m	按设计图示尺寸以土钉置入深度计算	1. 工作平台搭设、拆除 2. 成孔 3. 土钉制作、杆体插入或打入 4. 浆液制作、注浆
010202009	喷射混凝土、水泥砂浆	1. 部位 2. 厚度 3. 材料种类 4. 混凝土(砂浆)类别、强度等级	m2	按设计图示尺寸以面积计算	1. 工作平台搭设、拆除 2. 修整边坡 3. 混凝土(砂浆)输送、喷射、养护 4. 钻排水孔、安装排水管
010202012	钢筋混凝土腰梁、冠梁	1. 部位 2. 混凝土种类 3. 混凝土强度等级	m3	按设计图示尺寸以体积计算	1. 混凝土输送、浇筑 2. 混凝土振捣、养护

【说明】项目特征中的"混凝土种类"可描述为预拌 (商品) 混凝土、现场搅拌混凝土、清水混凝土、彩色混凝土、水下混凝土、防水混凝土、耐酸混凝土、毛石混凝土、轻骨料混凝土等。

3. 预制桩工程量清单

《房屋建筑与装饰工程工程量计算标准》(GB/T 50854—2024) 附录 C.1 对预制桩工程量清单的项目编码、项目名称、项目特征、计量单位、工程量计算规则和工作内容做出了详细的规定，如表 5-3 所示。

表 5-3　预制桩工程量清单（编号：010301）

项目编码	项目名称	项目特征	计量单位	工程量计算规则	工作内容
010301001	预制钢筋混凝土实心桩	1. 地层类别 2. 送桩深度、桩长 3. 桩截面形式、尺寸 4. 混凝土强度等级	m	按设计图示尺寸以桩长计算	1. 工作平台搭设、拆除 2. 桩机竖拆、移位 3. 沉桩、接桩 4. 送桩、空孔回填 5. 刷防护材料
010301002	预制钢筋混凝土空心桩	1. 地层类别 2. 送桩深度、桩长 3. 桩截面形式、尺寸 4. 桩尖类型 5. 混凝土强度等级			1. 工作平台搭设、拆除 2. 桩机竖拆、移位 3. 桩尖制作安装 4. 沉桩、接桩 5. 桩芯取土 6. 送桩、空孔回填 7. 刷防护材料
010301003	钢管桩	1. 地层类别 2. 送桩深度、桩长 3. 材质 4. 管径、壁厚	t	按设计图示尺寸以质量计算	1. 工作平台搭设、拆除 2. 桩机竖拆、移位 3. 沉桩、接桩 4. 管内取土 5. 切割钢管、精割盖帽 6. 送桩、空孔回填 7. 刷防护材料
010301005	截（凿）桩头	1. 桩类型 2. 桩头截面、高度 3. 混凝土强度等级 4. 有无钢筋	根	按设计图示数量计算	1. 截（切割）桩头 2. 凿平 3. 废料外运、弃置 4. 钢筋整理

【说明】本附录各预制桩项目工作内容均包括预制桩的场内堆放、场内转运，还包括使用成品预制桩时的成品桩购置工作及使用现场预制桩时的桩制作全部工序。使用现场预制桩时，应在项目特征中增加相关描述。

4. 灌注桩工程量清单

《房屋建筑与装饰工程工程量计算标准》(GB/T 50854—2024) 附录 C.2 对灌注桩工程量清单的项目编码、项目名称、项目特征、计量单位、工程量计算规则和工作内容做出了详细的规定，如表 5-4 所示。

表 5-4　灌注桩工程量清单（编号：010302)

项目编码	项目名称	项目特征	计量单位	工程量计算规则	工作内容
010302001	泥浆护壁成孔灌注桩	1. 地层类别 2. 空桩长度、桩长 3. 桩径 4. 混凝土种类、强度等级	m3	按设计截面面积乘以设计桩长以体积计算，截面局部扩大部分体积并入计算	1. 护筒埋设 2. 成孔、固壁 3. 混凝土输送、灌注、养护 4. 空孔回填 5. 泥浆制备、排放或场内运输
010302002	沉管灌注桩	1. 地层类别 2. 空桩长度、桩长 3. 桩径 4. 桩尖类型 5. 混凝土种类、强度等级			1. 桩尖制作、安装 2. 打（沉）拔钢管 3. 混凝土输送、灌注、养护 4. 复打、空孔回填
010302003	干作业机械成孔灌注桩	1. 地层类别 2. 空桩长度、桩长 3. 桩径 4. 扩孔直径、高度 5. 混凝土种类、强度等级			1. 成孔、扩孔 2. 混凝土输送、灌注、振捣、养护 3. 空孔回填
010302005	钻孔压灌桩	1. 地层类别 2. 空钻长度、桩长 3. 钻孔直径 4. 材料种类、配比、强度等级	m	按设计图示尺寸以桩长计算	1. 钻孔 2. 浆液制备、注浆、投放骨料、补浆 3. 混凝土输送、压灌、养护 4. 空孔回填
010302006	灌注桩后注浆	1. 注浆导管材料、规格 2. 注浆导管长度 3. 单孔注浆量 4. 水泥强度等级	孔	按设计图示注浆孔数计算	1. 注浆导管制作、安装 2. 浆液制作、注浆
010302007	声测管	1. 材质、规格 2. 连接要求	m	按设计图示桩长乘以管根数计算	1. 制作、管底封堵 2. 分段安装、连接 3. 注水、管口封堵

【说明】1. 打桩方式及成孔机械由投标人自行确定，若设计有要求时，应在项目特征中增加相关描述。

2. 泥浆护壁成孔灌注桩是指在泥浆护壁条件下成孔的采用水下灌注混凝土的桩。

3. 内夯沉管灌注桩应按"沉管灌注桩"编码列项，外管封底部分体积并入桩工程量内。

4. 干作业机械成孔灌注桩是指在不用泥浆护壁和套管护壁的情况下，用钻机成孔后下钢筋笼并灌注混凝土的桩，适用于地下水位以上的土层。

5.1.2 地基处理与桩基工程清单工程量计算规则

地基处理与桩基工程清单工程量计算规则主要包括地基处理、基坑支护、预制桩、灌注桩等项目。

1. 地基处理清单工程量计算规则

1) 换填垫层

换填垫层的清单工程量按设计图示尺寸以体积计算。

2) 强夯地基

强夯地基的清单工程量按设计图示处理范围以面积计算。

3) 填料桩复合地基

填料桩复合地基的清单工程量按设计桩截面面积乘以桩长以体积计算。

4) 水泥粉煤灰碎石桩复合地基

水泥粉煤灰碎石桩复合地基的清单工程量按设计桩截面面积乘以桩长以体积计算。

5) 水泥土搅拌桩复合地基

水泥土搅拌桩复合地基的清单工程量按设计图示桩体尺寸以体积计算。

6) 注浆加固地基

注浆加固地基的清单工程量按设计加固地基尺寸以体积计算。

2. 基坑支护清单工程量计算规则

1) 地下连续墙

地下连续墙的清单工程量按设计图示墙体尺寸以体积计算。

2) 预制钢筋混凝土板桩

预制钢筋混凝土板桩的清单工程量按设计图示尺寸以桩长计算。

3) 型钢桩、钢板桩

型钢桩、钢板桩的清单工程量按设计图示尺寸以质量计算。

4) 锚杆 (锚索)

锚杆 (锚索) 的清单工程量按设计图示尺寸以钻孔深度计算。

5) 土钉

土钉的清单工程量按设计图示尺寸以土钉置入深度计算。

6) 喷射混凝土、水泥砂浆

喷射混凝土、水泥砂浆的清单工程量按设计图示尺寸以面积计算。

7) 钢筋混凝土腰梁、冠梁

钢筋混凝土腰梁、冠梁的清单工程量按设计图示尺寸以体积计算。

3. 预制桩清单工程量计算规则

1) 预制钢筋混凝土实心桩

预制钢筋混凝土实心桩的清单工程量按设计图示尺寸以桩长计算。

2) 预制钢筋混凝土空心桩

预制钢筋混凝土空心桩的清单工程量按设计图示尺寸以桩长计算。

3) 钢管桩

钢管桩的清单工程量按设计图示尺寸以质量计算。

4) 截(凿)桩头

截(凿)桩头的清单工程量按设计图示数量计算。

4. 灌注桩清单工程量计算规则

1) 泥浆护壁成孔灌注桩

泥浆护壁成孔灌注桩的清单工程量按设计截面面积乘以设计桩长以体积计算，截面局部扩大部分体积并入计算。

2) 沉管灌注桩

沉管灌注桩的清单工程量按设计截面面积乘以设计桩长以体积计算，截面局部扩大部分体积并入计算。

3) 干作业机械成孔灌注桩

干作业机械成孔灌注桩的清单工程量按设计截面面积乘以设计桩长以体积计算，截面局部扩大部分体积并入计算。

4) 钻孔压灌桩

钻孔压灌桩的清单工程量按设计图示尺寸以桩长计算。

5) 灌注桩后注浆

灌注桩后注浆的清单工程量按设计图示注浆孔数计算。

6) 声测管

声测管的清单工程量按设计图示桩长乘以管根数计算。

5.2　地基处理与桩基工程河南省 2016 定额应用

5.2.1　地基处理与桩基工程相关定额说明

地基处理与桩基工程相关定额说明主要包括地基处理、基坑支护、预制桩、灌注桩等项目内容。

1. 地基处理定额说明

1) 填料加固

在填料加固夯填灰土就地取土时，应扣除灰土配比中的黏土。就地取土现场确需筛土的，执行河南省 2016 定额"第一章 土石方工程"相应项目。

2) 强夯地基

(1) 强夯项目中每单位面积夯点数，指设计文件规定单位面积内的夯点数量，若设计文件的夯点数量与定额不一致时，采用内插法计算消耗量。

(2) 强夯工程量应区别不同夯击能量和夯点密度，按设计图示夯击范围及夯击遍数分别计算。

3) 填料桩

碎石桩与砂石桩的充盈系数为 1.3，损耗率为 2%。当实测的砂石配合比及充盈系数不同时可以调整。其中，灌注砂石桩除考虑上述充盈系数和损耗率外，还应包括级配密实系数 1.334。

4) 搅拌桩

(1) 水泥土搅拌桩项目按 1 喷 2 搅施工编制，实际施工为 2 喷 4 搅时，项目人工、机械乘以系数 1.43；实际施工为 2 喷 2 搅、4 喷 4 搅时，分别按 1 喷 2 搅、2 喷 4 搅计算。

(2) 水泥土搅拌桩的水泥掺入量按加固土重量 (1800 kg/m³) 的 13% 考虑，如掺入比例与设计不同时，按每增减 1% 项目计算。

(3) 水泥土搅拌桩项目已综合了正常施工工艺需要的重复喷浆 (粉) 和搅拌。空搅部分按相应项目的人工及搅拌桩机台班乘以系数 0.5 计算。

(4) 三轴水泥土搅拌桩项目中水泥掺入量按加固土重量 (1800 kg/m³) 的 18% 考虑，当掺入比例与设计不同时，按水泥土搅拌桩每增减 1% 项目计算；施工工艺按 2 搅 2 喷考虑，当施工工艺与设计不同时，每增 (减)1 搅 1 喷按相应项目人工和机械费增 (减)40% 计算。

5) 打桩及桩间补土

(1) 打桩工程按陆地打垂直桩编制。设计要求打斜桩时，若斜度≤1 ：6，相应项目的人工、机械乘以系数 1.25；若斜度>1 ：6，相应项目的人工、机械乘以系数 1.43。

(2) 桩间补桩或在地槽 (坑) 中及强夯后的地基上打桩时，相应项目的人工、机械乘以系数 1.15。

(3) 单独打试桩、锚桩，按相应项目的打桩人工及机械乘以系数 1.5。

2. 基坑支护定额说明

1) 地下连续墙

地下连续墙未包括导墙挖土方、泥浆处理及外运、钢筋加工，实际发生时，按实计取。

2) 钢制桩

(1) 打拔槽钢或钢轨，按钢板桩项目，其机械乘以系数 0.77，其他不变。

(2) 现场制作的型钢桩、钢板桩，执行河南省 2016 定额 "第六章 金属结构工程" 中钢柱制作相应项目。

3) 其他说明

(1) 定额内未包括型钢桩、钢板桩的制作、除锈、刷油。

(2) 若单位工程的钢板桩的工程量≤50 t 时，其人工、机械量按相应项目乘以系数 1.25 计算。

3. 桩基工程定额说明

单位工程的桩基工程量少于表 5-5 对应数量时，相应项目人工、机械乘以系数 1.25。

表 5-5 单位工程的桩基工程量

项　目	单位工程的工程量	项　目	单位工程的工程量
预制钢筋混凝土方桩	200 m³	钻孔、旋挖成孔灌注桩	150 m³
预应力钢筋混凝土管桩	1000 m	沉管、冲孔成孔灌注桩	100 m³
预制钢筋混凝土板桩	100 m³	钢管桩	50 t

1) 打桩

(1) 单独打试桩、锚桩，按相应定额的打桩人工及机械乘以系数 1.5。

(2) 打桩工程按陆地打垂直桩编制。设计要求打斜桩时，斜度≤1∶6 时，相应项目人工、机械乘以系数 1.25；斜度>1∶6 时，相应项目人工、机械乘以系数 1.43。

(3) 打桩工程以平地（坡度≤15°）打桩为准，坡度>15°打桩时，按相应项目人工、机械乘以系数 1.15。如在基坑内（基坑深度>1.5 m，基坑面积≤500 m²）打桩或在地坪上打坑槽内（坑槽深度>1 m）桩时，按相应项目人工、机械乘以系数 1.11。

(4) 打桩工程，如遇送桩时，可按打桩相应项目人工、机械乘以表 5-6 中的系数。

表 5-6 送桩深度系数

送桩深度	系　数
≤2 m	1.25
≤4 m	1.43
>4 m	1.67

2) 灌注桩

(1) 定额各种灌注桩的材料用量中，均已包括了充盈系数和材料损耗，如表 5-7 所示。

表 5-7 灌注桩充盈系数和材料损耗率

项目名称	充盈系数	损耗率 (%)
冲孔桩机成孔灌注混凝土桩	1.30	1
旋挖、冲击钻机成孔灌注混凝土桩	1.25	1
回旋、螺旋钻机钻孔灌注混凝土桩	1.20	1
沉管桩机成孔灌注混凝土桩	1.15	1

(2) 人工挖孔土石方子目中，已综合考虑了孔内照明、通风。人工挖孔桩，桩内垂直运输方式按人工考虑，深度超过 16 m 时，相应定额乘以系数 1.2 计算；深度超过 20 m 时，相应定额乘以系数 1.5 计算。

(3) 灌注桩后压浆注浆管、声测管埋设，注浆管、声测管如遇材质、规格不同时，可以换算，其余不变。

5.2.2 地基处理与桩基工程定额工程量计算规则

地基处理与桩基工程定额工程量计算规则主要包括地基处理、基坑支护、预制桩、灌注桩等项目。

1. 地基处理定额工程量计算规则

1) 填料加固

填料加固按设计图示尺寸以体积计算。

2) 强夯

强夯按设计图示强夯处理范围以面积计算。

强夯地基应用案例

3) 水泥粉煤灰碎石桩

水泥粉煤灰碎石桩按设计桩长 (包括桩尖) 乘以设计桩外径截面积, 以体积计算。

4) 搅拌桩

(1) 水泥土搅拌桩、三轴水泥土搅拌桩、旋喷桩按设计桩长加 50 cm 乘以设计桩外径截面积, 以体积计算。

(2) 三轴水泥土搅拌桩中的插、拔型钢工程量按设计图示型钢以质量计算。

5) 分层注浆

分层注浆钻孔数量按设计图示以钻孔深度计算。注浆数量按设计图纸注明加固土体的体积计算。

6) 压密注浆

压密注浆钻孔数量按设计图示以钻孔深度计算。注浆数量按下列规定计算:

(1) 设计图纸明确加固土体体积的, 按设计图纸注明的体积计算。

(2) 设计图纸以布点形式图示土体加固范围的, 则按两孔间距的一半作为扩散半径, 以布点边线各加扩散半径, 形成计算平面, 计算注浆体积。

深层搅拌水泥桩
应用案例

(3) 如果设计图纸注浆点在钻孔灌注桩之间, 按两注浆孔的一半作为每孔的扩散半径, 依此圆柱体积计算注浆体积。

2. 基坑支护定额工程量计算规则

1) 地下连续墙

(1) 现浇导墙混凝土按设计图示以体积计算。现浇导墙混凝土模板按混凝土与模板接触面的面积, 以面积计算。

(2) 成槽工程量按设计长度乘以墙厚及成槽深度 (设计室外地坪至连续墙底), 以体积计算。

(3) 锁口管以 "段" 为单位 (段指槽壁单元槽段), 锁口管吊拔按连续墙段数计算。

(4) 清底置换以 "段" 为单位 (段指槽壁单元槽段)。

(5) 浇筑连续墙混凝土工程量按设计长度乘以墙厚及墙深加 0.5 m, 以体积计算。

2) 钢板桩

打拔钢板桩按设计桩体以质量计算。安、拆导向夹具按设计图示尺寸以长度计算。

3) 土钉、锚杆

(1) 砂浆土钉、砂浆锚杆的钻孔、灌浆, 按设计文件或施工组织设计规定 (设计图示

尺寸) 以钻孔深度计算。

(2) 钢筋、钢管锚杆按设计图示以质量计算。

(3) 锚头制作、安装、张拉、锁定按设计图示以"套"计算。

4) 喷射混凝土

喷射混凝土护坡区分土层与岩层，按设计文件 (或施工组织设计) 规定尺寸，以面积计算。

3. 预制桩定额工程量计算规则

1) 预制钢筋混凝土桩

打、压预制钢筋混凝土桩按设计桩长 (包括桩尖) 乘以桩截面面积，以体积计算。

2) 预应力钢筋混凝土管桩

(1) 打、压预应力钢筋混凝土管桩按设计桩长 (不包括桩尖)，以长度计算。

(2) 预应力钢筋混凝土管桩的钢桩尖按设计图示尺寸，以质量计算。

(3) 预应力钢筋混凝土管桩，如设计要求加注填充材料时，填充部分另按本模块钢管桩填芯相应项目执行。

(4) 桩头灌芯按设计尺寸以灌注体积计算。

3) 钢管桩

(1) 钢管桩按设计要求的桩体质量计算。

(2) 钢管桩内切割、精割盖帽按设计要求的数量计算。

(3) 桩管内钻孔取土、填芯，按设计桩长 (包括桩尖) 乘以填芯截面积，以体积计算。

送桩

4) 送桩

送桩按设计桩顶标高至打桩前的自然地坪标高另加 0.5 m 计算送桩工程量。定额未单独设置送桩子目，打桩工程如遇送桩，可按打桩相应项目人工、机械乘以表 5-6 中相应系数。

5) 接桩

预制混凝土桩、钢管桩电焊接桩，按设计要求接桩头的数量计算。

6) 截桩

预制混凝土桩截桩按设计要求截桩的数量计算。截桩长度≤1 m 时，不扣减相应桩的打桩工程量；截桩长度＞1 m 时，其超过部分按实扣减打桩工程量，但桩体的价格不扣除。

7) 凿桩头

预制混凝土桩凿桩头按设计图示桩截面积乘以凿桩头长度，以体积计算。凿桩头长度设计无规定时，桩头长度按桩体高 $40\,d(d$ 为桩主筋直径，主筋直径不同时取大者) 计算；灌注混凝土凿桩头按设计超灌高度 (设计无规定按 0.5 m) 乘以桩身设计截面积，以体积计算。

8) 桩头钢筋整理

按所整理的桩的数量计算。

4. 灌注桩定额工程量计算规则

1) 钻孔桩、旋挖桩、冲孔桩

(1) 钻孔桩、旋挖桩成孔工程量按打桩前自然地坪标高至设计桩底标高的成孔长度乘

以设计桩径截面积，以体积计算。

(2) 冲孔桩基冲击 (抓) 锤冲孔工程量分别按进入土层、岩石层的成孔长度乘以设计桩径截面积，以体积计算。

(3) 灌注混凝土工程量按设计桩径截面积乘以设计桩长 (包括桩尖) 另加加灌长度，以体积计算。加灌长度设计有规定者，按设计要求计算；无规定者，按 0.5 m 计算。

2) 沉管灌注桩

(1) 成孔工程量按打桩前自然地坪标高至设计桩底标高 (不包括预制桩尖) 的成孔长度乘以钢管外径截面积，以体积计算。

(2) 灌注混凝土工程量按钢管外径截面积乘以设计桩长 (不包括预制桩尖) 另加加灌长度，以体积计算。加灌长度设计有规定者，按设计要求计算；无规定者，按 0.5 m 计算。

3) 桩孔回填

桩孔回填工程量按打桩前自然地坪标高至加灌长度的顶面乘以桩孔截面积，以体积计算。

4) 钻孔压浆桩

钻孔压浆桩工程量按设计桩长，以长度计算。

5) 注浆管、声测管

注浆管、声测管埋设工程量按打桩前的自然地坪标高至设计桩底标高另加 0.5 m，以长度计算。

5.3 地基处理与桩基工程清单列项与定额组价

5.3.1 地基处理清单列项与定额组价

1. 地基处理清单列项

地基处理项目的清单列项如表 5-1 所示。

2. 地基处理定额组价

1) 填料加固

填料加固适用于 (2-1) 定额子目，夯填灰土就地取土时，应扣除灰土配比中的黏土。就地取土现场确需筛土的，执行 (1-126) 定额子目。

2) 强夯地基

强夯地基按照夯击能、夯点数量及夯击方式划分为 (2-10)～(2-39) 定额子目。

3) 填料桩

水泥粉煤灰碎石桩按照成孔方式划分为 (2-48)、(2-49) 定额子目。

4) 搅拌桩

水泥土搅拌桩按照喷桩方式划分为 (2-52)～(2-56) 定额子目。

5) 注浆加固地基

注浆加固地基有分层注浆及压密注浆两种,其中分层注浆分为 (2-62)、(2-63) 定额子目;压密注浆分为 (2-64)、(2-65) 定额子目。

【案例 5.1】某工程采用压密注浆法进行地基加固处理,压密注浆孔孔径为 60 mm,注浆桩体标高为 −1.200 m,孔底标高为 −6.500 m,自然地面标高为 −0.550 m,水泥选择 C42.5 级普通硅酸盐水泥,孔间距 1.0 m × 1.0 m,沿基础满布,压密注浆每孔加固范围按 1 m² 计算,注浆孔数量为 200 根,试准确进行工程量计算并列项组价。

【解】(1) 案例分析计算。

① 清单工程量:按设计加固地基尺寸以体积计算。本题扩散半径形成的计算平面的面积为 1 m²,注浆深度为 6.5 − 1.2 = 5.3 m。

$$V_{清} = 1 \times 5.3 \times 200 = 1060 \ m^3$$

② 定额工程量。

钻孔工程量按设计图示以钻孔深度计算:

$$L_{定} = (6.5 - 0.55) \times 200 = 1190 \ m$$

注浆工程量按设计加固地基尺寸以体积计算:

$$V_{定} = 1 \times 5.3 \times 200 = 1060 \ m^3$$

(2) 案例清单列项与定额组价。

① 定额子目应用。结合案例工程实际情况,选取河南省 2016 定额定额子目 (2-64 压密注浆 钻孔)、(2-65 压密注浆 注浆)。

② 清单列项与定额组价。该案例中注浆加固地基的清单列项与定额组价如表 5-8 所示。

表 5-8　注浆加固地基案例清单列项与定额组价

序号	项目编码	项目名称	项目特征描述	计量单位	工程量	金额 (元)	
						综合单价	合价
1	010201009001	注浆加固地基	1. 注浆深度: 5.3 m 2. 注浆间距: 1.0 m × 1.0 m 3. 水泥强度等级: C42.5	m³	1060	148.11	156 996.60
	2-64		压密注浆 钻孔	100 m	11.90	4297.79	51 143.70
	2-65		压密注浆 注浆	10 m³	106	998.58	105 849.48

5.3.2 基坑支护清单列项与定额组价

1. 基坑支护清单列项

基坑支护项目的清单列项如表 5-2 所示。

2. 基坑支护定额组价

1) 地下连续墙

地下连续墙按照施工工艺划分为 (2-66)～(2-76) 定额子目。

2) 钢板桩

打、拔钢板桩按照桩长划分为 (2-77)～(2-80) 定额子目。

3) 土钉与锚喷支护

土钉按照土层及入岩增加划分为 (2-82)、(2-83) 定额子目；锚杆按照钻孔、注浆及制作安装划分为 (2-84)～(2-93) 定额子目；喷射混凝土护坡按照土层、岩层及喷层厚度划分为 (2-94)～(2-96) 定额子目；锚头制作、安装、张拉及锁定适用 (2-97) 定额子目。

5.3.3 预制桩清单列项与定额组价

1. 预制桩清单列项

预制桩项目的清单列项如表 5-3 所示。

2. 预制桩定额组价

1) 预制钢筋混凝土实心桩

预制钢筋混凝土实心桩按照打、压方式及桩长划分为 (3-1)～(3-8) 定额子目。

2) 预制钢筋混凝土空心桩

预制钢筋混凝土空心桩按照打、压方式及桩长划分为 (3-9)～(3-16) 定额子目。

3) 钢管桩

钢管桩按照打桩、桩内切割、管内取土、填芯等工艺划分为 (3-21)、(3-36) 定额子目。

4) 接桩、截 (凿) 桩头

接桩按照桩型、焊接方式划分为 (3-37)～(3-41) 定额子目；截 (凿) 桩头按照桩型、施工工艺划分为 (3-42)～(3-46) 定额子目。

【案例 5.2】某工程项目采用预制钢筋混凝土实心桩，截面形式为 500 mm × 500 mm 设计桩长为 21 m，共计 200 根。预制桩的每节长度为 7 m，送桩深度为 4 m，柴油打桩机施工，实心桩包角钢接头，试准确进行工程量计算并列项组价。

【解】(1) 案例分析计算。

① 清单工程量：按设计图示尺寸以桩长计算。

$$V_{清} = 21 \times 200 = 4200 \text{ m}$$

② 定额工程量。

a. 打桩工程量：按桩截面积乘以桩长 (包括桩尖) 以体积计算。

$$V_{打} = 0.5 \times 0.5 \times 21 \times 200 = 1050 \text{ m}^3$$

b. 接桩工程量：按设计要求接桩头的数量计算。

$$N = 2 \times 200 = 400 \text{ 个}$$

c. 送桩工程量：送桩深度另加 0.5 m，乘以桩截面积以体积计算。

$$V_{送} = 0.5 \times 0.5 \times (4 + 0.5) \times 200 = 225 \text{ m}^3$$

(2) 案例清单列项与定额组价。

① 定额子目应用。结合案例工程实际情况，选取河南省 2016 定额定额子目 (3-2 打预制钢筋混凝土方桩 桩长≤25 m)、(3-37 预制钢筋混凝土桩接桩 包角钢)。

② 清单列项与定额组价。该案例中预制钢筋混凝土实心桩的清单列项与定额组价如表 5-9 所示。

表 5-9　预制钢筋混凝土实心桩案例清单列项与定额组价

序号	项目编码	项目名称	项目特征描述	计量单位	工程量	金额 (元)	
						综合单价	合价
1	010301001001	预制钢筋混凝土实心桩	1. 送桩深度、桩长：送桩深度 4 m、桩长 21 m 2. 桩截面：500 mm × 500 mm 3. 接桩方式：包角钢接头	m	4200	130.98	550 116.00
	3-2	打预制钢筋混凝土方桩 桩长≤ 25m		10 m³	105	2365.03	248 328.15
	3-37	预制钢筋混凝土桩接桩 包角钢		10 个	40	5743.84	229 753.60
	(3-2)换	打预制钢筋混凝土方桩 桩长≤ 25m 送桩深度≤ 4 m 人工 × 1.43，机械 × 1.43		10 m³	22.5	3201.08	72 024.30

5.3.4　灌注桩清单列项与定额组价

1. 灌注桩清单列项

灌注桩项目的清单列项如表 5-4 所示。

2. 灌注桩定额组价

1) 泥浆护壁成孔

泥浆护壁成孔灌注桩按照成孔方式、桩径划分为 (3-47)～(3-64) 定额子目。

2) 沉管成孔及螺旋钻机成孔

沉管成孔按照成孔方式、桩长划分为 (3-76)～(3-80) 定额子目；螺旋钻机成孔按照桩长分为 (3-81)、(3-82) 定额子目。

3) 灌注混凝土

灌注混凝土按照钻孔、成孔方式划分为 (3-83)～(3-88) 定额子目。

4) 钻孔压浆桩

钻孔压浆桩按照主杆直径划分为 (3-103)～(3-105) 定额子目。

5) 灌注桩埋管

声测管埋设按照管材质设置了 (3-106)～(3-108) 定额子目；注浆管埋设适用 (3-109) 定额子目。

【案例 5.3】 某桩基工程为泥浆护壁旋挖钻机钻孔灌注混凝土桩，共 100 根，每根桩长为 18 m，设计桩顶距自然地坪 2.5 m，桩径为 800 mm，混凝土为商品砼 C30，每根桩钢筋笼设计净用钢量为 HRB400 级钢筋 100 kg，泥浆外运 5 km，桩孔人工回填夯实。试准确进行工程量计算并列项组价。

【解】 (1) 案例分析计算。

① 清单工程量：按设计截面面积乘以设计桩长以设计体积计算。
$$V_清 = 3.14 \times 0.4 \times 0.4 \times 18 \times 100 = 904.32 \text{ m}^3$$

② 定额工程量。

成孔工程量为
$$V_孔 = 3.14 \times 0.4 \times 0.4 \times (18 + 2.5) \times 100 = 1029.92 \text{ m}^3$$

灌注混凝土工程量为
$$V_砼 = 3.14 \times 0.4 \times 0.4 \times (18 + 0.5) \times 100 = 929.44 \text{ m}^3$$

钢筋笼工程量为
$$G_笼 = 0.1 \times 100 = 10 \text{ t}$$

泥浆外运工程量为
$$V_泥 = 3.14 \times 0.4 \times 0.4 \times (18 + 2.5) \times 100 = 1029.92 \text{ m}^3$$

桩孔回填土工程量为
$$V_填 = 3.14 \times 0.4 \times 0.4 \times (2.5 - 0.5) \times 100 = 100.48 \text{ m}^3$$

(2) 案例清单列项与定额组价。

① 定额子目应用。结合案例工程实际情况，选取河南省 2016 定额定额子目 (3-53 旋挖钻机钻桩孔 桩径≤1000 m)、(3-84 灌注桩 灌注混凝土 旋挖钻机)、(5-123 混凝土灌注桩 钢筋笼 带肋钢筋 HRB400)、(1-68 泥浆罐车运淤泥流砂 运距≤1 km)、(1-69 泥浆罐车运淤泥流砂 每增运 1 km)、(1-131 夯填土 机械 槽坑)。

② 清单列项与定额组价。该案例中泥浆护壁成孔灌注桩的清单列项与定额组价如表 5-10 所示。

表 5-10　泥浆护壁成孔灌注桩案例清单列项与定额组价

序号	项目编码	项目名称	项目特征描述	计量单位	工程量	综合单价	合价
1	010302001001	泥浆护壁成孔灌注桩	1. 空桩长度、桩长：空桩长度 2 m、桩长 18 m 2. 桩径：800 mm 3. 成孔方法：泥浆护壁旋挖钻机钻孔 4. 混凝土种类、强度等级：商品砼 C30 5. 泥浆外运：5 km	m³	904.32	947.38	856 734.68
	3-53	旋挖钻机钻桩孔 桩径≤1000 m	10 m³	102.992	3391.69	349 316.94
	3-84	灌注桩 灌注混凝土 旋挖钻机	10 m³	92.944	3570.29	331 837.03
	5-123	混凝土灌注桩钢筋笼 带肋钢筋 HRB400	t	10	4850.44	48 504.40
	1-68 + (1-69)×4	泥浆罐车运淤泥流砂 运距≤1 km 实际运距 (km)：5	10 m³	102.992	1216.43	125 282.56
	1-131	夯填土 机械 槽坑	10 m³	10.048	178.89	1797.49

5.4　工程项目实例

　　某学生宿舍楼，采用柱下独基、筏基，基底下 1 m 用三七灰土处理，垫层底面每边扩出 2 m 宽度 (自基础外缘起)。超挖部分采用三七灰土夯填至设计基底标高，压实系数 ≥ 0.97。

　　地基处理分部分项工程和单价措施项目清单与计价如表 5-11 所示。

表 5-11　地基处理分部分项工程和单价措施项目清单与计价

序号	项目编码	项目名称	项目特征描述	计量单位	工程量	综合单价	合价	其中 暂估价
1	010201001001	换填垫层	1. 材料种类及配比：3：7 灰土 2. 压实系数：≥ 0.97	m³	6019	245.27	1 476 280.13	
	2-1	地基处理 填料加固 夯填灰土	10 m³	601.9	2452.76	1 476 316.24	

拓展知识

(1) 打、压预制钢筋混凝土桩、预应力钢筋混凝土管桩，定额按购入成品构件考虑，已包含桩位半径在 15 m 范围内的移动、起吊、就位；超过 15 m 时的场内运输，按河南省 2016 定额中"第五章混凝土及钢筋混凝土工程"中构件运输 1 km 以内的相应项目执行。

(2) 桩基工程分部定额内未包括钢筋笼、铁件制作安装项目，实际发生时按河南省 2016 定额"第五章 混凝土及钢筋混凝土工程"中相应项目执行。

(3) 桩基工程分部定额内未包括沉管灌注桩的预制桩尖制作安装项目，实际发生时按河南省 2016 定额"第五章 混凝土及钢筋混凝土工程"中的小型构件项目执行。

赛证融合

1. 根据现行工程量计算标准规范，下列关于灰土挤密桩地基处理工程量计算说法正确的是 (　　)。

A. 按设计图示尺寸以桩长 (不包括桩尖) 计算

B. 项目特征中的空桩长度主要用于确定孔深

C. 孔深为桩顶面至设计桩底的深度

D. 按设计图示尺寸以 m^3 计算

2. 某深层水泥搅拌桩，设计桩长为 18 m，设计桩底标高为 -19 m，自然地坪标高为 -0.3 m，设计室外地坪标高为 -0.1 m，则该桩的空桩长度为 (　　)m。

A. 0.7　　　B. 0.9　　　C. 1.1　　　D. 1.3

3. 现行工程量计算标准规范中打预制管桩，需要单独列项的有 (　　)。

A. 送桩　　B. 接桩　　　C. 桩尖制作　　D. 凿桩头

4. 根据现行工程量计算标准规范，在地基处理的换填垫层项目特征中，应说明材料种类及配比、压实系数和 (　　)。

A. 基坑深度　　　B. 基底土分类　　　C. 边坡支护形式　　　D. 掺加剂品种

模块 5 赛证融合参考答案

思政角

实践证明，建筑物的很多事故均与地基处理、基础工程密切相关。一旦发生工程事故，造成的后果不堪设想。因此，在地基处理与基础工程中，必须严格按照设计图纸及验收规范进行施工，提高安全意识、责任意识、大局意识，做到思想不松懈、责任不松动、工作不松劲。

模 块 小 结

通过对本模块的学习，要求学生掌握以下内容：

(1) 换填垫层工程量按设计图示尺寸以体积计算；强夯地基工程量按设计图示处理范围以面积计算；填料桩复合地基、水泥粉煤灰碎石桩复合地基工程量按设计桩截面面积乘以桩长以体积计算。

(2) 水泥土搅拌桩复合地基工程量按设计图示桩体尺寸以体积计算；注浆加固地基工程量按设计加固地基尺寸以体积计算。

(3) 地下连续墙工程量按设计图示墙体尺寸以体积计算；预制钢筋混凝土板桩工程量按设计图示尺寸以桩长计算；型钢桩、钢板桩工程量按设计图示尺寸以质量计算。

(4) 锚杆(锚索)工程量按设计图示尺寸以钻孔深度计算；土钉工程量按设计图示尺寸以土钉置入深度计算；喷射混凝土、水泥砂浆工程量按设计图示尺寸以面积计算；钢筋混凝土腰梁、冠梁工程量按设计图示尺寸以体积计算。

(5) 预制钢筋混凝土实心桩、预制钢筋混凝土空心桩工程量按设计图示尺寸以桩长计算；钢管桩工程量按设计图示尺寸以质量计算；截(凿)桩头工程量按设计图示数量计算。

(6) 泥浆护壁成孔灌注桩、沉管灌注桩、干作业机械成孔灌注桩工程量按设计截面面积乘以设计桩长以体积计算，截面局部扩大部分体积并入计算。

(7) 钻孔压灌桩工程量按设计图示尺寸以桩长计算；灌注桩后注浆工程量按设计图示注浆孔数计算；声测管工程量按设计图示桩长乘以管根数计算。

同 步 测 试

一、简答题

1. 简述预制钢筋混凝土实心桩、预制钢筋混凝土空心桩、钢管桩的清单工程量计算规则。

2. 截(凿)桩头的定额工程量如何计算？

二、单选题

1. 下列不属于地基处理方式的是(　　)。

A. 强夯地基　　　　　　　　　　B. 换填垫层

C. 填料桩复合地基　　　　　　　D. 沉管灌注桩

2. 送桩按设计桩顶标高至打桩前的自然地坪标高另加(　　)计算相应的送桩工程量。

A. 0.5 m　　　　B. 0.6 m　　　　C. 0.8 m　　　　D. 1 m

3. 下列不属于灌注桩清单项目的是 (　　)。

A. 泥浆护壁成孔灌注桩　　　　　B. 沉管灌注桩

C. 干作业机械成孔灌注桩　　　　D. 钢板桩

4. 根据《房屋建筑与装饰工程工程量计算标准》(GB/T 50854—2024)，在地基处理项目中，可以按"m^2"计量的桩为 (　　)。

A. 强夯地基　　　　　　　　　　B. 填料桩复合地基

C. 换填垫层　　　　　　　　　　D. 注浆加固地基

三、计算题

某桩基工程为 60 根沉管混凝土灌注桩，钢管内径为 350 mm，管壁厚度为 50 mm，设计桩长为 8 m，桩尖长为 600 mm。设计超灌长度为 0.5 m。已知设计室外地坪至有效桩顶高度为 3 m，单个预制混凝土桩尖体积为 0.03 m³。试计算该工程沉管灌注桩的清单及定额工程量。

模块6　砌筑工程

知识框架

砌块墙根部和顶部实习砖墙 —— 套用零星砌体
砂浆或贴结剂 —— 分墙厚
导墙砌筑 —— 套用零星砌体
组价
砖墙和砌块墙
墙体长度：外墙中心线，内墙净长线
墙体计算厚度的确定
墙体计算高度的确定
计量

"工料机"或"标准换算"
换量单位转换
人工×1.10
材料×1.03
可换价可换量
圆弧墙体
砌筑共性问题

模块6 砌筑工程

基础与墙的划分原则
砖基础
砖模及砌挡土墙
组价
砖基础

外墙中心线内墙净长线
断面面积，查表法
按设计图示尺寸以体积计算
计量

区分零星砌砖
贴砌砖
框架外表面的镶贴砖部分
组价
零星砌砖
按设计图纸尺寸以体积计算
计量

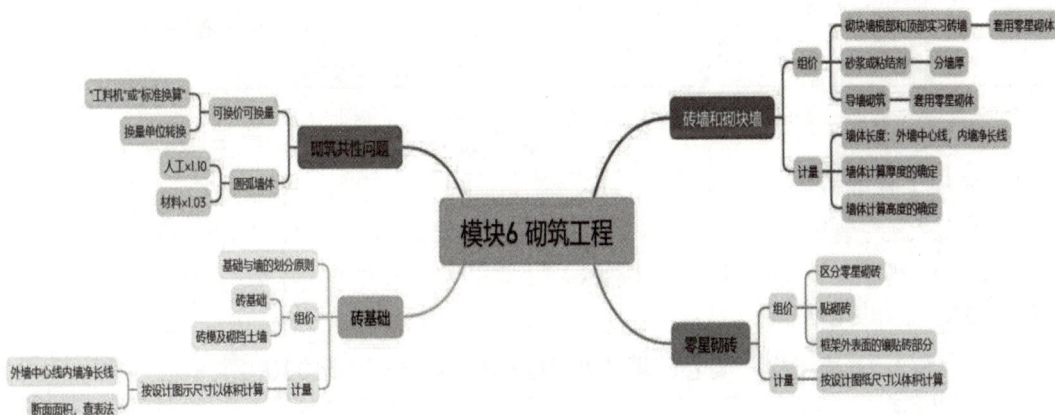

6.1　砌筑工程工程量清单编制

在建筑工程中，砌筑工程主要承担着承重、围护、保温、传力、隔断等多项功能，对建筑功能、使用安全和造价等方面均具有重要意义。

6.1.1　砌筑工程工程量清单

《房屋建筑与装饰工程工程量计算标准》(GB/T 50854—2024) 附录 D 砌筑工程工程量清单主要包括砖基础、砖墙、砌块墙、零星砌砖四类。

1. 砖基础工程量清单

《房屋建筑与装饰工程工程量计算标准》(GB/T 50854—2024) 附录 D.1 对砖基础工程

量清单的项目编码、项目名称、项目特征、计量单位、工程量计算规则和工作内容做出了详细的规定，如表 6-1 所示。

"砖基础"项目适用于各种类型砖基础：柱基础、墙基础、管道基础等。

表 6-1　砖基础工程量清单（编号：010401001）

项目编码	项目名称	项目特征	计量单位	工程量计算规则	工作内容
010401001	砖基础	1. 砖品种、规格、强度等级 2. 基础类型 3. 砂浆强度等级 4. 防潮层材料种类	m^3	按设计图示尺寸以体积计算 扣除地梁（圈梁）、构造柱所占体积，不扣除基础大放脚 T 形接头处的重叠部分及嵌入基础内的钢筋、铁件、管道、基础砂浆防潮层和单个面积 ≤ 0.3 m^2 的孔洞所占体积。附墙垛基础宽出部分体积并入计算，靠墙暖气沟的挑檐不增加体积 墙基础长度：外墙基础按外墙中心线、内墙基础按内墙净长线计算	1. 砂浆制作 2. 砌砖 3. 水平防潮层铺设

【说明】砖基础的"基础类型"可描述为柱基础、墙基础、管道基础等。

2. 砖墙工程量清单

《房屋建筑与装饰工程工程量计算标准》(GB/T 50854—2024) 附录 D.1 对砖砌体工程量清单的项目编码、项目名称、项目特征、计量单位、工程量计算规则和工作内容做出了详细的规定，如表 6-2 所示。

表 6-2　实心砖墙工程量清单（编号：010401002）

项目编码	项目名称	项目特征	计量单位	工程量计算规则	工作内容
010401002	实心砖墙	1. 砖品种、规格、强度等级 2. 墙体类型 3. 墙体厚度 4. 砂浆强度等级	m^3	按设计图示尺寸以体积计算。 扣除门窗洞口、嵌入墙内的柱、梁、板及凹进墙内的壁龛、管槽、暖气槽、消火栓箱所占体积，不扣除单个面积 ≤ 0.3 m^2 的孔洞及墙内檩头、垫木、木楞头、沿缘木、木砖、门窗走头、加固钢筋、木筋、铁件、管道所占的体积。 凸出墙面的砖垛并入计算。腰线、挑檐、压顶、窗台线、虎头砖、门窗套凸出墙面部分的体积不并入计算。 同材质围墙柱及围墙压顶并入围墙体积内计算。 墙长度：外墙按中心线、内墙按净长计算，框架间墙不区分内外墙均按净长计算	1. 砂浆制作 2. 砌砖 3. 刮缝 4. 墙体顶缝、侧缝填塞处理

【说明】墙体项目特征中的"墙体类型"可描述为直形、弧形等，也可按外墙、内墙、女儿墙、围墙等墙体部位进行描述。

3. 砌块墙工程量清单

《房屋建筑与装饰工程工程量计算标准》(GB/T 50854—2024) 附录 D.2 对砌块墙工程量清单的项目编码、项目名称、项目特征、计量单位、工程量计算规则和工作内容做出了详细的规定，如表 6-3 所示。

4. 零星砌砖工程量清单

《房屋建筑与装饰工程工程量计算标准》(GB/T 50854—2024) 附录 D.1 对零星砌砖工程量清单的项目编码、项目名称、项目特征、计量单位、工程量计算规则和工作内容做出了详细的规定，如表 6-4 所示。

6.1.2　砌筑工程清单工程量计算规则

砌筑工程清单工程量计算规则主要归纳为砖基础、砖墙及砌块墙、零星砌体三类。

1. 砖基础清单工程量计算规则

1) 砖基础的清单工程量

砖基础的清单工程量按设计图示尺寸以体积计算，其计算公式为

$$砖基础的清单工程量 = 砖基础的断面面积 \times 砖基础长度 -$$
$$应扣减部分体积 + 应增加部分体积$$

表 6-3　砌块墙工程量清单（编号：010402001）

项目编码	项目名称	项目特征	计量单位	工程量计算规则	工作内容
010402001	砌块墙	1. 砌块品种、规格、强度等级 2. 墙体类型 3. 墙体厚度 4. 砂浆强度等级	m³	按设计图示尺寸以体积计算。 扣除门窗洞口、嵌入墙内的柱、梁、板及凹进墙内的壁龛、管槽、暖气槽、消火栓箱所占体积，不扣除单个面积 ≤ 0.3 m² 的孔洞及墙内檩头、垫木、木楞头、沿缘木、木砖、门窗走头、加固钢筋、木筋、铁件、管道所占的体积。 凸出墙面的砖垛并入计算。 同材质围墙柱及围墙压顶并入围墙体积内计算。 墙长度：外墙按中心线、内墙按净长计算，框架间墙不区分内外墙均按净长计算	1. 砂浆制作 2. 砌砖、砌块 3. 刮缝 4. 墙体顶缝、侧缝填塞处理

表6-4　零星砌砖工程量清单（编号：010401008）

项目编码	项目名称	项目特征	计量单位	工程量计算规则	工作内容
010401008	零星砌砖	1. 零星砌砖名称、部位 2. 砖品种、规格、强度等级 3. 砂浆强度等级	m³	按设计图示尺寸以体积计算	1. 砂浆制作 2. 砌砖 3. 刮缝

【说明】砖砌台阶、台阶挡墙、梯带、花台、花池、栏板；砖砌锅台、炉灶、蹲台、池槽、池槽腿、地垄墙；砖砌腰线、挑檐、压顶、窗台线、虎头砖、门窗套凸出墙面的部分及单个面积 ≤ 0.3 m² 的孔洞填塞等构件应按"零星砌砖"项目编码列项。

2) 砖基础的断面面积

砖基础多为大放脚形式，大放脚有等高式（见图 6-1(a)）与间隔式（见图 6-1(b)）两种。

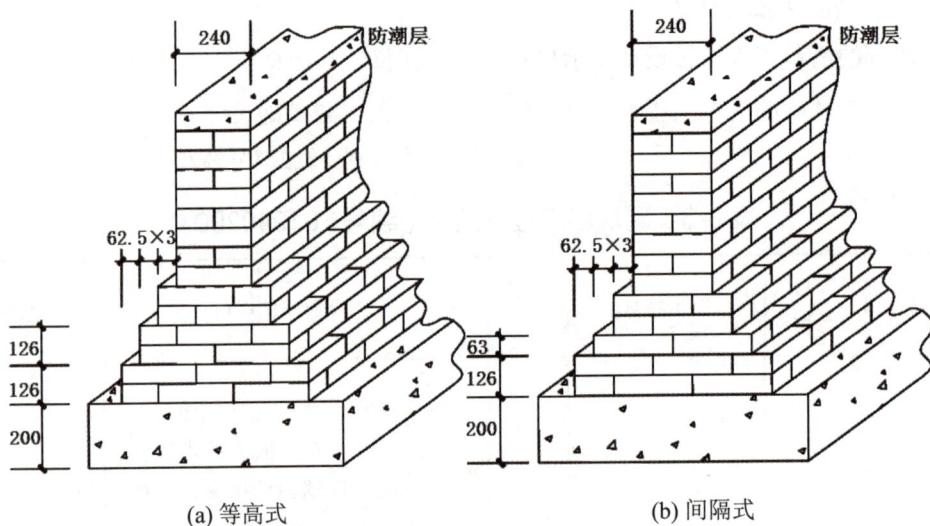

(a) 等高式　　　　　　　　　(b) 间隔式

图 6-1　大放脚

(1) 等高式大放脚：按标准砖双面放脚、每层等高 126 mm、砌出 62.5 mm 计算。

(2) 间隔式大放脚：按标准砖双面放脚，最底下一层放脚高度为 126 mm，往上为 63 mm 和 126 mm 间隔放脚。

(3) 砖基础的折为墙高和断面积查表法。

由于砖基础的大放脚具有一定的规律性，所以可将各种标准砖墙厚度的大放脚增加的断面面积按墙厚折成高度。通过查询河南省 2016 定额附表 1 和附表 2，可分别得到等高式、不等高式黏土标准砖墙基大放脚的折为墙高和断面积。

3) 砖基础长度

砖基础长度，外墙按中心线、内墙按净长线计算。

4) 砖基础扣除和增加部位

砖基础扣除和增加部位如表 6-5 所示。

表 6-5　砖基础扣除和增加部位

项目	应扣除	不扣除	应增加	不增加
部位	单个面积 > 0.3 m² 的孔洞、地梁（圈梁）、构造柱所占体积	单个面积 ≤ 0.3 m² 的孔洞、基础大放脚 T 形接头处的重叠部分（见图 6-2）、嵌入基础内的钢筋、铁件、管道、基础砂浆防潮层	附墙垛基础宽出部分体积	靠墙暖气沟的挑檐

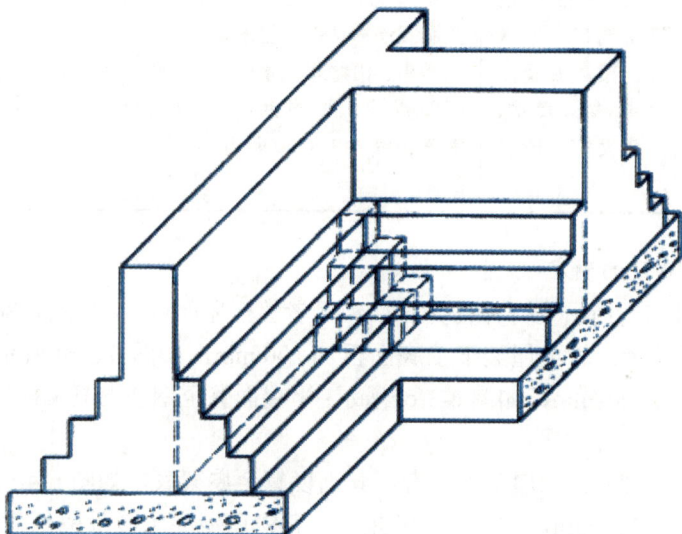

图 6-2　基础大放脚 T 形接头处的重叠部分

2. 砖墙和砌块墙的清单工程量计算规则

1) 墙体的清单工程量

墙体的清单工程量按设计图示尺寸以体积计算，其计算公式如下：

$$墙体工程量 = (计算长度 \times 计算墙高 - 门窗洞口面积) \times 墙体计算厚度 - 应扣减部分体积 + 应增加部分体积$$

2) 墙体计算长度的确定

外墙长度按外墙中心线计算，内墙长度按内墙净长线计算，框架间墙不区分内外墙均按净长线计算。

3) 墙体计算厚度的确定

标准砖的外形为直角六面体，其公称尺寸为 240 mm × 115 mm × 53 mm，其厚度如表 6-6 所示。

表 6-6 标准砖砌体计算厚度

砖数 (厚度)	1/4	1/2	3/4	1	1.5	2	2.5	3
计算厚度 (mm)	53	115	180	240	365	490	615	740

【说明】在计算墙体厚度时要注意计算厚度、图示厚度的转换。

4) 墙体扣除和增加部位

墙体扣除和增加部位如表 6-7 所示。

表 6-7 墙体扣除和增加部位

项目	应扣除	不扣除	应增加	不增加
部位	单个面积 > 0.3 m² 的孔洞、门窗洞口、嵌入墙内的柱、梁、板及凹进墙内的壁龛、管槽、暖气槽、消火栓箱所占体积	单个面积 ≤ 0.3 m² 的孔洞及墙内檩头、垫木、木楞头、沿缘木、木砖、门窗走头、加固钢筋、木筋、铁件、管道所占的体积	凸出墙面的砖垛	凸出砖墙的腰线、挑檐、压顶、窗台线、虎头砖、门窗套的体积

5) 墙体计算高度的确定

(1) 外墙墙身高度:斜 (坡) 屋面无檐口天棚者算至屋面板底,如图 6-3(a) 所示;有屋架,且室内外均有天棚者,算至屋架下弦底面再加 200 mm,如图 6-3(b) 所示;无天棚者算至屋架下弦底面再加 300 mm,如图 6-3(c) 所示;平屋面算至钢筋混凝土板底面,如图 6-3(d) 所示。

(2) 内墙墙身高度:位于屋架下弦者,其高度算至屋架底,如图 6-4(a) 所示;无屋架者算至天棚底面再加 100 mm,如图 6-4(b) 所示;有钢筋混凝土楼板隔层者算至板底,如图 6-4(c) 所示;有框架梁的钢筋混凝土隔层算至梁底面,如图 6-4(d) 所示。

(3) 女儿墙墙身高度:如无混凝土压顶,从屋面板上表面算至女儿墙顶面,如图 6-5(a) 所示;如有混凝土压顶,算至压顶下表面,如图 6-4(b) 所示。

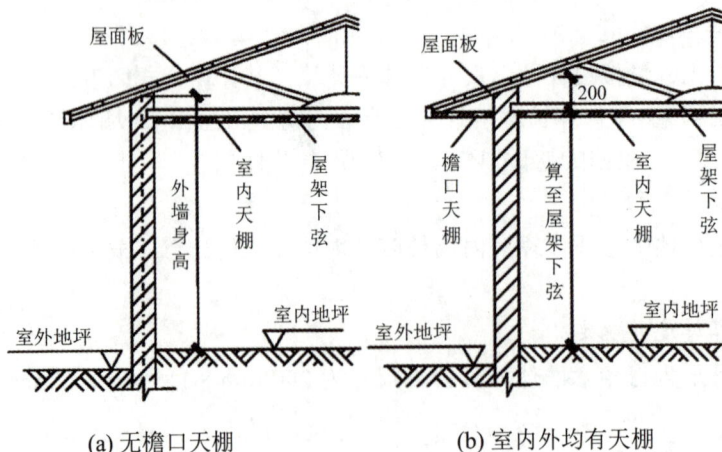

(a) 无檐口天棚   (b) 室内外均有天棚

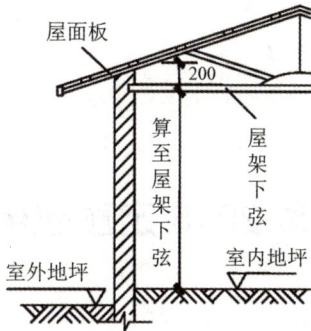

(c) 无天棚

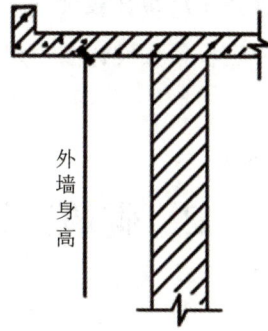

(d) 平屋面

图6-3 外墙墙身高度示意图

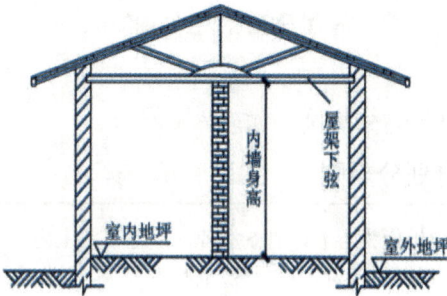

(a) 内墙位于屋架下弦

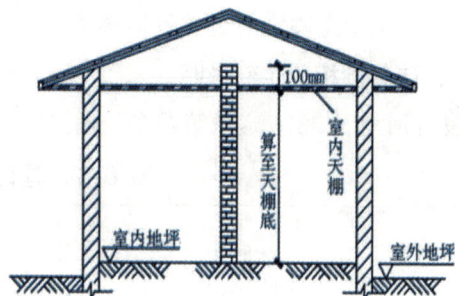

(b) 无屋架但有天棚

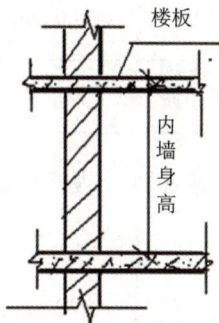

(c) 钢筋混凝土楼板隔层间的内墙

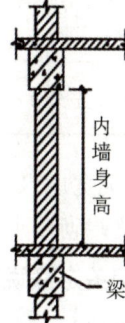

(d) 有框架梁的钢筋混凝土隔层

图6-4 内墙墙身高度示意图

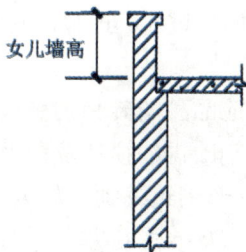

(a) 无混凝土压顶

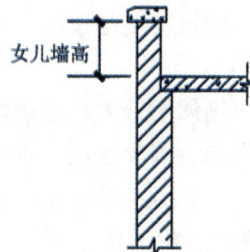

(b) 有混凝土压顶

图6-5 女儿墙墙身高度示意图

3. 零星砌砖清单工程量计算规则

零星砌砖清单工程量按设计图示尺寸以体积计算。

6.2　砌筑工程河南省 2016 定额应用

6.2.1　砌筑工程相关定额说明

砌筑工程定额说明主要包括砖基础、砖墙、砌块墙、零星砌砖的相关内容。

1. 砖基础相关定额说明

(1) 河南省 2016 定额第四章说明了基础与墙身的划分规则，如表 6-8 所示。

表 6-8　基础与墙身划分规则

砖基础	基础与墙身	使用同一种材料	以设计室内地面为界 (有地下室者，以地下室室内设计地面为界)，以下为基础，以上为墙身
		使用不同种材料	材料分界线距室内地面 ≤ ±300 mm：以材料为界 材料分界线距室内地面 > ±300 mm：以室内地面为界
	基础与围墙 (室外)		以设计室外地坪为界，以下为基础，以上为墙身

(2) 砖基础不分砌筑宽度及有无大放脚，均执行对应品种及规格砖的同一项目。地下混凝土构件所用砖膜及砖砌挡土墙套用砖基础项目。

2. 砖墙和砌块墙相关定额说明

(1) 定额中砖、砌块和石料按标准或常用规格编制，设计规格与定额不同时，砌体材料和砌筑 (粘结) 材料用量应作调整换算。砌筑砂浆按干混预拌砂浆编制。定额所列砌筑砂浆种类和强度等级、砌块专用砌筑粘结剂品种，如设计与定额不同时，应作调整换算。

(2) 定额中的墙体砌筑层高是按 3.6 m 编制的，如超过 3.6 m 时，其超过部分工程量的定额人工乘以系数 1.3。

(3) 砖砌体和砌块砌体不分内、外墙，均执行对应品种的砖和砌块项目。

(4) 加气混凝土类砌块墙项目已包括砌块零星切割改锯的损耗及费用。

(5) 定额中各类砖、砌块及石砌体的砌筑均按直形砌筑编制，如为圆弧形砌筑者，按相应定额人工用量乘以系数 1.10，砖、砌块及石砌体及砂浆 (粘结剂) 用量乘以系数 1.03 计算。

(6) 砖砌体钢筋加固，砌体内加筋、灌注混凝土，墙体拉结的制作、安装，以及墙基、墙身的防潮防水、抹灰等按河南省 2016 定额其他相关章节的定额及规定执行。

(7) 填充墙以填炉渣、炉渣混凝土为准，如设计与定额不同时应作换算，其他不变。

(8) 多孔砖、空心砖及砌块砌筑有防水、防潮要求的墙体时，若以普通 (实心) 砖作为导墙砌筑的，导墙与上部墙身主体需分别计算，导墙部分套用零星砌体项目。

(9) 围墙套用墙相关定额项目，双面清水围墙按相应单面清水墙项目，人工用量乘以系数 1.15 计算。

(10) 砖墙的工作内容是调、运、铺砂浆，运、砌砖，安放木砖、垫层；砌块砌体工作内容是调、运、铺砂浆，运、安装砌块及运、镶砌砖，安放木砖、垫层。

3. 零星砌砖相关定额说明

(1) 零星砌体是指砖砌台阶、台阶挡墙、梯带、砖砌锅台、炉灶、蹲台、池槽、池槽腿、花台、花池、楼梯栏板、阳台栏板、地垄墙、 $<0.3 \text{ m}^2$ 的孔洞填塞、凸出屋面的烟囱、屋面伸缩缝砌体、隔热板砖墩等。

(2) 贴砌砖项目适用于地下室外墙保护墙部位的贴砌砖；框架外表面的镶贴砖部分，套用零星砌体项目。

6.2.2 砌筑工程定额工程量计算规则

砌筑工程定额工程量计算规则主要分为砖基础、砖墙及砌块墙、零星砌砖三大类。

1. 砖基础定额工程量计算规则

砖基础的定额工程量与清单工程量的计算方法基本相同。所不同的是清单工程量中砖基础的工程内容包括水平防潮层铺设，而定额工程量中防潮层的工程量要单独列项计算，如图 6-6 所示。

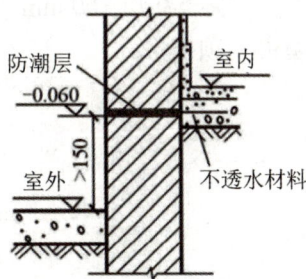

图 6-6　墙身防潮层示意图

2. 砖墙和砌块墙定额工程量计算规则

砖墙和砌块墙的定额工程量与清单工程量计算规则相同。嵌入墙内的柱、梁、板扣除体积的定额工程量计算规则见模块 7 的相关知识点。

3. 零星砌砖定额工程量计算规则

零星砌砖的定额工程量与清单工程量计算规则相同。

6.3 砌筑工程清单列项与定额组价

6.3.1 砖基础清单列项与定额组价

1. 砖基础清单列项

砖基础的清单列项如表 6-9 所示。

表 6-9 砖基础清单列项

序号	项目编码	项目名称	项目特征	计量单位	工程量
1	010401001001	砖基础	1. 砖品种、规格、强度等级 2. 基础类型 3. 砂浆强度等级 4. 防潮层材料种类	m³	

2. 砖基础定额组价

定额基价中，砖基础的定额子目只有 (4-1 砖基础) 一个子目，其工作内容是清理基槽坑，调、运、铺砂浆，运、砌砖；定额扩大单位为 10 m³。

【案例 6.1】某砖基础工程平面图、剖面如图 6-7 所示，采用 MU10 机制标准红砖，M5.0 水泥砂浆砌筑，基础底铺 3：7 灰土垫层 300 mm 厚，基础防潮层采用抹防水砂浆 20 mm 厚，试准确进行工程量计算并列项组价。

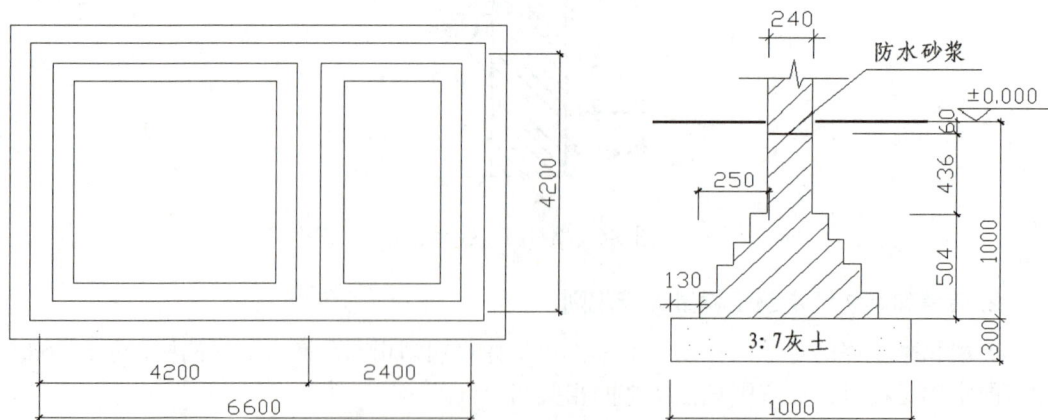

(a) 平面图   (b) 剖面图

图 6-7 砖基础工程

【解】 (1) 案例分析计算。

【分析】砖基础为四层等高大放脚，一砖厚，查河南省 2016 定额附表 1 得折为高度为 0.656 m。

① 砖基础断面面积 = 标准墙厚 × (设计基础高度 + 大放脚折为高度)

$$= 0.24 \times (1.00 + 0.656) = 0.3974 \text{ m}^2$$

② 砖基础长度。

外墙：　　　　　　　　$L_{中} = (6.60 + 4.20) \times 2 = 21.60 \text{ m}$

内墙：　　　　　　　　$L_{内} = 4.20 - 0.24 = 3.96 \text{ m}$

③ 砖基础体积：

$$0.3974 \times (21.6 + 3.96) = 10.16 \text{ m}^3$$

④ 防潮层面积：

$$0.24 \times (21.6 + 3.96) = 6.13 \text{ m}^2$$

(2) 案例清单列项与定额组价。

① 定额子目应用。选取河南省 2016 定额定额子目 (4-1 砖基础)，该案例材料规格型号与定额子目不完全相符，需要进行换算，如图 6-8 所示。

工作内容：清理基槽坑，调、运、铺砂浆，运、砌砖。

单位：10m³

定 额 编 号			4 - 1
项　　　目			砖基础
基　　价 (元)			3981.03
其中	人 工 费 (元)		1281.49
	材 料 费 (元)		1950.03
	机械使用费 (元)		47.38
	其他措施费 (元)		52.36
	安 文 费 (元)		113.81
	管 理 费 (元)		234.59
	利 润 (元)		160.25
	规 费 (元)		141.12
名 称	单位	单价 (元)	数 量
综合工日	工日	—	(10.07)
烧结煤矸石普通砖 240×115×53	千块	287.50	5.262
干混砌筑砂浆 DM M10	m³	180.00	2.399
水	m³	5.13	1.050
干混砂浆罐式搅拌机 公称储量 (L) 20000	台班	197.40	0.240

图 6-8　河南省 2016 定额定额子目 (4-1 砖基础)

② 案例清单列项与定额组价。该案例中砖基础的清单列项和定额组价如表 6-10 所示。

表 6-10　砖基础案例清单列项和定额组价

序号	项目编码	项目名称	项目特征描述	计量单位	工程量	金额（元）	
						综合单价	合价
1	010401001001	砖基础	1. 砖品种、规格、强度等级：MU10 机制标准红砖 2. 基础类型：条形 3. 砂浆强度等级：M5.0 水泥砂浆 4. 防潮层材料种类：防水砂浆 20 mm 厚	m3	10.16	347.40	3529.58
	(4-1) 换	砖基础换为【砌筑水泥砂浆 M5.0】换为【红砖 240×115×53】		10 m³	1.016	3338.33	3391.74
	9-93	刚性防水 防水砂浆 掺防水粉 20 mm 厚		100 m²	0.061 34	2246.5	137.8

6.3.2　砖墙清单列项与定额组价

1. 砖墙清单列项

砖墙的清单列项如表 6-11 所示。

【砖基础计量计价】

表 6-11　砖墙清单列项

序号	项目编码	项目名称	项目特征	计量单位	工程量
1	010401002001	实心砖墙	1. 砖品种、规格、强度等级 2. 墙体类型 3. 墙体厚度 4. 砂浆强度等级	m³	

2. 砖墙定额组价

普通标准砖单面清水墙按照 1/2 砖、2 砖及 2 砖以上墙厚不同划分为定额基价子目 (4-2 单面清水砖 1/2 砖)～(4-6 单面清水砖 2 砖及 2 砖以上)；普通标准砖混水砖墙按照 1/4 砖、2 砖及 2 砖以上墙厚不同划分为定额基价子目 (4-7 混水砖墙 1/4 砖)～(4-12 混水砖墙 2 砖及 2 砖以上)；其工作内容是调、运、铺砂浆，运、砌砖，安放木砖、垫块；定额扩大单位为 10 m³。

【案例 6.2】某单层建筑物如图 6-9、图 6-10 所示，门窗统计如表 6-12 所示，试根据图示尺寸计算一砖内外墙工程量 (其中圈梁高 300 mm)。

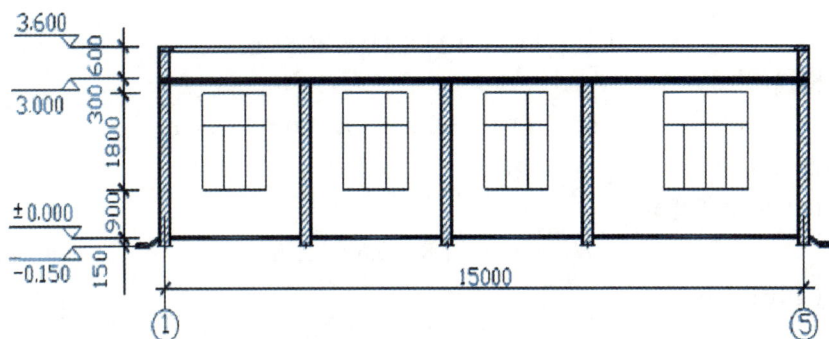

图 6-9　墙体剖面图

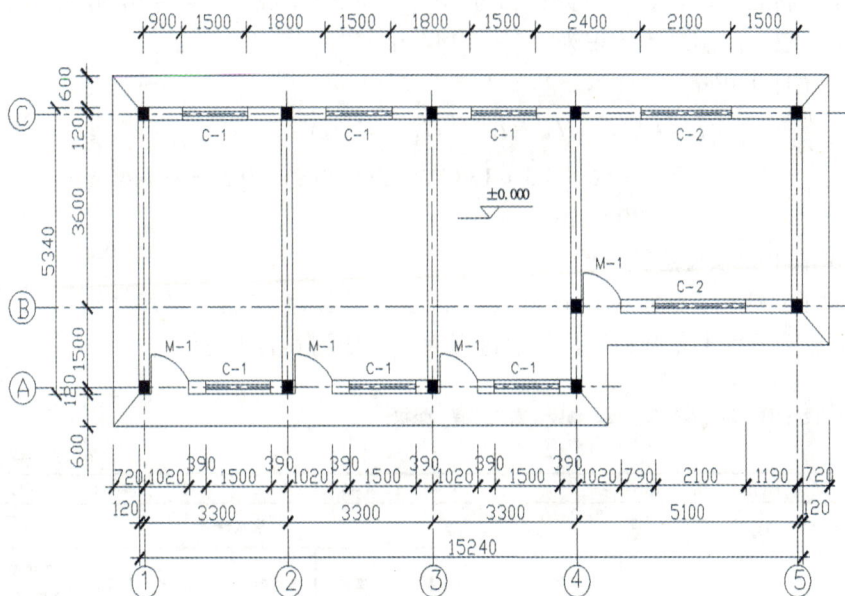

图 6-10　墙体平面图

表6-12　门 窗 统 计

门窗名称	代号	洞口尺寸 (mm × mm)	数量 (樘)	单樘面积 (m²)	合计面积 (m²)
单扇无亮无砂镶板门	M1	900 × 2000	4	1.8	7.2
双扇铝合金推拉窗	C1	1500 × 1800	6	2.7	16.2
双扇铝合金推拉窗	C2	2100 × 1800	2	3.78	7.56

【解】(1) 案例分析计算。

① 墙体长度确定。

外墙中心线：

$$L_{中} = (3.3 \times 3 + 5.1 + 1.5 + 3.6) \times 2 = 40.2 \text{ m}$$

构造柱可在外墙长度中扣除：

$$L'_{中} = 40.2 - 0.24 \times 11 = 37.56 \text{ m}$$

内墙净长线：

$$L_{净} = (1.5 + 3.6) \times 2 + 3.6 - 0.12 \times 6 = 13.08 \text{ m}$$

② 墙体高度确定。

外墙高 (扣圈梁高度)：

$$H_{外} = 0.9 + 1.8 + 0.6 = 3.3 \text{ m}$$

内墙高 (扣圈梁)：

$$H_{内} = 0.9 + 1.8 = 2.7 \text{ m}$$

③ 扣除部分体积。

应扣门窗洞面积，取表中数据相加得：$F_{门窗} = 7.2 + 16.2 + 7.56 = 30.96 \text{ m}^2$。墙厚 ($\delta$) 取定为 0.24 m。应扣门洞过梁体积为 $V_{GL} = 0.146 \text{ m}^3$。

④ 内外墙体工程量。

$$
\begin{aligned}
V_{墙} &= (L'_{中} \times H_{外} + L_{净} \times H_{内} - F_{门窗}) \times \delta - V_{GL} \\
&= (37.56 \times 3.3 + 13.08 \times 2.7 - 30.9) \times 0.24 - 0.146 \\
&= 30.65 \text{ m}^3
\end{aligned}
$$

(2) 案例清单列项与定额组价。

① 定额子目应用。选取河南省 2016 定额定额子目 (4-10 混水砖墙 1 砖)，该案例砂浆规格型号与定额子目不完全相符，需要进行换算，如图 6-11 所示。

工作内容：调、运、铺砂浆，运、砌砖，安放木砖、垫块。

单位：10m³

定 额 编 号			4－7	4－8	4－9	4－10	4－11	4－12
项 目			混水砖墙					
			1/4 砖	1/2 砖	3/4 砖	1 砖	1 砖半	2 砖及 2 砖以上
基 价 (元)			6807.19	5082.49	4972.59	4264.87	4196.77	4078.59
其 中	人 工 费 (元)		3099.27	1983.23	1912.57	1459.72	1407.64	1331.54
	材 料 费 (元)		1979.44	1971.07	1967.12	1959.69	1969.10	1967.88
	机 械 使 用 费 (元)		23.69	39.09	42.84	45.01	48.17	49.15
	其他措施费 (元)		127.14	81.22	78.31	59.70	57.56	54.44
	安 文 费 (元)		276.34	176.54	170.21	129.75	125.12	118.33
	管 理 费 (元)		569.59	363.88	350.84	267.44	257.89	243.91
	利 润 (元)		389.08	248.56	239.65	182.68	176.16	166.61
	规 费 (元)		342.64	218.90	211.05	160.88	155.13	146.73
名 称	单位	单价 (元)	数 量					
综合工日	工日	—	(24.45)	(15.62)	(15.06)	(11.48)	(11.07)	(10.47)
烧结煤矸石普通砖 240×115×53	千块	287.50	6.100	5.585	5.456	5.337	5.290	5.254
干混砌筑砂浆 DM M10	m³	180.00	1.199	1.978	2.163	2.313	2.440	2.491
水	m³	5.13	1.230	1.130	1.100	1.060	1.070	1.060
其他材料费	%	—	0.180	0.180	0.180	0.180	0.180	0.180
干混砂浆罐式搅拌机 公称储量 (L) 20000	台班	197.40	0.120	0.198	0.217	0.228	0.244	0.249

图 6-11　河南省 2016 定额定额子目 (4-10 混水砖墙 1 砖)

② 案例清单列项与定额组价。该案例中实心砖墙的清单列项和定额组价如表 6-13 所示。

表 6-13 实心砖墙案例清单列项和定额组价

序号	项目编码	项目名称	项目特征描述	计量单位	工程量	金额（元）	
						综合单价	合价
1	010401002001	实心砖墙	1. 砖品种、规格、强度等级：烧结煤矸石普通砖 240×115×53 2. 墙体类型：内外墙 3. 砂浆强度等级、配合比：预拌混合砂浆 M5.0	m³	5.25	347.20	1964.55
	(4-10)换		混水砖墙 1 砖 换为【预拌混合砂浆 M5.0】	10 m³	0.525	3741.98	1964.54

6.3.3 砌块墙清单列项与定额组价

1. 砌块墙清单列项

砌块墙的清单列项如表 6-14 所示。

表 6-14 砌块墙清单列项

序号	项目编码	项目名称	项目特征	计量单位	工程量
1	010402001001	砌块墙	1. 砌块品种、规格、强度等级 2. 墙体类型 3. 墙体厚度 4. 砂浆强度等级	m³	

2. 砌块墙定额组价

砌块砌体中轻集料混凝土小型空心砌块墙依据墙厚 240、190、120 mm 分为定额基价子目 (4-37 轻集料混凝土砌块 墙厚 / mm 240)～(4-39 轻集料混凝土砌块 墙厚 / mm 120)；烧结空心砌体墙依据墙厚 240、190、115 mm 分为定额基价子目 (4-40 烧结空心砌块墙 墙厚 / 卧砌 240)～(4-42 烧结空心砌块墙 墙厚 / 卧砌 115)；蒸压加气混凝土砌块墙依据墙厚≤150、≤200、≤300 mm 以及采用砂浆、粘结剂作为粘结材料区分为定额基价子目 (4-43 轻蒸压加砌混凝土砌块墙 墙厚 / mm ≤200 砂浆)～(4-48 轻蒸压加砌混凝土砌块墙 墙厚 / mm ≤300 粘结剂)；其工作内容是调、运、铺砂浆，运、安装砌块及运、镶砌砖，安放木砖、垫块；定额扩大单位为 10 m³。

加强混凝土砌块 L 形专用连接件的定额基价子目是 (4-49 加强混凝土砌块 L 形专用连接件)，其工作内容是运、安放连接件，射钉弹及水泥钉固定；定额扩大单位为 10 个。

轻质隔墙 (玻纤水泥珍珠岩板) 按照板厚 60、85、95 mm 不同, 分为定额基价子目 (4-50 轻质隔墙 (玻纤水泥珍珠岩板) 板厚 / mm 60)~(4-52 轻质隔墙 (玻纤水泥珍珠岩板) 板厚 / mm 95), 以及钢丝网夹心矿棉墙板定额基价子目 (4-53 钢丝网夹心矿棉墙板), 其工作内容是材料运输、安装、接口 (缝) 处抹水泥浆、绑扎钢丝网, 膨胀螺栓 U 卡固定, 接缝处贴玻璃布、板底细石混凝土等; 定额扩大单位为 100 m³。

6.3.4　零星砌砖清单列项与定额组价

1. 零星砌砖清单列项

零星砌砖的清单列项如表 6-15 所示。

表 6-15　零星砌砖清单列项

序号	项目编码	项目名称	项目特征	计量单位	工程量
1	010401008001	零星砌砖	1. 零星砌砖名称、部位 2. 砖品种、规格、强度等级 3. 砂浆强度等级	m³	

2. 零星砌砖定额组价

零星砌砖的定额基价子目分为 (4-32 零星砌体 普通砖) 和 (4-33 零星砌体 多孔砖), 其工作内容是调、运、铺砂浆, 运、砌砖; 定额扩大单位为 10 m³。

6.4　工程项目实例

某学生宿舍楼项目中 ±0.000 以下均为烧结普通砖, ±0.000 以上除注明外墙体外均为 200 mm 厚加气砼砌块, 标注 100 mm 厚的墙体为 100 mm 厚加气砼砌块墙, 轴线均居墙中; 在首层地面标高低 60 mm 处做 20 mm 厚 1 : 2.5 水泥砂浆掺 5％防水粉防潮层; 所有有水房间楼板四周墙体除门洞外, 均做 300 mm 高 C30 素混凝土翻边, 厚度同墙体; 所有管井均做 200 mm 高 C10 素混凝土门槛, 厚度同所在位置处的墙厚, 设备管井部分的墙体应待管道安装完毕后再砌筑; 各种墙体及砂浆的标号、门窗、过梁详见教材配套资源中的结构图。

工程项目砌筑工程
分部分项工程和
单价措施项目
清单与计价

材料价格按 2024 年 3 月份郑州市建设工程主要材料价格信息指导价, 指导价中没有

的参照市场价；人工费指数、机械人工费指数、管理费指数采用河南省发布的 2023 年 7 月～12 月指数。

思政角

某学生宿舍楼项目是我们身边真实在建项目，更能真实感受造价岗位职业要求，在学习过程中要坚持工程造价岗位职业道德要求，通过工程项目案例实操提高专业技能，培养理论联系实际、实事求是的工作作风和科学严谨的工作态度。

拓展知识

砌筑工程容易疏漏和不易理解的知识点进一步归纳如下。

(1) 加气混凝土砌块墙，底部实心砖墙，顶部实心砖墙，高度不宜小于 200 mm，按零星砌砖计取。

(2) 厨房、卫生间等处墙体底部现浇混凝土翻边执行圈梁相应项目。

(3) 加气混凝土砌块墙中实际发生实心砖砌体时，套用零星砌砖。

赛证融合

1. 地下砖基础可以用哪种材料 (   )。

A. 蒸养砖   B. 空心砖   C. 烧结空心砖   D. 烧结实心砖

2. 在浇筑与混凝土柱和墙相连的梁和板混凝土时，正确的施工顺序应为 (   )。

A. 与柱同时进行   B. 与墙同时进行

C. 与柱和墙协调同时进行   D. 在浇筑柱和墙完毕后 1～1.5 小时后进行

3. 根据现行工程量计算标准规范，下列砖砌体工程量计算正确的有 (   )。

A. 空斗墙中门窗洞口立边、屋檐处的实砌部分一般不增加

B. 填充墙项目特征需要描述填充材料种类及厚度

C. 空花墙按设计图示尺寸以空花部分外形体积计算，扣除空洞部分体积

D. 空斗墙的窗间墙、窗台下、楼板下的实砌部分并入墙体体积

E. 小便槽、地垄墙可按长度计算

4. 下列工程计量单位正确的是 (   )。

A. 车员换土垫层以 "m²" 为计量单位

B. 砌块墙以 "m²" 为计量单位

C. 混凝土以 "m³" 为计量单位

D. 墙面抹灰以 "m³" 为计量单位

模块 6 赛证融合 参考答案

5. 根据现行工程量计算标准规范，建筑基础与墙体均为砖砌体，

且有地下室，则基础与墙体的划分界限为（　　）。

A. 室内地坪设计标高
B. 室外地面设计标高
C. 地下室地面设计标高
D. 自然地面标高

思政角

砌筑工程在我国已有两千多年的历史，从传统的烧结黏土砖到现代的绿色节约建材，既有传统烧制方法的传承，又有低碳环保材料的创新。在学习过程中，要主动关注建筑行业的新材料、新技术，思考对工程造价的影响，提升自己的信息素养，与时俱进，开拓创新。

模块小结

本模块主要学习了砌筑工程的工程量清单、河南省 2016 定额应用、工程量计算规则、清单列项与定额组价，结合实际工程项目进行砌筑工程列项组价，并就拓展知识、赛证融合展开了探讨，主要内容如下：

1. 砖基础说明了基础与墙身的划分规则，其工程量按设计图示尺寸以体积计算，防潮层的工程量要单独列项计算。

2. 墙体的清单工程量按设计图示尺寸以体积计算。

(1) 外墙长度按外墙中心线计算，内墙长度按内墙净长线计算，框架间墙不区分内外墙均按净长线计算。

(2) 在确定墙体厚度时要注意计算厚度、图示厚度的转换。

(3) 在确定墙体计算高度时，分外墙墙身高度、内墙墙身高度、女儿墙墙身高度。

3. 零星砌砖清单工程量按设计图示尺寸以体积计算。

4. 河南省 2016 定额阐述了砌筑工程中砖基础、砖砌体和砌块砌体、零星砌砖及垫层的定额说明，并对定额基价应用进行了具体的介绍。

5. 根据河南省 2016 定额的相关规定，对"某学生宿舍楼"实际工程项目进行砌筑工程的清单列项和定额组价，并就拓展知识、赛证融合展开了探讨。

同步测试

一、简答题

1. 简述砖基础与墙身划分规定。
2. 简述外墙墙身高度的确定规则。

二、单选题

1. 根据《房屋建筑与装饰工程工程量计算标准》(GB/T 50854—2024) 附录 D.1 规定，关于砖基础清单工程量，以下说法正确的是 (　　)。

　　A. 外墙砖基础的断面面积 (含大放脚) 乘以外墙净线长度以体积计算

　　B. 内墙砖基础的断面面积 (含大放脚) 乘以内墙中心线长度以体积计算

　　C. 附墙垛基础宽出部分体积并入基础计算

　　D. 靠墙暖气沟的挑檐并入基础计算

2. 根据《房屋建筑与装饰工程工程量计算标准》(GB/T 50854—2024) 附录 D.2 规定，以下关于砌块墙高度计算不正确的是 (　　)。

　　A. 外墙墙身高度平屋面算至钢筋混凝土板底面

　　B. 内墙墙身高度有框架梁的钢筋混凝土隔层算至梁底面

　　C. 女儿墙的高度，从屋面板上表面算至图示女儿墙顶面

　　D. 女儿墙的高度有混凝土压顶，算至压顶上表面

3. 根据《房屋建筑与装饰工程工程量计算标准》(GB/T 50854—2024) 附录 D.1，关于砖墙清单工程量，以下不需要扣除的体积是 (　　)。

　　A. 单个面积大于 0.3 m^2 的门窗、洞口

　　B. 嵌入墙内的钢筋砼柱、梁、圈梁、挑梁、过梁

　　C. 砖墙内加固钢筋、木筋、铁件、钢管

　　D. 凹进墙内的壁龛、管槽、暖气槽、消火栓箱所占体积

4. 砌筑圆弧形砌体基础、墙，可按相应定额子目人工乘以系数 (　　)。

A. 0.9　　　　　　B. 10.0　　　　　　C. 1.10　　　　　　D. 1.20

三、多选题

1. 砌块墙体按设计图示尺寸以体积计算，应不扣除 (　　) 等所占体积。

A. 混凝土柱、过梁、圈梁　　　　B. 外墙板头、梁头　　　　　　C. 加固钢筋、铁件

D. 门窗洞口　　　　　　　　　　E. 单个面积在 0.3 m^2 以内的孔洞的体积

2. 在计算墙体工程量时应扣除 (　　) 体积。

A. 门窗洞口　　　　　　　　　　B. 圈梁　　　　　　　　　C. 挑梁

D. 过梁　　　　　　　　　　　　E. 虎头砖

3. 下列砖基础工程量计算正确的有 (　　)。

A. 按设计图示尺寸以体积计算

B. 扣除大放脚 T 形接头处的重叠部分

C. 内墙基础长度按净长线计算

D. 在材料相同时，基础与墙身划分通常以设计室内地面为界

E. 基础工程量不扣除构造柱所占体积

4. 零星砌体项目包括 (　　)。

A. 腰线　　　　　　　　　　　　B. 挑檐　　　　　　　　　C. 压顶

D. 门窗套　　　　　　　　　　　E. 砖垛

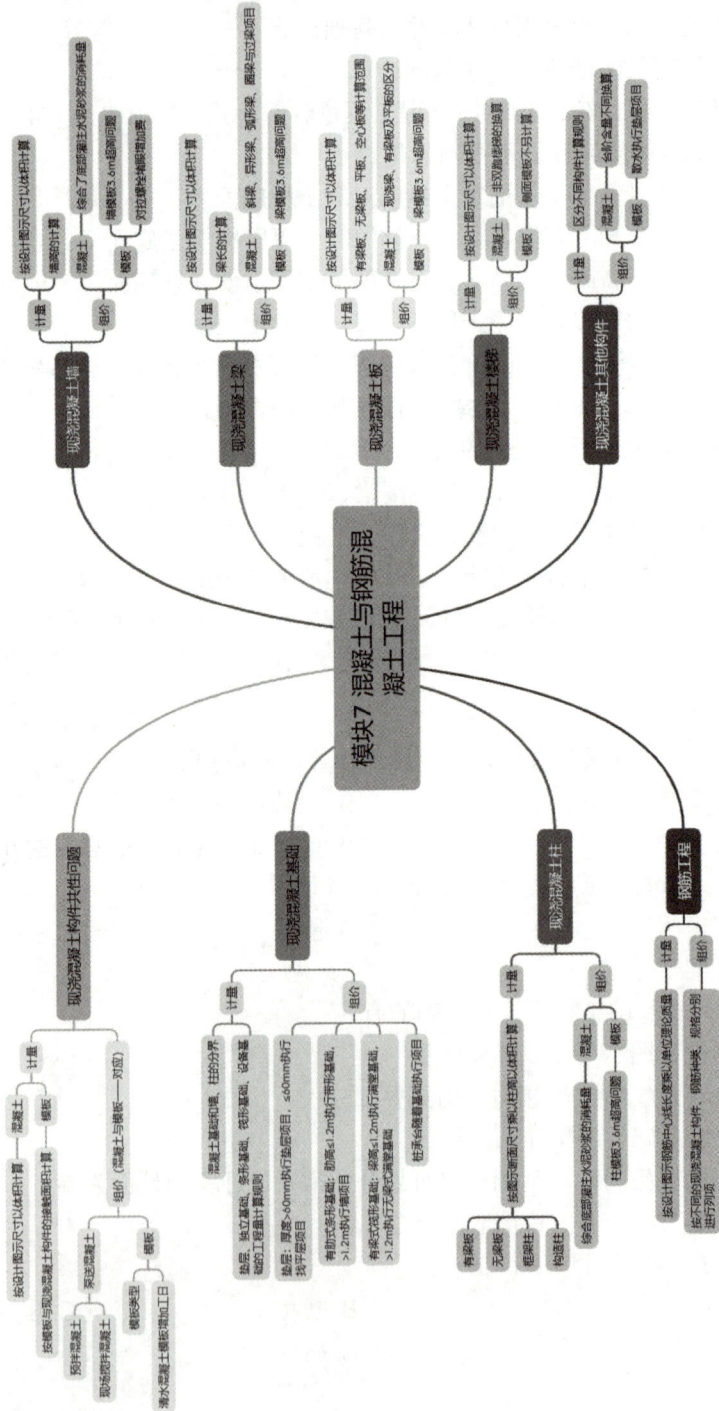

模块7　混凝土与钢筋混凝土工程

知识框架

模块7 混凝土与钢筋混凝土工程

现浇混凝土墙
- 计量
  - 按设计图示尺寸以体积计算
  - 墙厚的计算
- 组价
  - 混凝土：综合了商品混凝土水泥砂浆的消耗量曲
  - 模板：墙模板3.6m超高问题，对拉螺栓埋撤加概

现浇混凝土梁
- 计量
  - 按设计图示尺寸以体积计算
  - 梁长的计算
- 组价
  - 混凝土：斜梁、吊形梁，异形梁
  - 模板：梁模板3.6m超高问题

现浇混凝土板
- 计量
  - 按设计图示尺寸以体积计算
  - 有梁板，无梁板，平板，空心板等计算范围
- 组价
  - 混凝土：现浇梁，有梁板及平板的区分
  - 模板：板模板3.6m超高问题

现浇混凝土楼梯
- 计量
  - 按设计图示尺寸以体积计算
- 组价
  - 混凝土：主楼梯踏踏板的项目
  - 模板：踏踏面模板不另计算

现浇混凝土其他构件
- 计量
  - 区分不同构件的计算规则
- 组价
  - 混凝土：台阶金量不同项目
  - 模板：散水沟排水沟缝项目

现浇混凝土构件柱也问题
- 计量
  - 按设计图示尺寸以体积计算
- 组价（混凝土与楼板——对应）
  - 混凝土
    - 异形混凝土
    - 现浇混凝土柱与现浇混凝土柱的浇捣面积的计算
  - 模板
    - 模板
    - 模板选型
    - 柱水平断面土模板埋加工日

现浇混凝土基础
- 计量
  - 混凝土基础和建，出的分界
  - 垫层：厚度>60mm执行垫层项目，<60mm执行基础，含含基础的工程量计算规则
  - 有肋式条形基础：肋高≤1.2m执行带形基础，>1.2m执行基础
  - 有梁式满堂基础：梁高≤1.2m执行满堂基础，>1.2m执行无梁式满堂基础
- 组价
  - 独立基础，条形基础，筏形基础，设备基础
  - 柱下条形基础础础的工程量计算规则
  - 桩承台基础基础的计算项目

现浇混凝土柱
- 计量
  - 按设计图示尺寸以体积计算
  - 综合图形模板水泥砂浆砂浆的消耗量
- 组价
  - 混凝土：柱墙模板3.6m超高问题
  - 模板

钢筋工程
- 计量
  - 按设计图示钢筋(网)中心线长度乘以单位理论质量
  - 按不同工程的现浇混凝土构件体积
- 组价
  - 计量
  - 钢筋种类，规格分类
  - 现浇构件钢筋，钢筋接头，铁丝绑扎丝进行列项

7.1　现浇混凝土基础

7.1.1　现浇混凝土基础工程量清单编制

《房屋建筑与装饰工程工程量计算标准》(GB/T 50854—2024) 附录 E.1 对基础及楼地面垫层、附录 E.2 对现浇混凝土基础、附录 E.5 对垫层模板及基础模板的工程量清单的项目编码、项目名称、项目特征、计量单位、工程量计算规则和工作内容做出了详细的规定，主要包括垫层、独立基础、条形基础、筏形基础和设备基础清单。

1. 现浇混凝土基础工程量清单

混凝土及钢筋混凝土基础是建筑物的重要承重构件，具有承载力大、整体性好、坚固、耐久、防水等优点。

混凝土基础和墙、柱的分界线以混凝土基础的扩大顶面为界，以下为基础，以上为柱或墙，如图 7-1 所示。

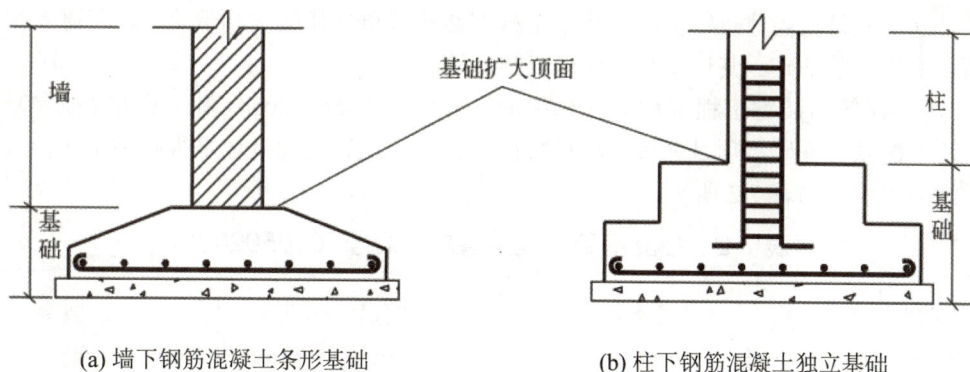

(a) 墙下钢筋混凝土条形基础　　　　　(b) 柱下钢筋混凝土独立基础

图 7-1　混凝土基础和墙柱划分示意图

1) 垫层工程量清单

垫层位于基础底部，常采用 C7.5～C15 混凝土，厚度为 70～100 mm，其作用是使基础与地基有良好的接触，便于均匀传布压力。

《房屋建筑与装饰工程工程量计算标准》(GB/T 50854—2024) 附录 E.1 对基础及楼地面垫层、附录 E.5 对垫层混凝土模板的项目编码、项目名称、项目特征、计量单位、工程量计算规则和工作内容做出了详细的规定，如表 7-1 所示。

表 7-1　垫层及垫层模板工程量清单（编号：010501001、010501002、010505001）

项目编码	项目名称	项目特征	计量单位	工程量计算规则	工作内容
010501001	基础垫层	1. 基础形式 2. 厚度 3. 材料品种、强度要求、配比	m³	按设计图示尺寸以体积计算。不扣除伸入垫层的桩头所占体积	1. 混凝土输送、浇筑、振捣、养护 2. 其他材料的现场拌和、铺设、找平、压实
010501002	楼地面垫层	1. 部位 2. 厚度 3. 材料品种、强度要求、配比			
010505001	垫层模板	垫层部位	m²	按模板与现浇混凝土垫层的接触面积计算	1. 模板制作 2. 模板及支撑安装 3. 刷隔离剂 4. 模板及支撑拆除 5. 清理模板粘结物及模内杂物 6. 模板及支撑整理、小修、堆放

【说明】项目特征中的"混凝土种类"可描述为预拌（商品）混凝土、现拌混凝土，清水混凝土、彩色混凝土，防水混凝土、耐酸混凝土，毛石混凝土、轻骨料混凝土等。

2) 独立基础工程量清单

独立基础是指当建筑物上部结构采用框架结构或单层排架结构承重时，基础常采用方形或矩形的单独基础，其形式有阶梯形、锥形等。

《房屋建筑与装饰工程工程量计算标准》(GB/T 50854—2024) 附录 E.2 对独立基础工程量清单的项目编码、项目名称、项目特征、计量单位、工程量计算规则和工作内容做出了详细的规定，如表 7-2 所示。

表 7-2　独立基础工程量清单（编号：010502001）

项目编码	项目名称	项目特征	计量单位	工程量计算规则	工作内容
010502001	独立基础	1. 混凝土种类 2. 混凝土强度等级 3. 基础类型	m³	按设计图示尺寸以体积计算。不扣除伸入桩承台的桩头所占体积	1. 混凝土输送、浇筑、振捣、养护 2. 预留孔洞的二次灌浆

【说明】独立基础的"基础类型"可描述为普通、杯口、独立桩承台等。

3) 条形基础工程量清单

条形基础是指需要支立模板的混凝土条形基础，常用于建筑物上部荷载较大、地基承载力较差的混合结构墙下基础。

《房屋建筑与装饰工程工程量计算标准》(GB/T 50854—2024) 附录 E.2 对条形基础工

程量清单的项目编码、项目名称、项目特征、计量单位、工程量计算规则和工作内容做出了详细的规定，如表 7-3 所示。

表 7-3　条形基础工程量清单（编号：010502002)

项目编码	项目名称	项目特征	计量单位	工程量计算规则	工作内容
010502002	条形基础	1. 混凝土种类 2. 混凝土强度等级 3. 基础类型	m³	按设计图示尺寸以体积计算。不扣除伸入桩承台的桩头所占体积	1. 混凝土输送、浇筑、振捣、养护 2. 预留孔洞的二次灌浆

【说明】条形基础的"基础类型"可描述为板式、梁板式等。

4) 筏形基础工程量清单

筏形基础指用板梁墙柱组合浇筑而成的基础，用于建筑物上部荷载较大、地基承载力比较弱时，分为无梁式筏形基础、有梁式筏形基础和箱式筏形基础三种形式。

《房屋建筑与装饰工程工程量计算标准》(GB/T 50854—2024) 附录 E.2 对筏形基础工程量清单的项目编码、项目名称、项目特征、计量单位、工程量计算规则和工作内容做出了详细的规定，如表 7-4 所示。

表 7-4　筏形基础工程量清单（编号：010502003)

项目编码	项目名称	项目特征	计量单位	工程量计算规则	工作内容
010502003	筏形基础	1. 混凝土种类 2. 混凝土强度等级 3. 基础类型	m³	按设计图示尺寸以体积计算。不扣除伸入桩承台的桩头所占体积。 与筏形基础一起浇筑的，凸出筏形基础上下表面的其他混凝土构件的体积，并入相应筏形基础体积内	1. 混凝土输送、浇筑、振捣、养护 2. 预留孔洞的二次灌浆

【说明】1. 筏形基础的"基础类型"可描述为平板式、梁板式等。

2. 独立桩承台按"独立基础"项目编码列项，承台梁应按"基础联系梁"项目编码列项，整片浇筑的桩承台应按"筏形基础"项目编码列项。

3. 箱式满堂基础的底板应按"筏形基础"项目编码列项，其余构件应按柱、梁、墙、板相应项目分别编码列项。

5) 设备基础工程量清单

设备基础是用于承载大中型设备的基础，可以是单个的、板式的，与设备尺寸相关。

《房屋建筑与装饰工程工程量计算标准》(GB/T 50854—2024) 附录 E.2 对设备基础工程量清单的项目编码、项目名称、项目特征、计量单位、工程量计算规则和工作内容做出了详细的规定，如表 7-5 所示。

表 7-5   设备基础工程量清单（编号：010502004）

项目编码	项目名称	项目特征	计量单位	工程量计算规则	工作内容
010502004	设备基础	1. 混凝土种类 2. 混凝土强度等级 3. 基础类型	m^3	按设计图示尺寸以体积计算	1. 混凝土输送、浇筑、振捣、养护 2. 预留孔洞的二次灌浆

【说明】框架式设备基础应按基础、柱、梁、墙、板相应项目分别编码列项。

6) 基础模板工程量清单

《房屋建筑与装饰工程工程量计算标准》(GB/T 50854—2024) 附录 E.5 对基础模板工程量清单的项目编码、项目名称、项目特征、计量单位、工程量计算规则和工作内容做出了详细的规定，如表 7-6 所示。

表 7-6   基础模板工程量清单（编号：010505002）

项目编码	项目名称	项目特征	计量单位	工程量计算规则	工作内容
010505002	基础模板	基础类型	m^2	按模板与现浇混凝土构件的接触面积计算	1. 模板制作 2. 模板及支撑安装 3. 刷隔离剂 4. 模板及支撑拆除 5. 清理模板粘结物及模内杂物 6. 模板及支撑整理、小修、堆放

【说明】设计图纸或交工标准对现浇混凝土构件表面有特殊要求的，如清水混凝土、表面纹饰造型混凝土等，其模板项目特征中需增加"混凝土表面要求"；设计图纸要求使用定制模板浇筑异型混凝土构件的，其模板项目特征中需增加"模板定制要求"；发包人对模板材质、支模方式等有特殊要求的，可在项目特征中补充描述。

2. 现浇混凝土基础清单工程量计算规则

现浇钢筋混凝土构件，均不扣除构件内钢筋、螺栓、预埋铁件、张拉孔道所占体积，但应扣除劲性骨架的型钢所占体积。

1) 垫层清单工程量计算规则

垫层按设计图示尺寸以体积计算，不扣除伸入垫层的桩头所占体积。

垫层根据实体形状分为点式、线式和面式垫层。带形基础底部垫层按线式垫层计算；独立基础、块式设备基础和桩承台基础底部的垫层均按点式垫层计算；满堂基础底部的垫层按面式垫层计算。

$$点式垫层工程量 = 垫层长度 \times 垫层宽度 \times 垫层厚度$$

$$线式垫层工程量 = 垫层长度 \times 垫层宽度 \times 垫层厚度$$

$$面式垫层工程量 = 垫层长度 \times 垫层宽度 \times 垫层厚度$$

其中，外墙基础下垫层长度按垫层中心线长度计算，内墙基础下垫层长度按垫层间净长线计算。

垫层模板按模板与现浇混凝土垫层的接触面积计算。

2) 独立基础清单工程量计算规则

常见的独立基础按其断面形状可分为锥台形、阶梯形和杯形，如图 7-2 所示。

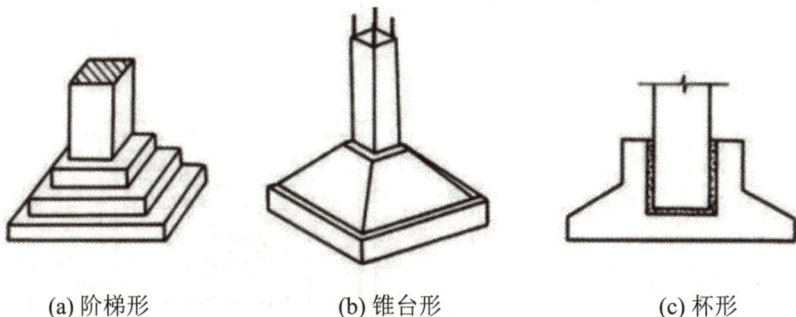

(a) 阶梯形　　　　　　　(b) 锥台形　　　　　　　(c) 杯形

图 7-2　独立基础示意图

(1) 四棱锥台形独立基础体积计算示意图如图 7-3 所示，其体积计算公式如下：

$$V_{锥台形基础} = abh_1 + \frac{h_2[ab + a_1b_1 + (a + a_1)(b + b_1)]}{6}$$

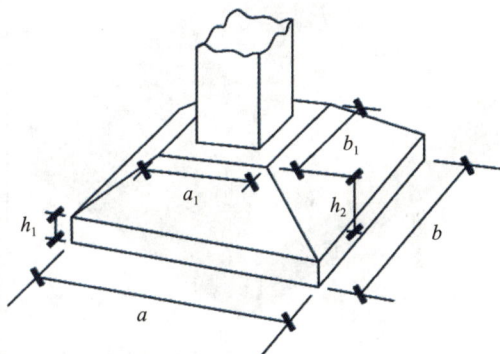

图 7-3　四棱锥台形独立基础体积计算示意图

(2) 阶梯形独立基础体积计算示意图如图 7-4 所示，其体积计算公式如下：

$$V_{阶梯形基础} = abh_1 + a_1b_1h_2$$

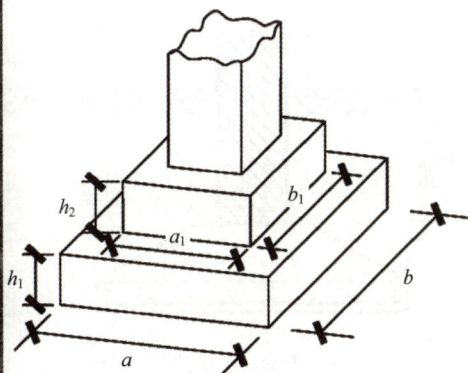

图 7-4　阶梯形独立基础体积计算示意图

(3) 杯形独立基础体积计算示意图如图 7-5 所示。

杯形独立基础属于柱下独立基础，计算工程量时应扣除孔洞的体积，其计算公式如下：

$$V_{\text{杯形基础}} = a_4 b_4 h_3 + a_3 b_3 h_2 - \frac{h_1 \left[a_1 b_1 + a_2 b_2 + (a_1 + a_2)(b_1 + b_2) \right]}{6}$$

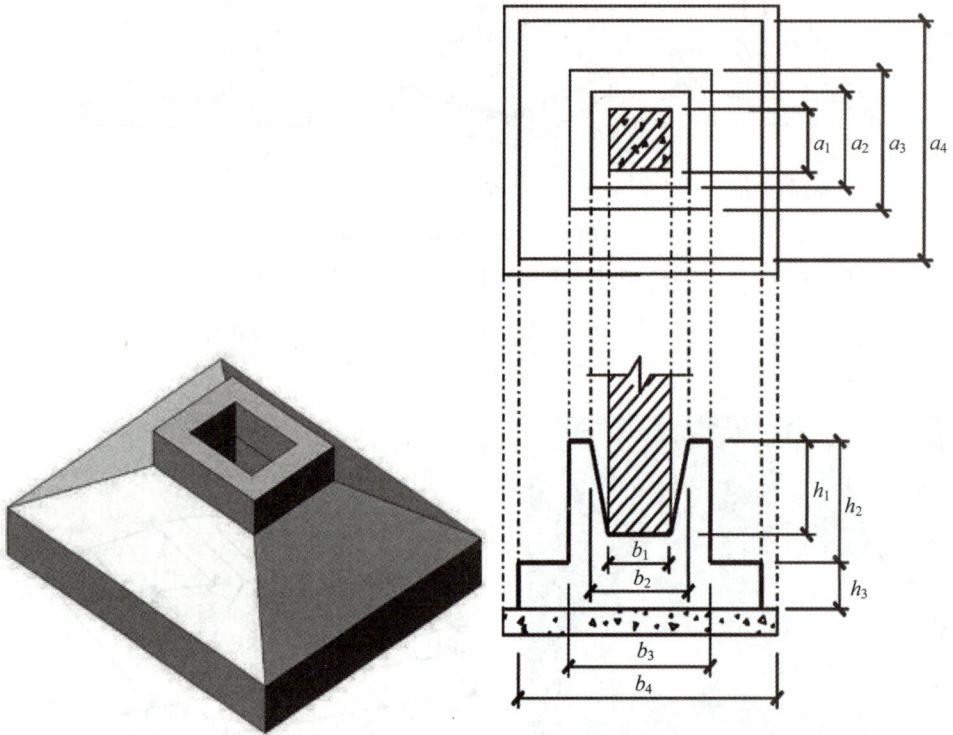

图 7-5　杯形独立基础体积计算示意图

3) 条形基础清单工程量计算规则

条形基础按照构造形式分为无梁式 (板式) 混凝土条形基础、有梁式 (带肋) 混凝土条形基础两种，如图 7-6 所示。

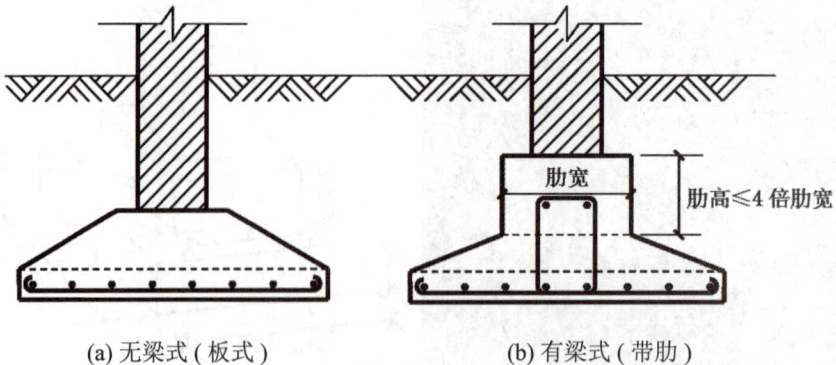

(a) 无梁式 (板式)　　　　　　　(b) 有梁式 (带肋)

图 7-6　条形基础

有梁式混凝土条形基础，当其肋高与肋宽之比在 4 ∶ 1 以内时，按有肋式条形基础计算；当超过 4 ∶ 1 时，底板按无梁式条形基础计算，肋高部分按墙计算。

条形基础按设计图示尺寸以体积计算，不扣除伸入桩承台的桩头所占体积：

条形基础工程量 = 基础长度 (L) × 基础断面面积 ($S_{断}$) + T 形接头搭接体积 ($V_{搭接}$)

其中：

(1) 条形基础长度：外墙为其中心线长度 ($L_{中}$)；内墙为基础间净长度 ($L_{内}$)。

(2) 基础断面面积和 T 形接头搭接体积的大小和条形基础的形状有关，常见的有矩形、阶梯形、梯形，如图 7-7 所示。

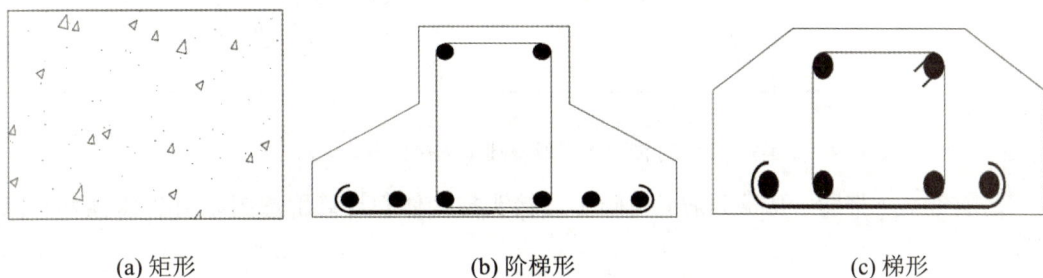

(a) 矩形　　　　　　　　　(b) 阶梯形　　　　　　　　　(c) 梯形

图 7-7　条形基础断面图

(3) 条形基础 T 形接头搭接体积的示意图如图 7-8 所示。其中，L 标明已算体积，其他为 T 形接头搭接体积，下面细分。

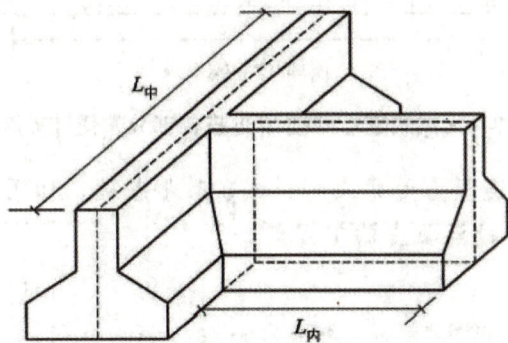

图 7-8　条形基础 T 形接头搭接体积

① 无梁式 (板式) 混凝土条形基础 T 形接头搭接体积计算示意图如图 7-9 所示。其计算公式如下：

$$V_{无梁式基础} = S_{基础}L + nV_{搭接} = \left(Bh_2 + \frac{B+b}{2} \times h_1 \right)\left(L_{中} + L_{内} \right) + nV_{搭接}$$

式中，$V_{搭接} = \dfrac{bch_1}{2} + \dfrac{(B-b)ch_1}{6} = \dfrac{B+2b}{6}ch_1$；n 为 T 形接头的个数。

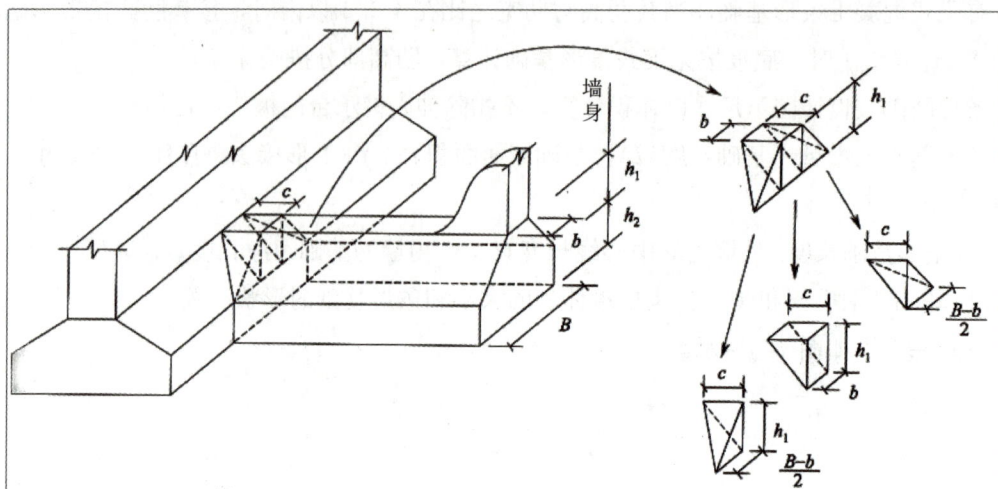

图 7-9　无梁式 (板式) 混凝土带形基础 T 形接头搭接体积计算示意图

② 有梁式 (带肋) 混凝土条形基础 T 形接头搭接体积计算示意图如图 7-10 所示。其计算公式如下：

$$V_{有梁式基础} = S_{基础}L + nV_{搭接} = \left(Bh_3 + bh_1 + \frac{B+b}{2} \times h_2\right)\left(L_{中} + L_{内}\right) + nV_{搭接}$$

式中，$V_{搭接} = \left[bh_1 + \frac{(B+2b)h_2}{6}\right] \times c = \left[bh_1 + \frac{(B+2b)h_2}{6}\right] \times \frac{B-b}{2}$；$c = \frac{B-b}{2}$；$n$ 为 T 形接头的个数。

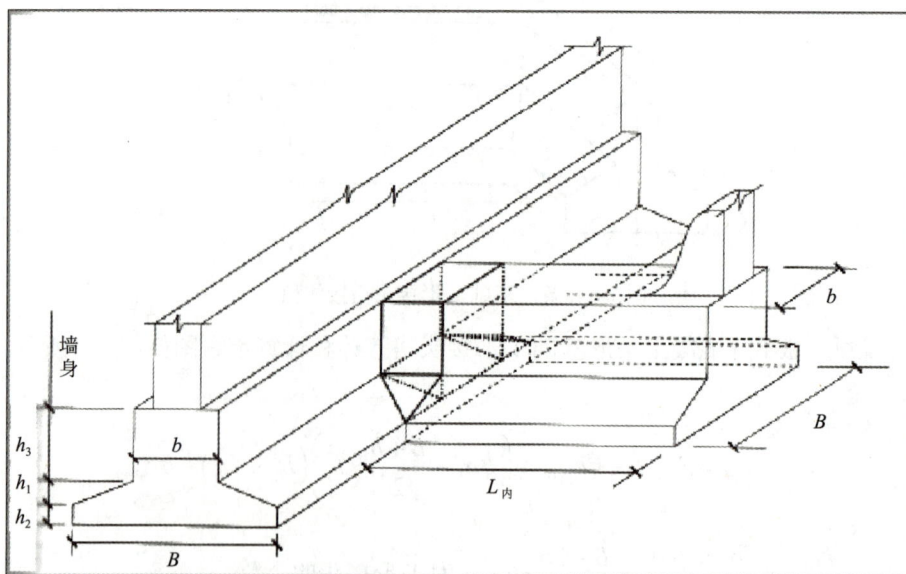

图 7-10　有梁式 (带肋) 混凝土条形基础 T 形接头搭接体积计算示意图

4) 筏形基础清单工程量计算规则

筏形基础分为无梁式、有梁式和箱式筏形基础三种主要形式。

(1) 无梁式筏形基础示意图如图 7-11 所示，其工程量计算公式如下：

$$V = 基础底板体积 + 柱墩体积$$

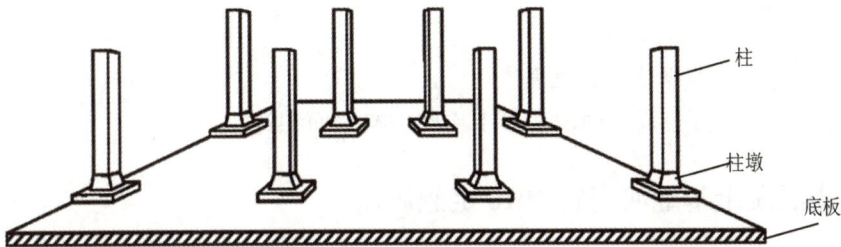

图 7-11　无梁式筏形基础示意图

(2) 有梁式筏形基础示意图如图 7-12 所示，其工程量计算公式如下：

$$V = 基础底板体积 + 梁体积$$

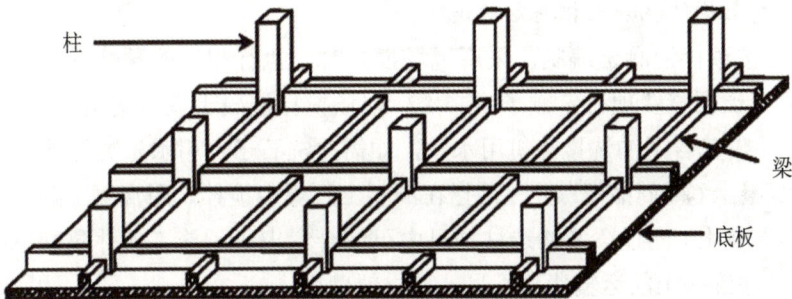

图 7-12　有梁式筏形基础示意图

(3) 箱式筏形基础应分别按满堂基础、柱、墙、梁、板有关规定计算，如图 7-13 所示。

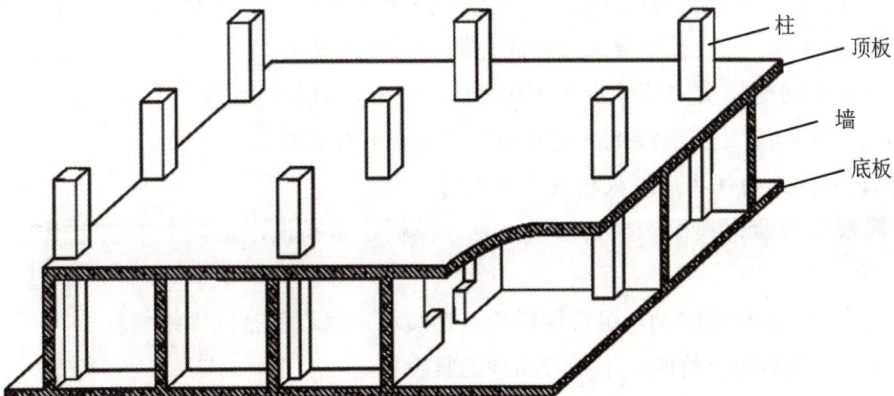

图 7-13　箱式筏形基础示意图

无梁式筏形基础的板、有梁式筏形基础的梁和板等，套用筏形基础定额，而其上的墙、柱则套用相应的墙、柱定额。箱式筏形基础的底板套用满堂基础定额，隔板和顶板则套用相应的墙、板定额。

5) 设备基础清单工程量计算规则

设备基础工程量按设计图示尺寸以体积计算，单位为 m^3，不扣除伸入桩承台的桩头所占体积。

6) 基础模板清单工程量计算规则

基础模板工程量按模板与现浇混凝土构件的接触面积计算。

7.1.2　现浇混凝土基础河南省 2016 定额应用

河南省 2016 定额"第五章　混凝土及钢筋混凝土工程"中混凝土构件需要计取混凝土、模板、钢筋三种费用，以下从混凝土、模板两方面进行归纳，钢筋部分在本书的 7.8 节中归纳学习。

1. 现浇混凝土构件共用相关定额说明

1) 现浇混凝土构件混凝土相关定额说明

(1) 混凝土按预拌混凝土编制，采用现场搅拌时，执行相应的预拌混凝土项目，再执行现场搅拌混凝土调整费项目定额子目 (5-82　现场搅拌混凝土调整费)。现场搅拌混凝土调整费项目中，仅包含了冲洗搅拌机用水量，如需冲洗石子，用水量另行处理。

(2) 预拌混凝土 (即商品混凝土) 是指在混凝土厂集中搅拌、用混凝土罐车运输到施工现场并入模的混凝土 (圈过梁及构造柱项目中已综合考虑了因施工条件限制不能直接入模的因素)。已考虑混凝土的运输费，不另计算材料费用。

(3) 混凝土按泵送混凝土考虑，常见定额子目有 (5-87 固定泵)、(5-88 泵车) 两个项目，适用于混凝土送到施工现场未入模的情况；其中，泵车项目仅适用于高度在 15 m 以内，固定泵项目适用所有高度。

(4) 混凝土按常用强度等级考虑，设计强度等级不同时可以换算；混凝土各种外加剂统一在配合比中考虑；图纸设计要求增加的外加剂另行计算。

(5) 混凝土结构物实体积最小几何尺寸大于 1 m，且按规定需进行温度控制的大体积混凝土，温度控制费用按照经批准的专项施工方案另行计算。

2) 现浇混凝土构件共用模板相关定额说明

(1) 模板分组合钢模板、大钢模板、复合模板、木模板，定额中未注明模板类型的，均按木模板考虑。

(2) 模板按企业自有编制。组合钢模板包括装箱，且已包括回库维修耗量。

(3) 复合模板适用于竹胶、木胶等品种的复合板。

(4) 当设计要求为清水混凝土模板时，执行相应模板项目，并作如下调整：复合模板材料换算为胶合板，机械不变，其人工按表 7-7 增加工日。

表 7-7　清水混凝土模板增加人工

单位：100 m²

项目	柱			梁			墙		板
	矩形柱	圆形柱	异形柱	矩形梁	异形梁	弧形、拱形梁	直形墙、弧形墙、电梯井壁墙	短肢剪力墙	有梁板、无梁板、平板
工日	4	5.2	6.2	5	5.2	5.8	3	2.4	4

2. 现浇混凝土构件共用相关定额工程量计算规则

(1) 混凝土工程量除另有规定者外，均按设计图示尺寸以体积计算。不扣除构件内钢筋、预埋铁件及墙、板中 0.3 m² 以内的孔洞所占体积。型钢混凝土中型钢骨架所占体积按 (密度)7850 kg/m³ 扣除。

(2) 现浇混凝土构件模板，除另有规定者外，均按模板与混凝土的接触面积 (扣除后浇带所占面积) 计算。

(3) 柱、梁、墙、板、栏板相互连接的重叠部分，均不扣除模板面积。

3. 现浇混凝土基础相关定额说明

(1) 垫层厚度＞60 mm 的按垫层项目执行，厚度≤60 mm 的细石混凝土按找平层项目执行。

(2) 独立桩承台执行独立基础项目；带形桩承台执行带形基础项目；与满堂基础相连的桩承台执行满堂基础项目。高杯基础杯口高度大于杯口大边长度 3 倍以上时，杯口高度部分执行柱项目，杯形基础执行柱项目。

(3) 满堂基础底面向下加深的梁，可按带形基础计算。

(4) 圆弧形带形基础模板执行带形基础相应项目，人工、材料、机械乘以系数 1.15。

(5) 地下室底板模板执行满堂基础，满堂基础模板已包括集水井模板杯壳。

(6) 满堂基础下翻构件的砖胎膜，其砌体执行河南省 2016 定额 "第四章　砌筑工程"砖基础相应项目；抹灰执行河南省 2016 定额"第十一章　楼地面装饰工程""第十二章　墙、柱面装饰与隔断、幕墙工程"抹灰的相应项目。

4. 现浇混凝土基础定额工程量计算规则

现浇混凝土基础按设计图示尺寸以体积计算，不扣除伸入承台基础的桩头所占体积。

1) 垫层定额工程量计算规则

垫层定额工程量计算规则与其清单工程量计算规则相同。

2) 带形基础 (条形基础) 定额工程量计算规则

(1) 带形基础混凝土：不分有肋式与无肋式，均按带形基础项目计算。有肋式带形基础，肋高 (指基础扩顶面至梁顶面的高)≤1.2 m 时，合并计算；＞1.2 m 时，扩大顶面以下的基础部分按无肋带形基础项目计算，扩大顶面以上部分按墙项目计算。

(2) 带形基础模板：有肋式带形基础，肋高 (指基础扩大顶面至梁顶面的高)≤1.2 m 时，合并计算；＞1.2 m 时，基础底板模板按无肋带形基础项目计算，扩大顶面以上部分模板按混凝土墙项目计算。

3) 独立基础定额工程量计算规则

(1) 独立基础混凝土：同清单工程量计算规则，高杯基础，基础扩大顶面以上短柱部分高＞1 m 时，短柱与基础分别计算，短柱执行柱项目，基础执行独立基础项目。

(2) 独立基础模板：同清单计算规则，高度从垫层上表面计算到柱基上表面。

4) 满堂基础（筏形基础）定额工程量计算规则

(1) 满堂基础混凝土：同清单工程量计算规则。

(2) 满堂基础模板：无梁式满堂基础有扩大或角锥形柱墩时，并入无梁式满堂基础内计算。有梁式满堂基础梁高（从板面或板底计算，梁高不含板厚）≤1.2 m 时，基础和梁合并计算；＞1.2 m 时，底板按无梁式满堂基础模板项目计算，梁按混凝土墙模板项目计算。箱式满堂基础应分别按无梁式满堂基础、柱、墙、梁、板的有关规定计算。地下室底板按无梁式满堂基础模板项目计算。

5) 设备基础定额工程量计算规则

(1) 设备基础混凝土：设备基础除块体以外，其他类设备基础分别按基础、柱、墙、梁、板等有关规定计算；其中，块体设备基础是指没有空间的实心混凝土形状。设备基础地脚螺栓套孔以不同深度以数量计算。

(2) 设备基础模板：块体设备基础按不同体积，分别计算模板工程量。框架设备基础应分别按基础、柱以及墙的相应项目计算；楼层面上的设备基础并入梁、板项目计算，如在同一设备基础中部分为块体，部分为框架时，应分别计算。框架设备基础的柱模板高度应由底板或柱基的上表面算至板的下表面；梁的长度按净长计算，梁的悬臂部分应并入梁内计算。

7.1.3　现浇混凝土基础清单列项与定额组价

1. 现浇混凝土基础清单列项

1) 垫层清单列项

垫层的清单列项如表 7-8 所示。

表 7-8　垫层清单列项

序号	项目编码	项目名称	项目特征描述	计量单位	工程量
1	010501001001	基础垫层	1. 基础形式 2. 厚度 3. 材料品种、强度要求、配比	m³	
2	010501002001	楼地面垫层	1. 部位 2. 厚度 3. 材料品种、强度要求、配比	m³	

2) 现浇混凝土基础清单列项

现浇混凝土基础的清单列项如表 7-9 所示。

表 7-9　现浇混凝土基础清单列项

序号	项目编码	项目名称	项目特征描述	计量单位	工程量
1	010502001001	独立基础	1. 混凝土种类 2. 混凝土强度等级 3. 基础类型	m^3	
2	010502002001	条形基础			
3	010502003001	筏形基础			
4	010502004001	设备基础			
5	010505002001	基础模板	基础类型	m^2	

2. 现浇混凝土基础定额组价

现浇混凝土基础的工作内容包括浇筑、振捣、养护等，定额单位是 10 m^3。定额基价中混凝土是预拌混凝土 C20，工程实际情况不同时需要进行换算。

垫层设置了定额子目 (5-1 垫层)。带形基础套用定额子目 (5-2 带形基础　毛石混凝土) 和 (5-3 带形基础　混凝土)。独立基础套用定额子目 (5-4 独立基础　毛石混凝土) 和 (5-5 独立基础　混凝土)，杯形基础设置了定额子目 (5-6 杯形基础)。满堂基础套用定额子目 (5-7 满堂基础　有梁式) 和 (5-8 满堂基础　无梁式)。桩承台基础没有单独子目，桩承台随着基础走。独立桩承台执行独立基础相应定额子目；带形桩承台执行带形基础相应定额子目；与满堂基础相连的桩承台执行满堂基础相应定额子目。设备基础设置了定额子目 (5-9 设备基础)，如需二次灌浆则套用定额子目 (5-10 二次灌浆)。其关联定额子目为 (17-113 塔式起重机　固定式基础 (带自重)) 和 (17-114 施工电梯　固定式基础)。

其中，固定式基础适用于混凝土体积在 10 m^3 以内的塔式起重机基础，如超出者按实际混凝土工程、模板工程、钢筋工程分别计算工程量，按本定额"第五章 混凝土及钢筋混凝土工程"相应项目执行。固定式基础如需打桩时，打桩费用另行计算。

【案例 7.1】某学生宿舍楼工程项目中的独立基础 $D_{jp}01$ 位于结施图纸"JG-02 基础平面图"8 轴与 V 轴相交处，其尺寸信息如图 7-14 所示，采用 C30 预拌混凝土。试计算现浇混凝土独立基础的清单和定额工程量，并准确进行清单列项和定额组价。

【解】(1) 案例分析与计算。

【分析】独立基础 $D_{jp}01$ 为四棱锥台形独立基础，采用 C30 预拌混凝土，需要进行定额换算；$D_{jp}01$ 对应框架柱 KZ-13 600 × 600，基础顶面每边各扩 50 mm。

① 独立基础体积计算公式为

$$V_{锥台形基础} = \frac{abh_1 + h_2[ab + a_1b_1 + (a + a_1)(b + b_1)]}{6}$$

其中，$a = 4400$，$b = 4400$，$h_1 = 400$，$h_2 = 400$，$a_1 = 700$，$b_1 = 700$。

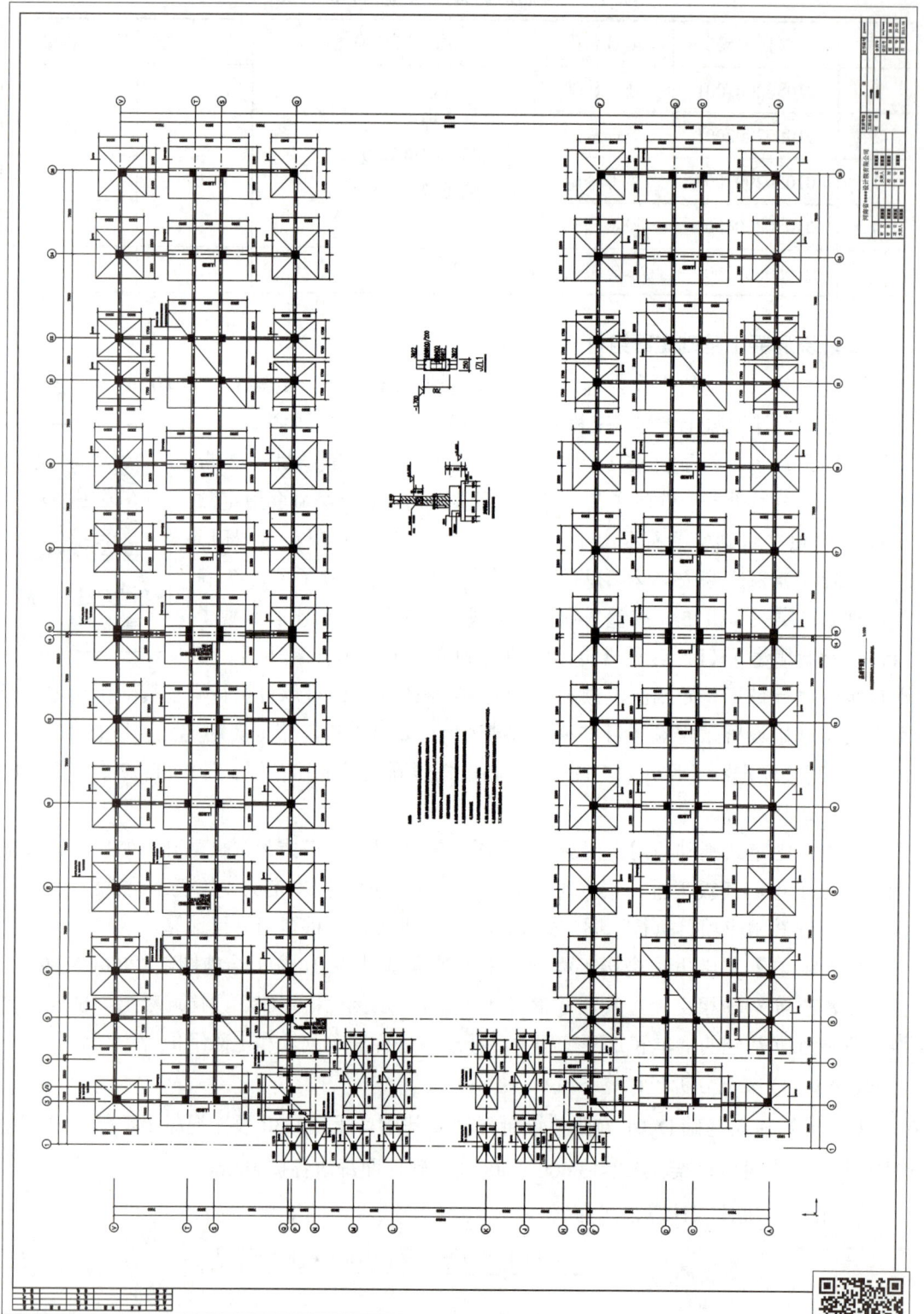

图 7-14　独立基础 $D_{jp}01$ 尺寸图

② 独立基础的清单工程量和定额工程量均为

$$V_{Djp01} = \frac{4400 \times 4400 \times 400 + [4400 \times 4400 + 700 \times 700 + (4400 + 700) \times (4400 + 700)] \times 400}{6}$$

$$= 10.80 \text{ m}^3$$

(2) 案例清单列项与定额组价。

① 定额子目应用。选取河南省 2016 定额定额子目 (5-5 独立基础　混凝土)，该案例混凝土强度与定额子目不完全相符，需要进行换算，如图 7-15 所示。

单位：10m³

定　额　编　号			5-4	5-5	5-6
项　　　目			独立基础		杯形基础
			毛石混凝土	混凝土	
基　　　价（元）			3155.99	3225.98	3239.26
其中	人　工　费（元）		438.36	354.70	362.60
	材　料　费（元）		2428.78	2637.53	2637.91
	机械使用费（元）		—	—	—
	其他措施费（元）		17.99	14.56	14.87
	安文费（元）		39.11	31.65	32.32
	管理费（元）		115.87	93.77	95.78
	利润（元）		67.39	54.53	55.70
	规费（元）		48.49	39.24	40.08
名　　称	单位	单价（元）	数　　量		
综合工日	工日	—	(3.46)	(2.80)	(2.86)
预拌混凝土 C20	m³	260.00	8.673	10.100	10.100
塑料薄膜	m²	0.26	14.480	15.927	15.927
水	m³	5.13	1.091	1.125	1.200
毛石 综合	m³	59.25	2.752	—	—
电	kW·h	0.70	1.980	2.310	2.310

图 7-15　河南省 2016 定额定额子目 (5-5 独立基础　混凝土)

② 案例清单列项与定额组价。该案例中现浇混凝土基础的清单列项与定额组价如表 7-10 所示。

表 7-10　独立基础案例清单列项和定额组价

序号	项目编码	项目名称	项目特征描述	计量单位	工程量	金额（元）	
						综合单价	合价
1	010502001001	独立基础	1. 混凝土种类：预拌混凝土 2. 混凝土强度等级：C30 3. 基础类型：独立基础	m³	10.80	313.60	3386.89
	(5-5)换		现浇混凝土 独立基础 混凝土　换为【预拌混凝土 C30】	10 m³	1.08	3136.01	3386.89

知识拓展

编制工程量清单出现附录中未包括的项目，编制人应做补充，并报省级或行业工程造价管理机构备案，省级或行业工程造价管理机构应汇总报住房和城乡建设部标准定额研究所。

(1) 补充项目的编码由《房屋建筑与装饰工程工程量计算规范》(GB 50854—2013) 的代码 01 与 B 和三位阿拉伯数字组成，并应从 01B001 起顺序编制，同一招标工程的项目不得重码。

(2) 补充的工程量清单需附有补充项目的名称、项目特征、计量单位、工程量计算规则、工作内容。不能计量的措施项目，需附有补充项目的名称、工作内容及包含范围。

思政角

现浇混凝土基础直接关系着建筑物质量水平，因此，在基础施工中必须严格按照设计图纸及验收规范施工，在基础计量与计价的过程中要充分意识到精确、细致的重要性，任何一点误差都可能造成严重的后果，因此要培养责任意识和严谨的工作态度。

7.2 现浇混凝土柱

7.2.1 现浇混凝土柱工程量清单编制

《房屋建筑与装饰工程工程量计算标准》(GB/T 50854—2024) 附录 E.2 将现浇混凝土柱分为钢筋混凝土柱、劲性钢筋混凝土柱、钢管混凝土柱和构造柱四类。

1. 现浇混凝土柱工程量清单

1) 钢筋混凝土柱工程量清单

《房屋建筑与装饰工程工程量计算标准》(GB/T 50854—2024) 附录 E.2 对钢筋混凝土柱、劲性钢筋混凝土柱和钢管混凝土柱、附录 E.5 对柱面模板工程量清单的项目编码、项目名称、项目特征、计量单位、工程量计算规则和工作内容做出了详细的规定，如表 7-11 所示。

表 7-11　混凝土柱和柱面模板工程量清单
（编号：010502006、010502007、010502008、010505004）

项目编码	项目名称	项目特征	计量单位	工程量计算规则	工作内容
010502006	钢筋混凝土柱	1. 混凝土种类 2. 混凝土强度等级	m³	按设计断面面积乘以柱高以体积计算。扣除劲性钢骨架所占体积，附着在柱上的牛腿并入柱体积内 柱高：柱基上表面至柱顶之间的高度，其楼层分界线为各层楼板上表面，其与柱帽的分界线为柱帽下表面	混凝土输送、浇筑、振捣、养护
010502007	劲性钢筋混凝土柱				
010502008	钢管混凝土柱	1. 混凝土种类 2. 混凝土强度等级 3. 填充形式 4. 空心率			
010505004	柱面模板	模板形式	m²	按模板与现浇混凝土构件的接触面积计算	1. 模板制作 2. 模板及支撑安装 3. 刷隔离剂 4. 模板及支撑拆除 5. 清理模板粘结物及模内杂物 6. 模板及支撑整理、小修、堆放

【说明】1. 钢管混凝土柱的"填充形式"可描述为实心、空心。当填充形式为空心时，需描述空心率。

2. 项目特征中的"模板形式"可描述为直形模板、倾斜模板（适用于坡度≥20%的构件斜面）、弧形模板（适用于半径≤12m的构件弧面）、拱形模板等。

2) 构造柱工程量清单

构造柱多设置在砌筑墙体中并与各层圈梁相连接，形成能够抗弯抗剪的空间框架，是防止房屋倒塌的一种有效措施，构造柱如图 7-16 所示。

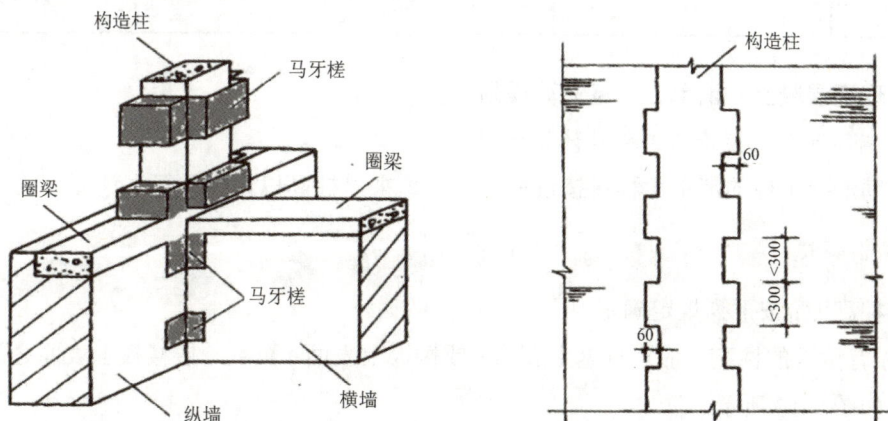

(a) 构造柱与砖墙嵌接部分体积（马牙槎）　　(b) 构造柱立面

图 7-16　构造柱示意图

《房屋建筑与装饰工程工程量计算标准》(GB/T 50854—2024) 附录 E.2 对构造柱、附录 E.5 对构造柱模板工程量清单的项目编码、项目名称、项目特征、计量单位、工程量计算规则和工作内容做出了详细的规定，如表 7-12 所示。

表 7-12　构造柱和构造柱模板工程量清单（编号：010502021、010505011）

项目编码	项目名称	项目特征	计量单位	工程量计算规则	工作内容
010502021	构造柱	1. 混凝土种类 2. 混凝土强度等级	m³	按设计断面面积乘以柱高以体积计算。与砌体嵌接部分（马牙槎）并入柱体积内 柱高： 1. 非通长构造柱高度，自其生根构件（基础、基础圈梁、下部梁、下部板等）的上表面算至其锚固构件（上部梁、上部板等）的下表面 2. 通长构造柱高度自其生根构件的上表面算至柱顶	混凝土输送、浇筑、振捣、养护
010505011	构造柱模板		m²	按混凝土外露宽度乘以柱高以面积计算。与砌体嵌接处按混凝土外露面最大宽度计算	1. 模板制作 2. 模板及支撑安装 3. 刷隔离剂 4. 模板及支撑拆除 5. 清理模板粘结物及模内杂物 6. 模板及支撑整理、小修、堆放

2. 现浇混凝土柱清单工程量计算规则

1) 钢筋混凝土柱清单工程量计算规则

钢筋混凝土柱的清单工程量按设计断面面积乘以柱高以体积计算，计算公式如下：

$$V_{柱} = S_{柱} \times H_{柱}$$

其中，柱高 $H_{柱}$ 按下列规定确定：

(1) 有梁板的柱高，应自柱基上表面（或楼板上表面）至上一层楼板上表面之间的高度计算，如图 7-17 所示。

(2) 无梁板的柱高，自柱基上表面（或楼板上表面）至柱帽下表面之间的高度计算，如图 7-18 所示。

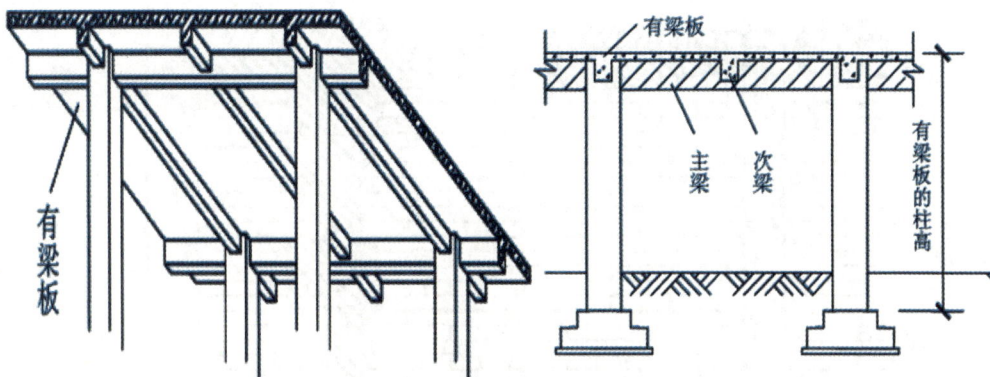

图 7-17　有梁板的柱高示意图

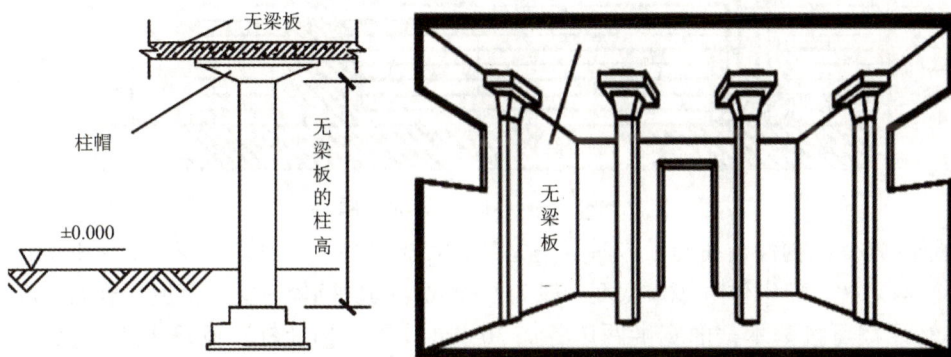

图 7-18　无梁板的柱高示意图

(3) 框架柱的柱高应自柱基上表面至柱顶的高度计算，如图 7-19 所示。

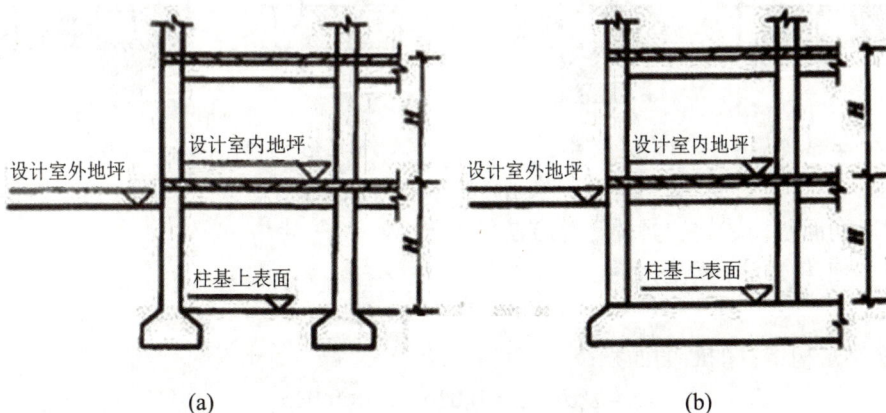

(a)　　　　　　　　　　　　　(b)

图 7-19　框架柱的柱高示意图

(4) 依附柱上的牛腿和升板的柱帽，并入相应柱身体积计算。

2) 构造柱清单工程量计算规则

构造柱按全高计算，嵌接墙体部分 (马牙槎) 并入柱身体积，如图 7-20 所示。

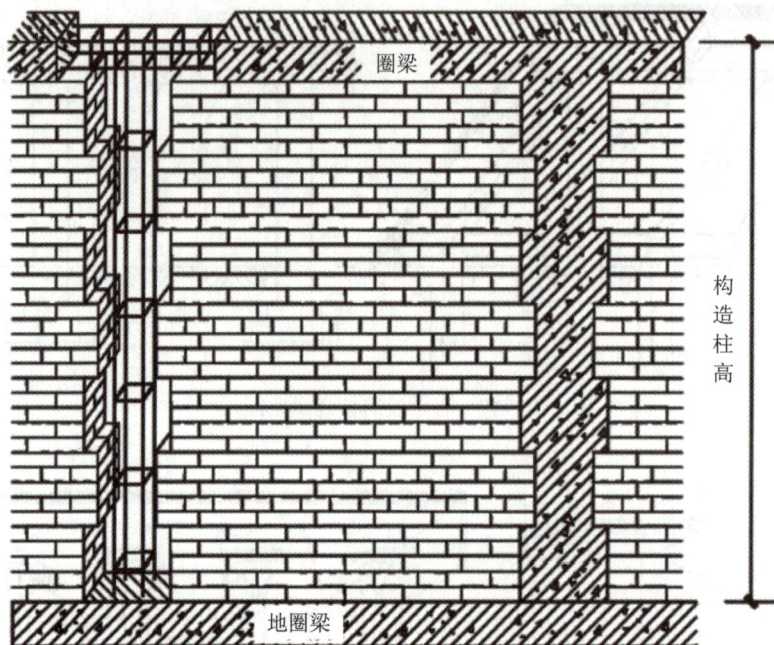

图 7-20　构造柱的柱高示意图

构造柱是二次构件，在施工方法上是先砌砖后浇混凝土，每隔五皮砖 (约 300 mm) 两边各留一马牙槎。砖砌体时槎口宽度一般为 60 mm，砌块砌体时槎口宽度一般为 100 mm。砖砌体马牙槎可按基本截面宽度两边各加 30 mm 计算。构造柱在砌筑中所处位置不同，就会形成不同的断面形式，如图 7-21 所示。

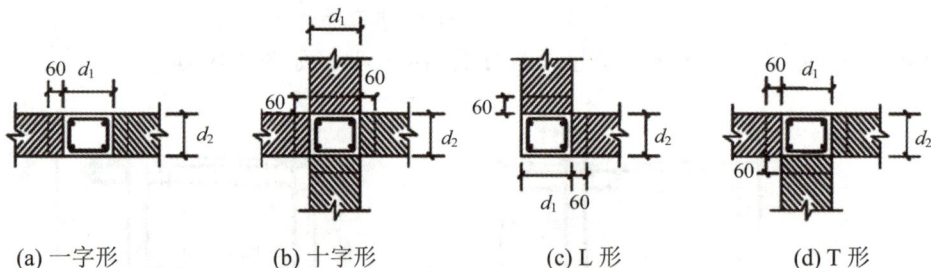

| (a) 一字形 | (b) 十字形 | (c) L 形 | (d) T 形 |

图 7-21　构造柱不同断面形式示意图

不同断面面积构造柱的具体计算方法如下：

(1) 一字形构造柱的断面面积：

$$S = d_1 d_2 + 2 \times 0.03 d_2$$

(2) 十字形构造柱的断面面积：

$$S = d_1 d_2 + 2 \times 0.03 d_1 + 2 \times 0.03 d_2$$

(3) L 形构造柱的断面面积：

$$S = d_1 d_2 + 0.03 d_1 + 0.03 d_2$$

(4) T 形构造柱的断面面积：

$$S = d_1 d_2 + 0.03 d_1 + 2 \times 0.03 d_2$$

7.2.2 现浇混凝土柱河南省 2016 定额应用

现浇混凝土柱的河南省 2016 定额应用主要包含相关定额说明和定额工程量计算规则。

1. 现浇混凝土柱相关定额说明

(1) 现浇钢筋混凝土柱混凝土项目,均综合了每层底部灌注水泥砂浆的消耗量。

(2) 钢管柱制作、安装执行本定额"第六章 金属结构工程"相应项目;钢管柱浇筑混凝土使用反顶升浇筑法施工时,增加的材料、机械另行计算。

(3) 现浇钢筋混凝土柱模板项目,按高度 3.6 m 综合考虑(不含构造柱)。如遇斜板面结构时,柱分别按各柱的中心高度为准。

(4) 异形柱是指柱的断面形状为 L 形、十字形、T 形、Z 形的柱,常见异形柱示意图如图 7-22 所示。

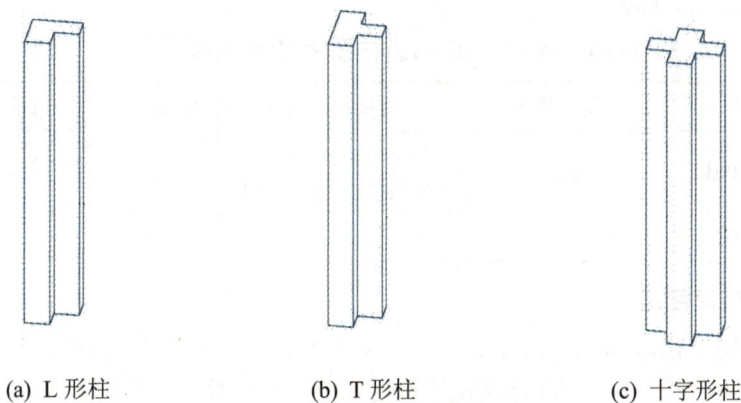

(a) L 形柱   (b) T 形柱   (c) 十字形柱

图 7-22 异形柱示意图

(5) 柱模板如遇弧形和异形组合时,执行圆柱项目。

2. 现浇混凝土柱定额工程量计算规则

(1) 现浇混凝土柱按设计图示尺寸以体积计算,定额工程量计算规则同清单工程量计算规则。

(2) 钢管混凝土柱以钢管高度按照钢管内径计算混凝土体积。

(3) 构造柱模板均应按图示外露部分计算模板面积。带马牙槎构造柱的宽度按马牙槎处的宽度计算。

7.2.3 现浇混凝土柱清单列项与定额组价

现浇混凝土柱的混凝土与模板是对应关系,考虑模板超高问题,需要分别列项,也可以分地上、地下部分分别列项。

1. 现浇混凝土柱清单列项

1) 钢筋混凝土柱清单列项

钢筋混凝土柱的清单列项如表 7-13 所示。

构造柱计量计价

表 7-13　钢筋混凝土柱和柱面模板清单列项

序号	项目编码	项目名称	项目特征描述	计量单位	工程量
1	010502006001	钢筋混凝土柱	1. 混凝土种类 2. 混凝土强度等级	m^3	
2	010502007001	劲性钢筋混凝土柱			
3	010502008001	钢管混凝土柱	1. 混凝土种类 2. 混凝土强度等级 3. 填充方式 4. 空心率	m^3	
4	010505004001	柱面模板	模板形式	m^2	

2) 构造柱清单列项

构造柱的清单列项如表 7-14 所示。

表 7-14　构造柱和构造柱模板清单列项

序号	项目编码	项目名称	项目特征描述	计量单位	工程量
1	010502021001	构造柱	1. 混凝土种类 2. 混凝土强度等级	m^3	
2	010505011001	构造柱模板		m^2	

2. 现浇混凝土柱定额组价

现浇混凝土柱的工作内容包括浇筑、振捣、养护等，定额单位是 $10m^3$。定额基价中混凝土是预拌混凝土 C20，当工程实际情况不同时需要进行换算。

矩形柱套用定额子目 (5-11 矩形柱)；异形柱套用定额子目 (5-13 异形柱)；构造柱套用定额子目 (5-12 构造柱)；钢管混凝土柱套用定额子目 (5-15 钢管混凝土柱)；带弧形的柱子执行圆柱定额子目 (5-14 圆形柱)。

【案例 7.2】某学生宿舍楼工程项目中结施图纸"JG-03 基顶 -9.870 框架柱平法施工图"一层 8 轴与 V 轴相交处框架柱 KZ-13 采用 C30 预拌混凝土，框架柱 KZ-13 信息见"JG-06 柱表"，如图 7-23 所示，一层层高为 3.6 m。试进行现浇混凝土柱清单和定额工程量计算，并准确进行清单列项和定额组价。

框架柱计量计价

【解】(1) 案例分析与计算。

【分析】框架柱 KZ-13 平面标注尺寸为 600 mm × 600 mm，柱高为 3.6 m(模板不超高)，采用 C30 预拌混凝土需要进行定额换算。

① 框架柱体积计算公式为

$$V_{柱} = S_{柱} \times H_{柱}$$

其中，$S_{柱} = 0.6 \times 0.6 \ m^2$，$H_{柱} = 3.60 \ m$。

② 框架柱的清单工程量和定额工程量均为

$$V_{柱} = 0.6 \times 0.6 \times 3.6 = 1.30 \ m^3$$

(2) 案例清单列项与定额组价。

① 定额子目应用。选取河南省 2016 定额定额子目 (5-11 矩形柱)，该案例混凝土强度
与定额子目不完全相符，需要进行换算，如图 7-24 所示。

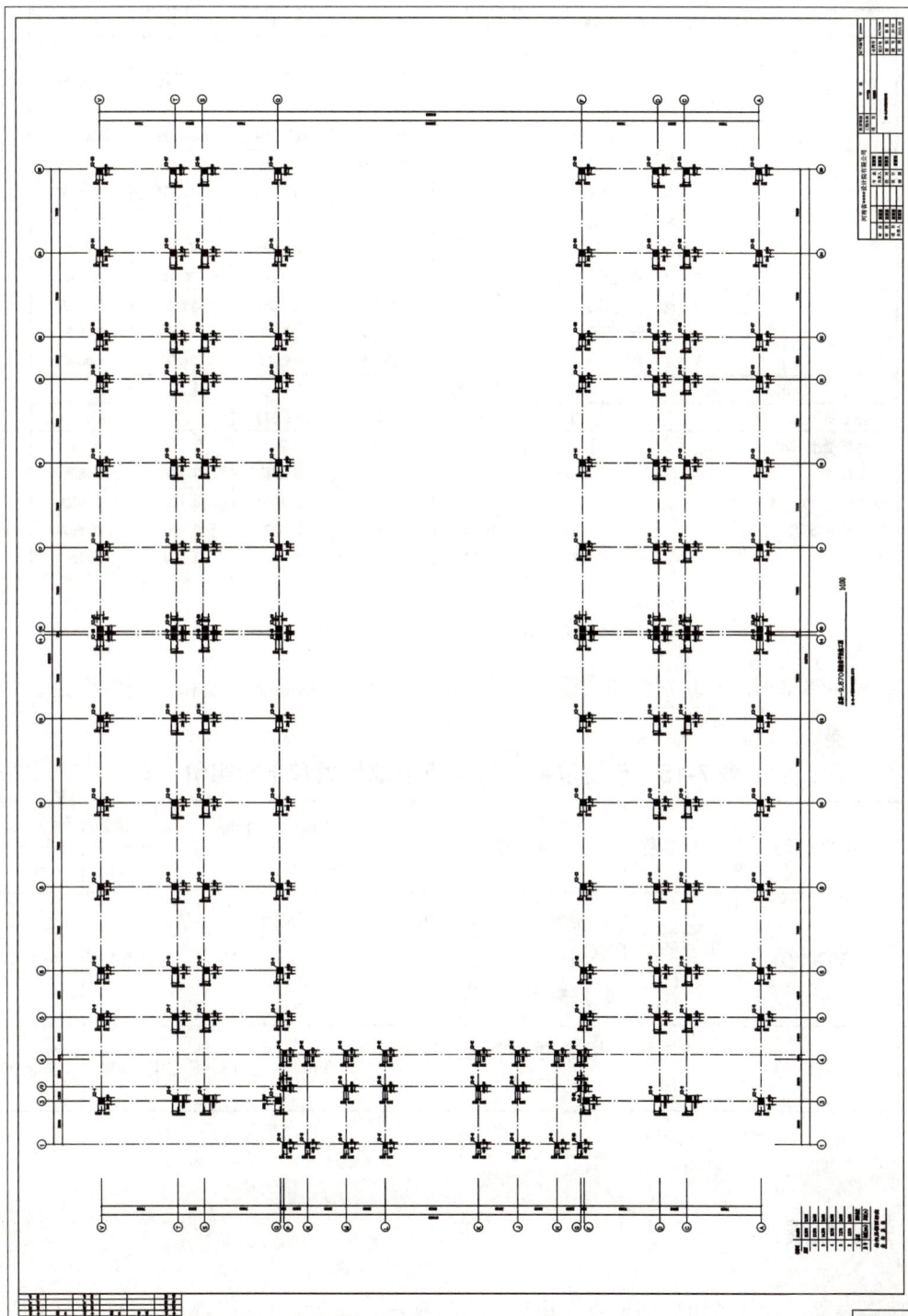

图 7-23　JG-06 柱表、KZ-13 尺寸信息图

工作内容：浇筑、振捣、养护等。

单位：10m³

定 额 编 号			5-11	5-12	5-13	5-14
项 目			矩形柱	构造柱	异形柱	圆形柱
基 价（元）			4146.83	5173.89	4262.55	4263.61
其中	人 工 费（元）		913.09	1528.65	979.29	980.61
	材 料 费（元）		2631.85	2637.64	2637.95	2636.86
	机械使用费（元）		—	—	—	—
	其他措施费（元）		37.49	62.76	40.20	40.25
	安 文 费（元）		81.49	136.42	87.37	87.48
	管 理 费（元）		241.45	404.20	258.86	259.20
	利 润（元）		140.42	235.07	150.55	150.74
	规 费（元）		101.04	169.15	108.33	108.47
名 称	单位	单价（元）	数 量			
综合工日	工日	—	(7.21)	(12.07)	(7.73)	(7.74)
预拌混凝土 C20	m³	260.00	9.797	9.797	9.797	9.797
土工布	m²	11.70	0.912	0.885	0.912	0.885
水	m³	5.13	0.911	2.105	2.105	1.950
预拌水泥砂浆	m³	220.00	0.303	0.303	0.303	0.303
电	kW·h	0.70	3.750	3.720	3.720	3.750

图 7-24 河南省 2016 定额定额子目 (5-11 矩形柱)

② 案例清单列项与定额组价。该案例中现浇混凝土柱的清单列项和定额组价如表 7-15 所示。

表 7-15 现浇混凝土柱案例清单列项和定额组价

序号	项目编码	项目名称	项目特征描述	计量单位	工程量	金额（元）	
						综合单价	合价
1	010502006001	钢筋混凝土柱	1. 混凝土种类：预拌混凝土 2. 混凝土强度等级：C30	m³	1.30	391.52	508.97
	(5-11)换		现浇混凝土 矩形柱 换为【预拌混凝土 C30】	10 m³	0.13	3915.18	508.97

📖 知识拓展

现浇混凝土柱的常用断面形式为矩形、圆形或异形，若同一现浇混凝土柱的断面不同，其工程量应分段计算。

思政角

现浇混凝土柱是建筑物最重要的支撑构件，直接担当着保持整个建筑物稳定性的重任。因此，通过项目案例的学习，要意识到自己的责任担当，增强对从事建筑行业工作的责任感和使命感，树立崇高的职业理想。

7.3　现浇混凝土墙

7.3.1　现浇混凝土墙工程量清单编制

《房屋建筑与装饰工程工程量计算标准》(GB/T 50854—2024) 附录 E.2 将现浇混凝土墙分为地下室外墙、钢筋混凝土墙和挡土墙三类。

1. 现浇混凝土墙工程量清单

现浇混凝土墙又称剪力墙、抗风墙、抗震墙或结构墙，是在房屋或构筑物中主要承受风荷载或地震作用引起的水平荷载和竖向荷载 (重力) 的墙体，防止结构剪切 (受剪) 破坏，如图 7-25 所示。

图 7-25　现浇混凝土墙工程项目现场

《房屋建筑与装饰工程工程量计算标准》(GB/T 50854—2024) 附录 E.2 对地下室外墙、钢筋混凝土墙、挡土墙，附录 E.5 对墙面模板的项目编码、项目名称、项目特征、计量单位、工程量计算规则和工程内容做出了详细的规定，如表 7-16 所示。

表 7-16 现浇混凝土墙工程量清单
（编号：010502009、010502010、010502026、010505005）

项目编码	项目名称	项目特征	计量单位	工程量计算规则	工作内容
010502009	地下室外墙		m³	按设计图示尺寸以体积计算。扣除门窗洞口及单个面积＞0.3 m² 的孔洞所占体积，墙柱、墙梁及突出墙面部分并入墙体体积内 墙高：墙基上表面至墙顶之间的高度，与板相交时，内、外墙高度均算至板顶	混凝土输送、浇筑、振捣、养护
010502010	钢筋混凝土墙	1. 混凝土种类 2. 混凝土强度等级 3. 墙体厚度			
010502026	挡土墙	1. 混凝土种类 2. 混凝土强度等级 3. 截面尺寸		按设计图示尺寸以体积计算。不扣除泄水孔所占体积，墙垛及突出墙面部分并入墙体体积内	
010505005	墙面模板	模板形式	m²	按模板与现浇混凝土构件的接触面积计算。扣除门窗洞口及单个面积＞0.3 m² 的孔洞所占面积，洞侧壁面积并入计算；不扣除单个面积≤0.3 m² 的孔洞所占的面积，洞侧壁面积亦不计算	1. 模板制作 2. 模板及支撑安装 3. 刷隔离剂 4. 模板及支撑拆除 5. 清理模板粘结物及模内杂物 6. 模板及支撑整理、小修、堆放
010505015	挡土墙模板			按模板与现浇混凝土构件的接触面积计算。不扣除单个面积≤0.3 m² 的孔洞所占的面积，洞侧壁模板亦不增加	

【说明】1. 起挡土作用的地下室外围护墙应按"地下室外墙"项目编码列项，其余现浇混凝土墙应按"钢筋混凝土墙"项目编码列项。

2. 异型柱水平各方向上截面高度与厚度之比均大于 4 时，应按"钢筋混凝土墙"项目编码列项。

2. 现浇混凝土墙清单工程量计算规则

现浇混凝土墙按墙的图示设计断面面积乘以墙长以"m³"计算，扣除门窗洞口及单个面积 0.3 m² 以外孔洞的体积，并入墙垛、墙梁及突出墙面部分计算。

$$V_{墙} = S_{墙的设计断面面积} \times L_{墙} + V_{并入体积} - V_{扣除体积}$$

其中，外墙墙长按中心线长度计算，内墙墙长按净长线计算，具体规定如下：

(1) 墙与柱连接时墙算至柱边；墙与梁连接时墙算至梁底；墙与板连接时板算至墙侧。

(2) 突出墙面的暗梁暗柱并入墙体积。

(3) 直行墙中门窗洞口上的梁并入墙体积；

(4) 短肢剪力墙结构砌体内门窗洞口上的梁并入墙体积。

(5) 柱、墙、梁、板、栏板相互连接的重叠部分，应扣除重叠部分的模板面积。

7.3.2　现浇混凝土墙河南省 2016 定额应用

现浇混凝土墙的河南省 2016 定额应用主要包含相关定额说明和定额工程量计算规则。

1. 现浇混凝土墙相关定额说明

(1) 现浇钢筋混凝土墙项目，均综合了每层底部灌注水泥砂浆的消耗量。地下室外墙执行墙相应项目。

(2) 现浇混凝土墙是按高度 (板面或地面、垫层面至上层板面的高度)3.6 m 综合考虑的。如遇斜板面结构时，墙按分段墙的平均高度为准。

(3) 外墙设计采用一次摊销止水螺杆方式支模时，将对拉螺栓材料换为止水螺杆，其消耗量按对拉螺栓数量乘以系数 12，取消塑料套管消耗量，其余不变。墙面模板未考虑定位支撑因素。

柱、梁面对拉螺栓堵眼增加费，执行墙面螺栓堵眼增加费项目，柱面螺栓堵眼人工、机械乘以系数 0.3、梁面螺栓堵眼人工、机械乘以系数 0.35。

2. 现浇混凝土墙定额工程量计算规则

现浇混凝土墙按设计图示尺寸以体积计算，定额工程量计算规则同清单工程量计算规则。

在现浇混凝土墙模板计算时，不扣除单孔面积在 0.3 m² 以内的孔洞，不增加洞侧壁模板；应扣除单孔面积在 0.3 m² 以外孔洞，同时并入计算洞侧壁模板面积。

对拉螺栓堵眼增加费按墙面、柱面、梁面模板接触面分别计算工程量。

7.3.3　现浇混凝土墙清单列项与定额组价

现浇混凝土墙定额基价分为混凝土与模板项目，需要相互对应，考虑模板超高问题，不同时需要分别进行列项。

1. 现浇混凝土墙清单列项

现浇混凝土墙的清单列项如表 7-17 所示。

表 7-17　现浇混凝土墙清单列项

序号	项目编码	项目名称	项目特征描述	计量单位	工程量
1	010502009001	地下室外墙	1. 混凝土种类 2. 混凝土强度等级 3. 墙体厚度	m³	
2	010502010001	钢筋混凝土墙			
3	010502026001	挡土墙	1. 混凝土种类 2. 混凝土强度等级 3. 截面尺寸		
4	010505005001	墙面模板	模板形式	m²	
5	010505015001	挡土墙模板			

2. 现浇混凝土墙定额组价

现浇混凝土墙的工作内容包括浇筑、振捣、养护等，定额单位是 10 m³。定额基价中混凝土是预拌混凝土 C20，工程实际情况不同时需要进行换算。

直形墙定额子目分为 (5-23 直形墙 毛石混凝土) 和 (5-24 直形墙 混凝土)，弧形墙套取 (5-25 弧形混凝土墙)，短肢剪力墙套取 (5-26 短肢剪力墙)，挡土墙套取 (5-27 挡土墙)，电梯井壁直形墙套取 (5-28 电梯井壁 直形墙)，滑膜混凝土墙套取 (5-29 滑膜混凝土墙)。

【案例 7.4】现浇混凝土墙外墙厚度为 250 mm，内墙厚度为 200 mm，采用 C30 预拌混凝土，如图 7-26 所示。试进行现浇混凝土墙清单工程量和定额工程量计算，并准确进行清单列项和定额组价。

【解】(1) 案例分析计算。

【分析】《房屋建筑与装饰工程工程量计算规范》(GB 50854—2013) 和河南省 2016 定额应用把现浇混凝土墙定额基价分类为直形墙和弧形墙，应分别进行工程量计算和清单列项。

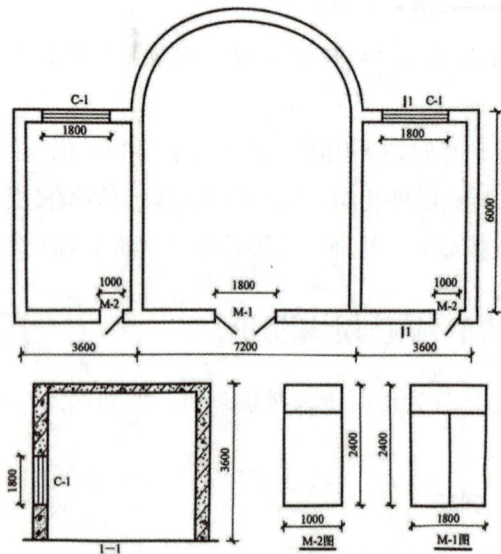

图 7-26　现浇混凝土墙体示意图

① 直形墙工程量。

$V_{直形} = [(7.2 + 3.6 \times 2 + 6 \times 2) \times 3.6 - 1.8 \times 1.8 \times 2 - 2.4 \times 1 \times 2 - 1.8 \times 2.4] \times 0.25 +$
$\qquad 6 \times 2 \times 3.6 \times 0.2 = 28.50\ \text{m}^3$

② 弧形墙工程量。

$$V_{弧形} = 3.14 \times 7.2 \div 2 \times 3.6 \times 0.25 = 10.17\ \text{m}^3$$

(2) 案例清单列项与定额组价。

① 定额子目应用。选取河南省 2016 定额定额子目 (5-24 直形墙 混凝土) 和 (5-25 弧形混凝土墙)，该案例混凝土强度与定额子目不完全相符，需要进行换算，如图 7-27 所示。

工作内容：浇筑、振捣、养护等。

单位：10m³

定　额　编　号			5－23	5－24	5－25	5－26
项　　　目			直形墙		弧形混凝土墙	短肢剪力墙
			毛石混凝土	混凝土		
基　　　价（元）			3625.71	3498.83	3501.26	3611.54
其中	人　工　费（元）		709.13	523.89	523.89	591.58
	材　料　费（元）		2449.10	2629.33	2631.76	2630.11
	机械使用费（元）		—	—	—	—
	其他措施费（元）		29.12	21.53	21.53	24.28
	安　文　费（元）		63.29	46.79	46.79	52.78
	管　理　费（元）		187.53	138.64	138.64	156.39
	利　　润（元）		109.06	80.63	80.63	90.95
	规　　费（元）		78.48	58.02	58.02	65.45
名　　称	单位	单价（元）	数　　量			
综合工日	工日		(5.60)	(4.14)	(4.14)	(4.67)
预拌混凝土 C20	m³	260.00	8.392	9.825	9.825	9.825
土工布	m²	11.70	0.886	0.703	0.867	0.770
水	m³	5.13	0.534	0.690	0.790	0.690
毛石 综合	m³	59.25	2.752	—	—	—
预拌水泥砂浆	m³	220.00	0.404	0.275	0.275	0.275
电	kW·h	0.70	3.060	3.660	3.660	3.660

图 7-27　河南省 2016 定额定额子目 (5-24 直形墙 混凝土) 和 (5-25 弧形混凝土墙)

② 案例清单列项与定额组价。该案例中现浇混凝土墙的清单列项和定额组价如表 7-18 所示。

表 7-18　现浇混凝土墙案例清单列项和定额组价

序号	项目编码	项目名称	项目特征描述	计量单位	工程量	金额（元）	
						综合单价	合价
1	010502010001	钢筋混凝土墙	1. 混凝土种类：预拌混凝土 2. 混凝土强度等级：C30 3. 墙体形式：直形	m³	28.50	336.57	9592.59
	(5-24) 换		现浇混凝土 直形墙 混凝土 换为【预拌混凝土 C30】	10 m³	2.85	3365.82	9592.59
2	010502010002	钢筋混凝土墙	1. 混凝土种类：预拌混凝土 2. 混凝土强度等级：C30 3. 墙体形式：弧形	m³	10.71	336.83	3425.51
	(5-25) 换		现浇混凝土 弧形混凝土墙 换为【预拌混凝土 C30】	10 m³	1.017	3368.25	3425.51

🔲 **知识拓展**

(1) 截面厚度≤300 mm，各肢截面高度与厚度之比的最大值＞4 但≤8 的剪力墙，执行短肢剪力墙项目。

(2) 各肢截面高度与厚度之比的最大值≤4 的剪力墙执行柱项目。

(3) 各肢截面高度与厚度之比的最大值＞8 的剪力墙执行墙项目。

(4) 钢筋混凝土墙除剪力墙身 (简称墙身) 外，还包括剪力墙柱 (简称墙柱) 和剪力墙梁 (简称墙梁)。墙柱指约束边缘构件、构造边缘构件、非边缘暗柱、扶壁柱，呈十、T、Y、L、一字等形状，按柱式配筋，墙柱与墙身相连还可能形成工、[、Z 字等形状；墙梁指连梁、暗梁、边框梁，处于填充墙大洞口或其他洞口上方，按梁式配筋。

🔲 **思政角**

现浇混凝土墙计量计价的难点在直形墙、弧形墙、短肢剪力墙的判断和项目套取，通过讲解计量标准与计价标准，明白职业道德的重要性。同时，结合工程项目案例，强调对社会的责任感，培养诚信为本的职业操守。

7.4　现浇混凝土梁

7.4.1　现浇混凝土梁工程量清单编制

《房屋建筑与装饰工程工程量计算标准》(GB/T 50854—2024) 附录 E.2 将现浇混凝土梁分为基础连系梁、钢筋混凝土梁、劲性钢筋混凝土梁、圈梁和过梁四类。

1. 现浇混凝土梁工程量清单

《房屋建筑与装饰工程工程量计算标准》(GB/T 50854—2024) 附录 E.2 对钢筋混凝土梁、劲性钢筋混凝土梁、圈梁和过梁，附录 E.5 对梁模板、圈梁模板、过梁模板工程量清单的项目编码、项目名称、项目特征、计量单位、工程量计算规则和工作内容做出了详细的规定，如表 7-19 所示。

表 7-19　现浇混凝土梁工程量清单 (编号：010502、010505)

项目编码	项目名称	项目特征	计量单位	工程量计算规则	工作内容
010502005	基础联系梁	1. 混凝土种类 2. 混凝土强度等级	m³	按设计图示截面面积乘以梁长以体积计算 梁长：所联系基础之间的净长度	1. 混凝土输送、浇筑、振捣、养护 2. 预留孔洞的二次灌浆

续表

项目编码	项目名称	项目特征	计量单位	工程量计算规则	工作内容
010502011	钢筋混凝土梁		m³	按设计图示尺寸以体积计算。扣除劲性钢骨架所占体积，伸入砌体墙内的梁头、梁垫并入梁体积内 梁长： 1. 梁与柱相交时，梁长算至柱侧面 2. 主梁与次梁相交时，次梁长算至主梁侧面 梁高： 梁顶部与板相交时，梁高算至板顶；梁中部、底部与板相交时，梁高不扣除板厚	混凝土输送、浇筑、振捣、养护
010502012	劲性钢筋混凝土梁	1. 混凝土种类 2. 混凝土强度等级 3. 坡度			
010502022	圈梁	1. 混凝土种类 2. 混凝土强度等级		按设计图示截面面积乘以梁长以体积计算。遇洞口变截面部分并入圈梁体积内 圈梁与构造柱连接时，梁长算至构造柱(不含马牙槎)的侧面	
010502023	过梁			按设计图示截面面积乘以梁长以体积计算 梁长按设计规定计算，设计无规定时，按梁下洞口宽度两端各加 250 mm	
010505003	基础联系梁模板		m²	按模板与现浇混凝土构件的接触面积计算	1. 模板制作 2. 模板及支撑安装 3. 刷隔离剂 4. 模板及支撑拆除 5. 清理模板粘结物及模内杂物 6. 模板及支撑整理、小修、堆放
010505006	梁模板			按模板与现浇混凝土构件的接触面积计算。梁板连接时，边缘处梁侧模不扣除板厚	
010505012	圈梁模板	模板形式		按模板与现浇混凝土构件的接触面积计算。圈梁与构造柱连接时，梁长算至构造柱(含马牙槎)的侧面	
010505013	过梁模板			按模板与现浇混凝土构件的接触面积计算。过梁梁长设计无规定时，按梁下洞口宽度两端各加 250 mm，计算侧模面积	

【说明】梁坡度 >20% 时，需描述坡度。

2. 现浇混凝土梁清单工程量计算规则

现浇混凝土梁按设计图示截面面积乘以梁长以"m³"计算，扣除劲性钢骨架所占体积，伸入砌体墙内的梁头、梁垫体积并入梁体积内计算，其计算公式如下：

$$V_{梁} = S_{梁的设计断面面积} \times L_{梁} + V_{伸入墙内梁头、梁垫}$$

其中，梁长按下面图示计算：

(1) 当梁与现浇混凝土柱相交时，梁长算至现浇混凝土柱的侧面，如图 7-28(b) 所示。

(2) 当主梁与次梁相交时，次梁长算至主梁的侧面，如图 7-28(c) 所示。

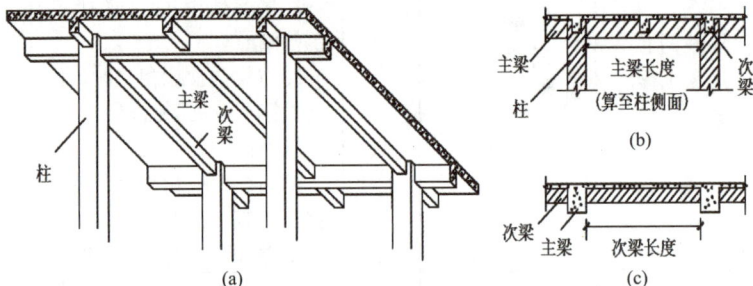

图 7-28　主梁、次梁长度计算示意图

(3) 当梁与现浇混凝土墙连接时，梁长算至现浇混凝土墙的侧面。

(4) 圈梁遇洞口变截面部分并入圈梁体积内；圈梁与构造柱连接时，梁长算至构造柱（不含马牙槎）的侧面。其中，圈梁长度外墙圈梁按圈梁中心线计算，内墙圈梁按圈梁净长线计算。

(5) 过梁梁长按设计规定计算；设计无规定时，按梁下洞口宽度两端各加 250 mm，如图 7-29 所示。

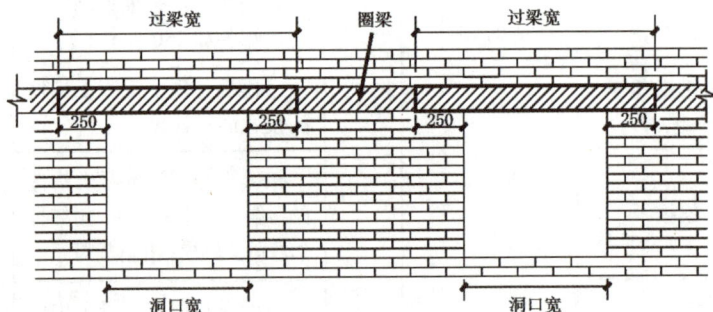

图 7-29　圈梁、过梁示意图

(6) 现浇挑梁的悬挑部分按单梁计算，嵌入墙身部分分别按圈梁、过梁计算。

7.4.2　现浇混凝土梁河南省 2016 定额应用

现浇混凝土梁的河南省 2016 定额应用主要包含相关定额说明和定额工程量计算规则。

1. 现浇混凝土梁相关定额说明

(1) 斜梁是按坡度＞10°且≤30°综合考虑的。斜梁坡度在 10°以内的执行梁项目；坡度在 30°以上、45°以内时人工乘以系数 1.05；坡度在 45°以上、60°以内时人工乘以系数 1.10；坡度在 60° 以上时人工乘以系数 1.20。

(2) 异形梁是指梁的断面形状为 L 形、十字形、T 形、Z 形的梁，如图 7-30 所示。

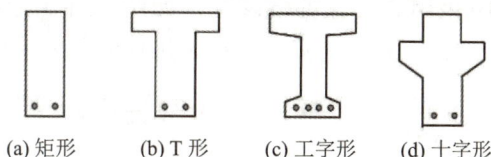

(a) 矩形　　(b) T 形　　(c) 工字形　　(d) 十字形

图 7-30　现浇混凝土梁截面形式示意图

(3) 混凝土圈梁与过梁连接时，分别套用圈梁、过梁定额。

(4) 现浇混凝土梁模板 (不含圈、过梁) 是按高度 (板面或地面、垫层面至上层板面的高度)3.6 m 综合考虑的。框架梁以每跨两端的支座平均高度为准。

2. 现浇混凝土梁定额工程量计算规则

现浇混凝土梁按设计图示尺寸以体积计算，其定额工程量计算规则与清单工程量计算规则相同。

7.4.3　现浇混凝土梁清单列项与定额组价

现浇混凝土梁定额基价分为混凝土与模板项目，需要相互对应，考虑模板超高问题，不同时需要分别进行列项。

1. 现浇混凝土梁清单列项

现浇混凝土梁的清单列项如表 7-20 所示。

表 7-20　现浇混凝土梁清单列项

序号	项目编码	项目名称	项目特征描述	计量单位	工程量
1	010502005001	基础联系梁	1. 混凝土种类 2. 混凝土强度等级	m³	
2	010502011001	钢筋混凝土梁			
3	010502012001	劲性钢筋混凝土梁			
4	010502022001	圈梁			
5	010502023001	过梁			
6	010505003001	基础联系梁模板	模板形式	m²	
7	010505006001	梁模板			
8	010505012001	圈梁模板			
9	010505013001	过梁模板			

2. 现浇混凝土梁定额组价

现浇混凝土梁的工作内容包括浇筑、振捣、养护等，定额单位是 10 m³。定额基价中混凝土是预拌混凝土 C20，工程实际情况不同时需要进行换算。

基础梁套用定额子目 (5-16 基础梁)，矩形梁套用定额子目 (5-17 矩形梁)，异形梁套用定额子目 (5-18 异形梁)，圈梁套用定额子目 (5-19 圈梁)，过梁套用定额子目 (5-20 过梁)，弧形、拱形梁套用定额

框架梁计量计价

子目 (5-21 弧形、拱形梁)，斜梁套用定额子目 (5-22 斜梁)。

【案例 7.3】某学生宿舍楼工程项目中结施图纸"JG-07 二层框架梁配筋图"1～4 轴与 F～Q 轴相交框架梁 KL19 采用 C30 预拌混凝土，如图 7-31 所示，一层层高为 3.6 m。试进行现浇混凝土梁清单和定额工程量计算，并准确进行清单列项和定额组价。

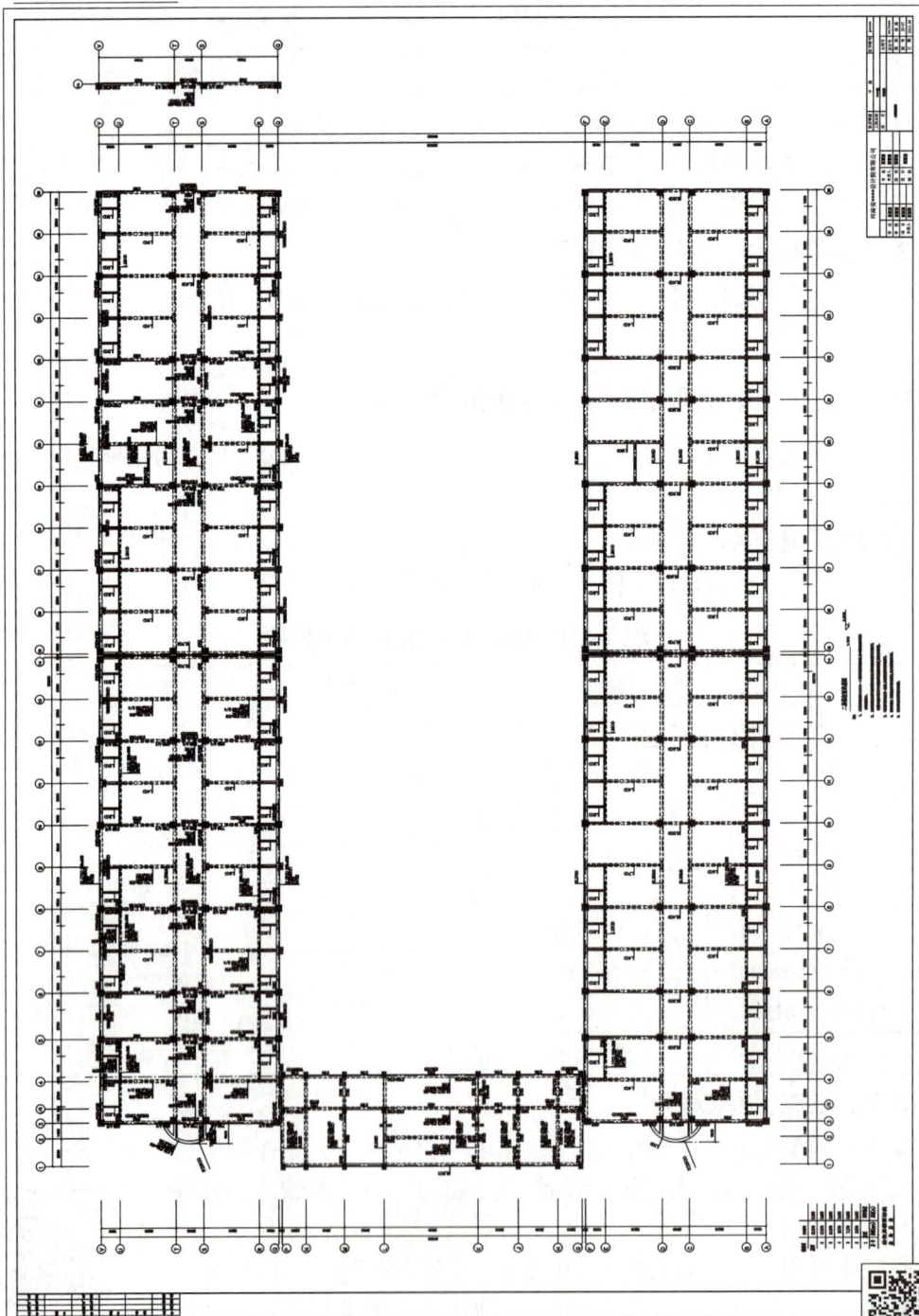

图 7-31　框架梁 KL19 配筋图

【解】(1) 案例分析与计算。

【分析】框架梁 KL19(7) 250×400 为现浇框架梁，套用矩形梁子目，采用 C30 预拌混凝土需要进行定额换算。

① 框架梁体积计算公式为

$$V_梁 = S_{梁的设计断面面积} \times L_梁 + V_{伸入墙内梁头、梁垫}$$

② 框架梁的清单工程量和定额工程量的计算过程如下：

$$L_梁 = 2.2 + 3.6 \times 2 + 8.6 + 3.6 \times 2 + 2.2 - 0.3 \times 2 = 26.8 \text{ m}$$

$$S_{梁的设计断面面积} = 0.25 \times 0.4 = 0.1 \text{ m}^2$$

$$V_梁 = 0.1 \times 26.8 = 2.68 \text{ m}^3$$

(2) 案例清单列项与定额组价。

① 定额子目应用。选取河南省 2016 定额定额子目 (5-17 矩形梁)，该案例混凝土强度与定额子目不完全相符，需要进行换算，如图 7-32 所示。

工作内容：浇筑、振捣、养护等。

单位：10m³

定　额　编　号			5-16	5-17	5-18	5-19
项　　　目			基础梁	矩形梁	异形梁	圈梁
基　　价 (元)			3301.04	3318.21	3367.44	4557.17
其中	人 工 费 (元)		368.58	382.07	407.61	1119.19
	材 料 费 (元)		2689.54	2684.04	2691.03	2700.02
	机械使用费 (元)		—	—	—	—
	其他措施费 (元)		15.13	15.70	16.74	45.97
	安 文 费 (元)		32.89	34.13	36.39	99.91
	管 理 费 (元)		97.45	101.13	107.83	296.03
	利 润 (元)		56.67	58.82	62.71	172.17
	规 费 (元)		40.78	42.32	45.13	123.88
名　称	单位	单价 (元)	数　量			
综合工日	工日	—	(2.91)	(3.02)	(3.22)	(8.84)
预拌混凝土 C20	m³	260.00	10.100	10.100	10.100	10.100
塑料薄膜	m²	0.26	31.765	29.750	36.150	41.300
土工布	m²	11.70	3.168	2.720	3.610	4.113
水	m³	5.13	3.040	3.090	2.100	2.640
电	kW·h	0.70	3.750	3.750	3.750	2.310

图 7-32　河南省 2016 定额定额子目 (5-17 矩形梁)

② 案例清单列项与定额组价。该案例中现浇混凝土梁的清单列项和定额组价如表 7-21 所示。

表 7-21　现浇混凝土梁案例清单列项和定额组价

序号	项目编码	项目名称	项目特征描述	计量单位	工程量	金额 (元)		
						综合单价	合价	其中暂估价
1	010502011001	钢筋混凝土梁	1. 混凝土种类：预拌混凝土 2. 混凝土强度等级：C30	m³	2.68	322.12	863.28	0
	(5-17)换		现浇混凝土 矩形梁　换为【预拌混凝土 C30】	10 m³	0.268	3221.2	863.28	0

知识拓展

(1) 基础梁是承受整个建筑的主要承重结构构件，且置于地基上，受地基反力作用。基础梁没有底部模板，底标高就是基础底标高。

(2) 基础连系梁是连接独立基础、条形基础或桩基承台的梁，只起到拉结基础与基础的构造作用，不承担由柱传来的荷载，不受地基反力作用。基础连系梁底标高高于两临基础的底标高，有底部模板，是拉梁。

基础梁、圈梁、过梁计量计价

(3) 过梁需要识图时判断是否有过梁，结合门、窗、柱等位置。

(4) 当判断不是有梁板时，才套取矩形梁和异形梁定额子目，判断条件见第 7.4 节的相关内容。

思政角

现浇混凝土梁在工程量计算上需要界定与现浇混凝土柱、现浇混凝土墙的长度划分，以及主梁与次梁、圈梁与过梁的连接，因此，在梁计量与计价的过程中要注意和其他构件的连接，按照《房屋建筑与装饰工程工程量计算规范》(GB 50854—2013) 和河南省 2016 定额的要求，培育精益求精的工匠精神、严谨细致的工作态度。

7.5　现浇混凝土板

7.5.1　现浇混凝土板工程量清单编制

《房屋建筑与装饰工程工程量计算标准》(GB/T 50854—2024) 附录 E.2 将现浇混凝土板分为实心楼板、空心楼板、坡屋面板、坡道板、其他板五类。

1. 现浇混凝土板工程量清单

《房屋建筑与装饰工程工程量计算标准》(GB/T 50854—2024) 附录 E.2 对实心楼板、空心楼板、坡屋面板、坡道板、其他板，附录 E.5 对楼板、屋面板、坡道板模板、其他板模板、柱帽模板工程量清单的项目编码、项目名称、项目特征、计量单位、工程量计算规则和工程内容做出了详细的规定，如表 7-22 所示。

表 7-22　现浇混凝土板工程量清单（编号：010502、010505)

项目编码	项目名称	项目特征	计量单位	工程量计算规则	工作内容
010502013	实心楼板	1.混凝土种类 2.混凝土强度等级		按设计图示尺寸以体积计算，不扣除单个面积≤0.3 m² 的孔洞所占体积，伸入砌体墙内的板头以及板下柱帽并入板体积内 板与现浇墙、梁相交时，板尺寸算至墙、梁侧面	
010502014	空心楼板			按设计图示尺寸以体积计算。扣除内置筒芯、箱体部分的体积，板下柱帽并入板体积内 板与现浇墙、梁相交时，板尺寸算至墙、梁侧面	
010502017	坡屋面板	1.混凝土种类 2.混凝土强度等级 3.坡度	m³	按设计图示尺寸以体积计算。不扣除单个面积≤0.3 m² 的孔洞所占体积，伸入砌体墙内的板头以及屋脊八字相交处的加厚混凝土并入板体积内 坡屋面板与屋面梁相交时，板尺寸算至梁侧面	混凝土输送、浇筑、振捣、养护
010502018	坡道板	1.混凝土种类 2.混凝土强度等级 3.坡道形式		按设计图示尺寸以体积计算。不扣除单个面积≤0.3 m² 的孔洞所占体积	
010502019	其他板	1.板名称 2.混凝土种类 3.混凝土强度等级		按设计图示尺寸以构件净体积计算。依附其上的混凝土上翻、线条、外凸造型等并入板体积内 其他板与楼板、屋面板水平连接时，以外墙外边线为界；与梁水平连接时，以梁外边线为界；与梁、楼板竖向连接时，以梁、楼板上下表面为界	
010505007	楼板、屋面板、坡道板模板	模板形式		按模板与现浇混凝土构件的接触面积计算。扣除单个面积＞0.3 m² 的孔洞所占面积，洞侧壁面积并入计算；不扣除单个面积≤0.3 m² 的孔洞所占的面积，洞侧壁面积亦不计算	1.模板制作 2.模板及支撑安装 3.刷隔离剂 4.模板及支撑拆除 5.清理模板粘结物及模内杂物 6.模板及支撑整理、小修、堆放
010505008	其他板模板	1.构件名称 2.模板形式	m²		
010505009	柱帽模板	模板形式		按模板与现浇混凝土构件的接触面积计算	

【说明】1. 钢板上浇筑的混凝土板应按"实心楼板"项目编码列项，计算工程量时应扣除钢板所占体积，并计算因压型钢板板面凹凸造成的混凝土体积增减。

2. 屋面板坡度 < 20% 时，应按"实心楼板"项目编码列项，坡度 ≥ 20% 时，应按"坡屋面板"项目编码列项，并描述坡度。

3. 坡道板是指满足通行要求的架空式坡道，其"坡道形式"可描述为直线式、曲线式、组合式等。

4. 挑檐板、天沟板、雨篷板、凸飘窗顶（底）板、凸飘窗侧立板、下挂板、栏板、造型板等应按"其他板"项目分别编码列项。

5. 阳台应按现浇混凝土梁、板等相应构件分别编码列项。

2. 现浇混凝土板清单工程量计算规则

现浇混凝土板按设计图示面积乘以板厚以"m³"计算，不扣除单个面积 ≤ 0.3 m² 的柱、垛以及孔洞所占体积，并入伸入砌体墙内的板头以及板下柱帽计算，其计算公式如下：

$$V_{墙} = S_{板的设计图示面积} \times H_{墙} + V_{并入体积} - V_{扣除体积}$$

对各类板的清单工程量计算规则的具体规定如下：

(1) 有梁板包括次梁与板，梁板合并计算，如图 7-33 所示。

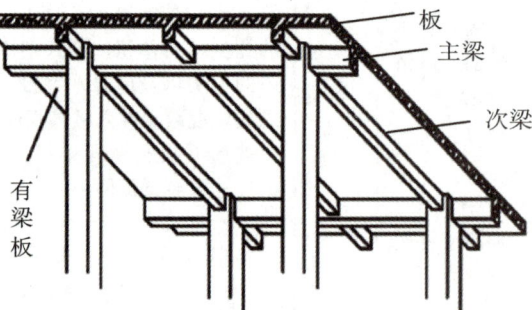

图 7-33　有梁板计算规则示意图

(2) 无梁板的柱帽并入板内计算，如图 7-34 所示。

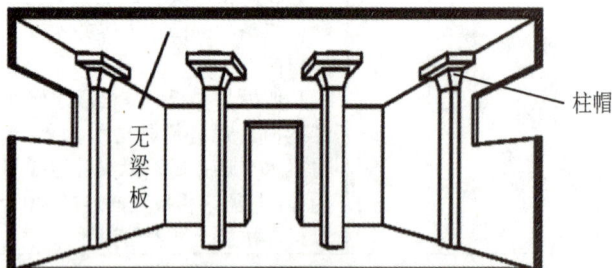

图 7-34　无梁板计算规则示意图

无梁板计量计价

(3) 平板按板的体积计算，与圈梁、过梁连接时，板算至梁的侧面。

(4) 空心板按设计图示尺寸以体积计算，扣除内置筒芯、箱体部分的体积，板下柱帽并入板体积内。

(5) 现浇挑檐、天沟板、雨篷、阳台与板（包括屋面板、楼板）以外墙外边线为分界线；与圈梁（包括其他梁）连接时，以梁外边线为分界线。外边线以外为挑檐、天沟、雨篷或阳台，如图 7-35 所示。

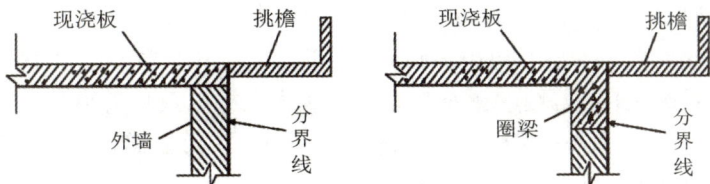

图 7-35　挑檐、天沟与板分界线示意图

(6) 阳台、雨篷 (悬挑板) 按伸出外墙的水平投影面积计算，伸出外墙的牛腿、封口梁不另计算。带反边的雨篷按展开面积并入雨篷内计算。

(7) 栏板按长度 (包括伸入墙内的长度) 乘截面积以立方米计算，伸入砖墙内的部分并入栏板、扶手体积计算。

7.5.2　现浇混凝土板河南省 2016 定额应用

现浇混凝土板的河南省 2016 定额应用主要包含相关定额说明和定额工程量计算规则。

1. 现浇混凝土板相关定额说明

1) 现浇混凝土板混凝土相关定额说明

(1) 现浇梁、有梁板及平板的区分如图 7-36 所示。

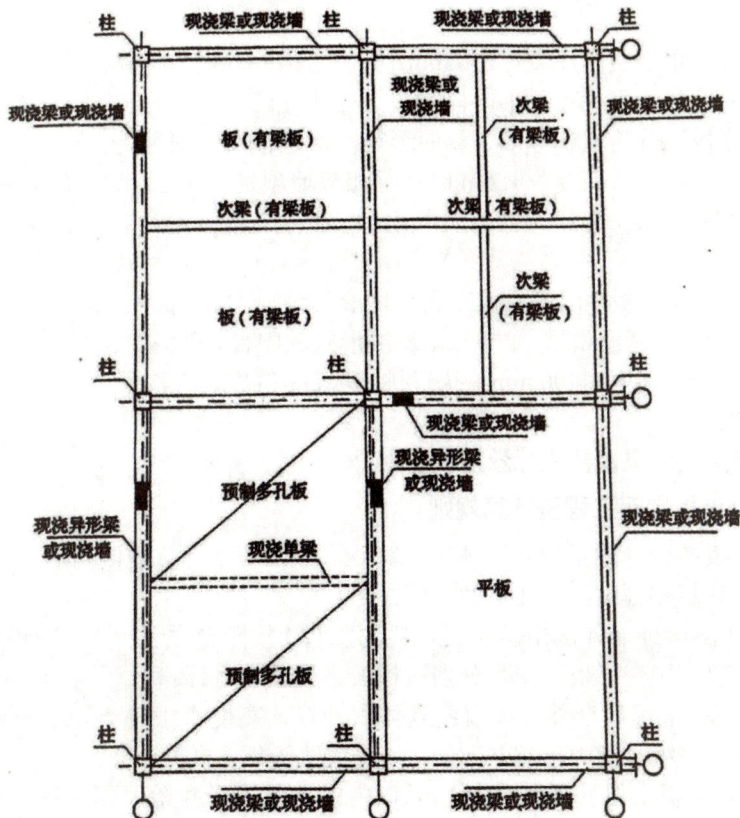

图 7-36　现浇梁、有梁板及平板的区分示意图

(2) 定额中斜板是按坡度＞10°且≤30°综合考虑的，若坡度在10°以内，则执行板项目；若坡度在30°以上、45°以内，则人工乘以系数1.05；若坡度在45°以上、60°以内，则人工乘以系数1.10；若坡度在60°以上，则人工乘以系数1.20。

(3) 若挑檐、天沟壁高度≤400 mm，则执行挑檐项目；若挑檐、天沟壁高度＞400 mm，则按全高执行栏板项目。

(4) 压型钢板上浇捣混凝土，执行平板项目，人工乘以系数1.10。

(5) 型钢组合混凝土构件，执行普通混凝土相应构件项目，人工、机械乘以系数1.20。

(6) 阳台不包括阳台栏板及压顶内容。

(7) 空调板执行悬挑板子目。

(8) 凸出混凝土外墙面、阳台梁、栏板外≤300 mm的装饰线条，执行扶手、压顶项目；凸出混凝土外墙、梁外侧＞300 mm的板，按伸出外墙的梁、板体积合并计算，执行悬挑板项目。

(9) 外形尺寸体积在1 m³以内的独立池槽执行小型构件项目，1 m³以上的独立池槽及与建筑物相连的梁、板、墙结构式水池，分别执行梁、板、墙相应项目。

2) 现浇混凝土板模板相关定额说明

(1) 现浇混凝土板是按高度(板面或地面、垫层面至上层板面的高度)3.6 m综合考虑的。如遇斜板面结构时，板(含梁板合计的梁)以高点与低点的平均高度为准。

(2) 板或拱形结构按板顶平均高度确定支模高度，电梯井壁按建筑物自然层层高确定支模高度。

(3) 混凝土板适用于截面厚度≤250 mm；板中暗梁并入板内计算。

(4) 现浇空心板执行平板项目，内模安装另行计算。

(5) 薄壳板模板不分筒式、球形、双曲形等，均执行同一项目。

(6) 屋面混凝土女儿墙高度＞1.2 m时执行相应墙项目，≤1.2 m时执行相应栏板项目。

(7) 混凝土栏板高度(含压顶扶手及翻沿)，净高按1.2 m以内考虑，超1.2 m时执行相应墙项目。

(8) 现浇混凝土阳台板、雨篷板按三面悬挑形式编制，如一面是弧形栏板且半径≤9 m，则执行圆形阳台板、雨篷板项目；如非三面悬挑形式的阳台、雨篷，则执行梁、板相应项目。

(9) 挑檐、天沟壁高度≤400 mm，执行挑檐项目；挑檐、天沟壁高度＞400 mm时，按全高执行栏板项目。

(10) 现浇飘窗板、空调板执行悬挑板项目。

2. 现浇混凝土板定额工程量计算规则

现浇混凝土板按设计图示尺寸以体积计算，定额工程量计算规则同清单工程量计算规则。定额工程量计算规则中，需注意的如下：

(1) 凸阳台(凸出外墙外侧用悬挑梁悬挑的阳台)按阳台项目计算；凹进墙内的阳台，按梁、板分别计算，阳台栏板、压顶分别按栏板、压顶项目计算。

(2) 雨篷梁、板工程量合并，按雨篷以体积计算，高度小于等于400 mm的栏板并入雨篷体积内计算，栏板高度大于400 mm时，其超过部分按栏板计算。

(3) 现浇混凝土板上单孔面积在0.3 m²以内的孔洞不予扣除，洞侧壁模板亦不增加；单孔面积在0.3 m²以外时，应予扣除，洞侧壁模板面积并入板模板工程量以内计算。

(4) 现浇混凝土悬挑板、雨篷、阳台按图示外挑部分尺寸的水平投影面积计算。挑出墙外的悬臂梁及板边不另计算。

7.5.3 现浇混凝土板清单列项与定额组价

现浇混凝土板定额基价分为混凝土与模板项目,需要相互对应,应考虑模板超高问题,不同时需要分别进行列项。

1. 现浇混凝土板清单列项

现浇混凝土板的清单列项如表 7-23 所示。

表 7-23 现浇混凝土板清单列项

序号	项目编码	项目名称	项目特征描述	计量单位	工程量
1	010502013001	实心楼板	1. 混凝土种类 2. 混凝土强度等级	m^3	
2	010502014001	空心楼板			
3	010502017001	坡屋面板	1. 混凝土种类 2. 混凝土强度等级 3. 坡度		
4	010502018001	坡道板	1. 混凝土种类 2. 混凝土强度等级 3. 坡道形式		
5	010502019001	其他板	1. 板名称 2. 混凝土种类 3. 混凝土强度等级		
6	010505007001	楼板、屋面板、坡道板模板	模板形式	m^2	
7	010505008001	其他板模板	1. 构件名称 2. 模板形式		
8	010505009001	柱帽模板	模板形式		

2. 现浇混凝土板定额组价

现浇混凝土板的工作内容包括浇筑、振捣、养护等,定额单位是 $10\ m^3$。定额基价中混凝土是预拌混凝土 C20,工程实际情况不同时需要进行换算。

现浇混凝土板定额子目按照板的类型不同设置有梁板 (5-30 有梁板)、无梁板 (5-31 无梁板)、平板 (5-32 平板)、拱板 (5-33 拱板)、薄壳板 (5-34 薄壳板)、预应力空心楼板 (5-35 预应力空心楼板)、复合空心板 (5-36 复合空心板)、斜板、坡屋面板 (5-37 斜板、坡屋面板)、栏板 (5-38 栏板)、飘窗板 (5-39 飘窗板)、挂板 (5-40 挂板)、天沟、挑檐板 (5-41 天沟、挑檐板)、雨篷板 (5-42 雨篷板)、悬挑板 (5-43 悬挑板)、阳台板 (5-44 阳台板) 和预制板间补现浇板缝 (5-45 预制板间补现浇板缝)16 个子目。

有梁板、平板
计量计价

【案例 7.5】某学生宿舍楼工程项目中结施图纸"JG-13 二层板配筋图"1~4 轴与 K~L 轴板块采用 C30 预拌混凝土,如图 7-37 所示,一层层高为 3.6 m。试进行现浇混凝土板清

单和定额工程量计算，并准确进行清单列项和定额组价。

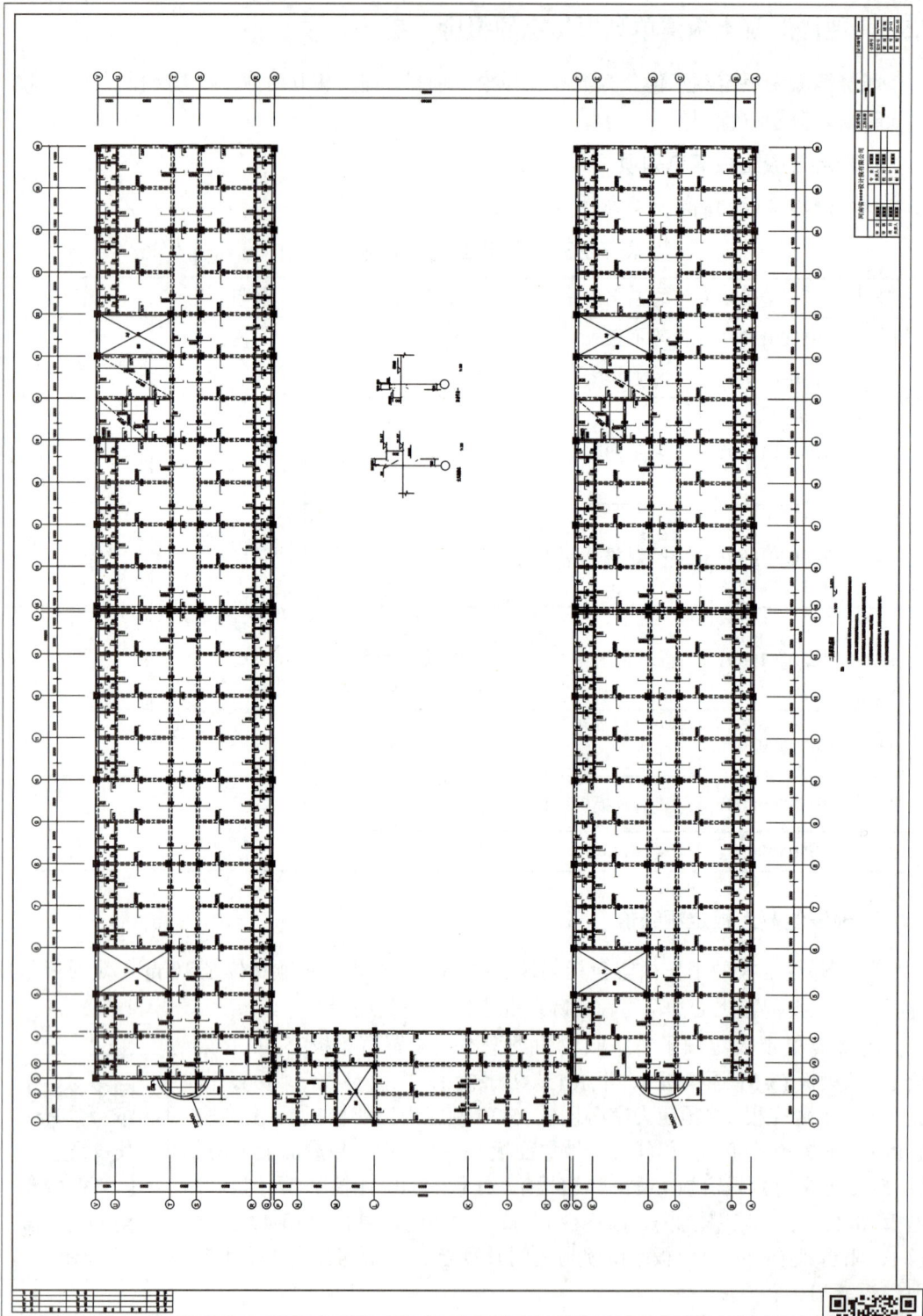

图 7-37　现浇混凝土板示意图

【解】(1) 案例分析与计算。

【分析】结施图纸"JG-13 二层板配筋图"未注明的现浇板板厚为 100 mm，1 轴线和 4 轴线是 KL19 250×400，2 轴线是 L20(1) 250×550，1/3 轴线上是 KL20(5) 250×550，K 轴线和 L 轴线上 KL24(2) 250×600；根据河南省 2016 定额中对现浇梁、有梁板及平板的区分，1～1/3 轴与 K～L 轴区间板块套取有梁板项目，1/3～4 轴与 K～L 轴区间板块套取平板项目，应分开进行计量列项。

① 有梁板工程量：

$$V_{有梁板} = V_板 + V_{次梁}$$
$$= [(8.60 - 0.2 \times 2) \times (2.5 + 1.4 + 1.3 - 0.15 \times 2)] \times 0.1 + 0.25 \times$$
$$(0.55 - 0.1) \times (8.60 - 0.2 \times 2) = 8.2 \times 4.9 \times 0.1 + 0.25 \times 0.45 \times 8.20$$
$$= 4.94 \ \text{m}^3$$

② 平板工程量：

$$V_{平板} = (8.60 - 0.2 \times 2) \times (2.9 - 0.1 - 0.15) \times 0.1 = 2.17 \ \text{m}^3$$

(2) 案例清单列项与定额组价。

① 定额子目应用。选取河南省 2016 定额定额子目 (5-30 有梁板) 和 (5-32 平板)，该案例混凝土强度与定额子目不完全相符，需要进行换算，如图 7-38 所示。

工作内容：浇筑、振捣、养护等。

单位：10m³

定 额 编 号			5-30	5-31	5-32	5-33
项 目			有梁板	无梁板	平板	拱板
基 价 (元)			3352.47	3230.47	3492.39	4172.26
其 中		人 工 费 (元)	383.91	306.58	444.83	904.96
		材 料 费 (元)	2713.10	2719.37	2751.36	2667.00
		机械使用费 (元)	2.51	2.51	3.19	3.42
		其他措施费 (元)	15.76	12.58	18.25	37.18
		安 文 费 (元)	34.25	27.35	39.67	80.81
		管 理 费 (元)	101.47	81.04	117.54	239.44
		利 润 (元)	59.01	47.13	68.36	139.25
		规 费 (元)	42.46	33.91	49.19	100.20
名 称	单位	单价 (元)		数 量		
综合工日	工日	—	(3.03)	(2.42)	(3.51)	(7.15)
预拌混凝土 C20	m³	260.00	10.100	10.100	10.100	10.100
土工布	m²	11.70	4.975	5.261	7.109	2.054
塑料薄膜	m²	0.26	49.749	52.550	71.100	22.500
水	m³	5.13	2.595	3.023	4.104	1.652
电	kW·h	0.70	3.780	3.780	3.780	3.780
混凝土抹平机 功率 (kW) 5.5	台班	22.81	0.110	0.110	0.140	0.150

图 7-38 河南省 2016 定额定额子目 (5-30 有梁板) 和 (5-32 平板)

② 案例清单列项与定额组价。该案例中现浇混凝土板的清单列项和定额组价如表 7-24 所示。

表 7-24　现浇混凝土板案例清单列项和定额组价

序号	项目编码	项目名称	项目特征描述	计量单位	工程量	金额（元）	
						综合单价	合价
1	010502013001	实心楼板	1. 混凝土种类：预拌混凝土 2. 混凝土强度等级：C30 3. 楼板类型：有梁板	m³	4.94	325.51	1608.02
	(5-30)_换		现浇混凝土 有梁板 混凝土 换为【预拌混凝土 C30】	10 m³	0.494	3255.10	1608.02
2	010502013002	实心楼板	1. 混凝土种类：预拌混凝土 2. 混凝土强度等级：C30 3. 楼板类型：平板	m³	2.17	337.96	733.37
	(5-32)_换		现浇混凝土 平板 混凝土 换为【预拌混凝土 C30】	10 m³	0.217	3379.60	733.37

知识拓展

(1)《〈河南省房屋建筑与装饰工程预算定额 (HA 01-31—2016)〉综合解释》的通知中"现浇砼柱、墙、梁、板高度超过 3.6 m 时每超过 1 m 钢支撑，超高部分工程量按整体工程量计算；不足 1.0 m 的按 1.0 m 计。"

(2) 有梁板、无梁板、平板的拓展区分如下：

① 有梁板指位于框架梁 (不含) 或现浇墙之间，板下有次梁的板；

② 无梁板指板下无梁，直接以柱帽为支撑的板；

③ 平板指板下无梁，直接以梁 (含圈梁) 或现浇墙为支撑的板。

思政角

现浇混凝土板计量难点在于现浇梁、有梁板及平板的区分，以及现浇挑檐、天沟板、雨篷、阳台与板的分界规定，需要把握现行规范标准和定额说明，认识到计量精确规范的重要性，培养追求精益求精的工匠精神和劳模精神。

7.6　现浇混凝土楼梯

7.6.1　现浇混凝土楼梯工程量清单编制

《房屋建筑与装饰工程工程量计算标准》(GB/T 50854—2024) 附录 E.2 和 E.5 对应现浇混凝土楼梯和楼梯模板。

1. 现浇混凝土楼梯工程量清单

现浇混凝土楼梯作为建筑物楼层间垂直交通用的主要构件，由连续梯级的梯段 (又称梯跑)、平台 (休息平台) 和围护构件等组成。

《房屋建筑与装饰工程工程量计算标准》(GB/T 50854—2024) 附录 E.2 对楼梯，附录 E.5 对楼梯模板工程量清单的项目编码、项目名称、项目特征、计量单位、工程量计算规则和工程内容做出了详细的规定，如表 7-25 所示。

表 7-25　现浇混凝土楼梯工程量清单 (编号：010502020、010505010)

项目编码	项目名称	项目特征	计量单位	工程量计算规则	工作内容
010502020	楼梯	1. 混凝土种类 2. 混凝土强度等级 3. 楼梯形式	m³	按设计图示尺寸以体积计算。嵌入砌体墙内的部分并入楼梯体积内	混凝土输送、浇筑、振捣、养护
010505010	楼梯模板	1. 楼梯形式 2. 模板形式	m²	按模板与现浇混凝土构件的接触面积计算	1. 模板制作 2. 模板及支撑安装 3. 刷隔离剂 4. 模板及支撑拆除 5. 清理模板粘结物及模内杂物 6. 模板及支撑整理、小修、堆放

【说明】1. 楼梯形式可描述为直形、弧形、螺旋、板式、梁式、单跑、双跑、三跑等。

2. 架空式混凝土台阶应按"楼梯"项目编码列项。

2. 现浇混凝土楼梯清单工程量计算规则

现浇混凝土整体楼梯以"m³"为单位计量时，按设计图示尺寸以体积计算，嵌入砌体墙内的部分并入楼梯体积内，包括楼梯梯段、楼梯梁、楼梯休息平台、平台梁，如图 7-39 所示。

当楼梯与现浇楼板连接时，楼梯算至楼梯梁外侧面；当与楼板无梯梁连接时，以楼梯的最后一个踏步边缘加 300 mm 为界。

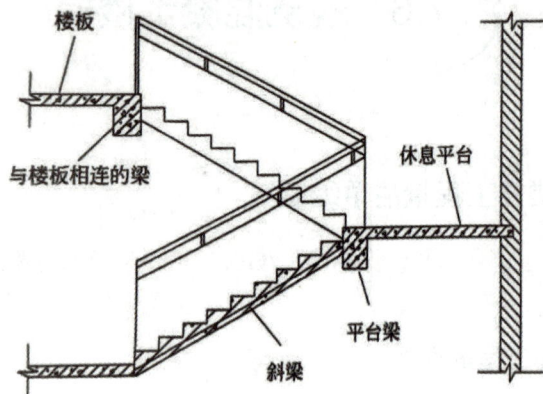

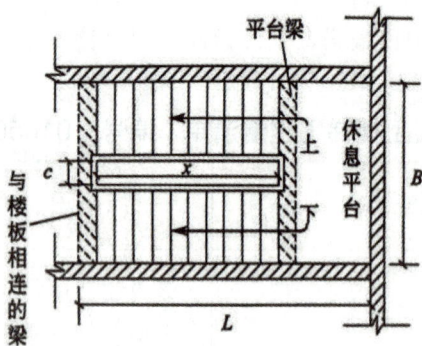

图 7-39　有楼梯 - 楼板相连梁的整体楼梯示意图

7.6.2　现浇混凝土楼梯河南省 2016 定额应用

现浇混凝土楼梯的河南省 2016 定额应用主要包含相关定额说明和定额工程量计算规则。

1. 现浇混凝土楼梯相关定额说明

(1) 楼梯是按建筑物一个自然层双跑楼梯考虑的，如单坡直行楼梯 (即一个自然层、无休息平台) 按相应项目定额乘以系数 1.2；三跑楼梯 (即一个自然层、两个休息平台) 按相应项目定额乘以系数 0.9；四跑楼梯 (即一个自然层、三个休息平台) 按相应项目定额乘以系数 0.75。剪刀楼梯执行单坡直行楼梯相应系数。

(2) 当图纸设计的板式楼梯梯段底板 (不含踏步三角部分) 厚度大于 150 mm、梁式楼

梯梯段底板 (不含踏步三角部分) 厚度大于 80 mm 时，混凝土消耗量按实调整，人工按相应比例调整。

2. 现浇混凝土楼梯定额工程量计算规则

现浇混凝土整体楼梯 (包括休息平台、平台梁、斜梁及楼梯的连接梁) 按设计图示尺寸水平投影面积计算，不扣除宽度小于 500 mm 楼梯井，伸入墙内部分不计算。当整体楼梯与现浇楼板无梯梁连接时，以楼梯的最后一个踏步边缘加 300 mm 为界。

现浇混凝土楼梯模板按水平投影面积计算，不扣除宽度小于 500 mm 楼梯井所占面积，楼梯的踏步、踏步板、平台梁等侧面模板不另行计算，伸入墙内部分亦不增加。

7.6.3　现浇混凝土楼梯清单列项与定额组价

现浇混凝土楼梯定额基价分为混凝土与模板项目，需要相互对应，不同时需要分别进行列项。

1. 现浇混凝土楼梯清单列项

现浇混凝土楼梯的清单列项如表 7-26 所示。

表 7-26　现浇混凝土楼梯清单列项

序号	项目编码	项目名称	项目特征描述	计量单位	工程量
1	010502020001	楼梯	1. 混凝土种类 2. 混凝土强度等级 3. 楼梯形式	m³	
2	010505010001	楼梯模板	1. 楼梯形式 2. 模板形式	m²	

2. 现浇混凝土楼梯定额组价

混凝土工作内容是浇筑、振捣、养护等，定额单位为 10 m² 水平投影面积，定额基价中混凝土是预拌混凝土 C20，工程实际情况不同时需要进行换算。

现浇混凝土楼梯的定额子目按照楼梯类型分为 (5-46 楼梯 直形)、(5-47 楼梯 弧形) 和 (5-48 楼梯 螺旋形)3 个子目。

楼梯计量计价

知识拓展

(1) 梯段的平面形状分为直形楼梯、弧形楼梯和螺旋形楼梯。其中，弧形楼梯是指一个自然层旋转弧度小于 180°的楼梯，螺旋形楼梯是指一个自然层旋转弧度大于 180°的楼梯。

(2) 当楼梯定额子目中人工、材料、机械均乘以同一个系数时，楼梯系数换算按照定额基价乘以系数处理。

思政角

现浇混凝土楼梯计量计价的重点在图集平法和图纸的识读，引入广联达 BIM 土建计量平台 GTJ 软件的三维模型，可直观立体呈现案例任务，激发学生的学习兴趣和创新意识，提升学生的信息素养，与时俱进，开拓创新。

7.7   现浇混凝土其他构件

7.7.1   现浇混凝土其他构件工程量清单编制

1. 现浇混凝土其他构件工程量清单

《房屋建筑与装饰工程工程量计算标准》(GB/T 50854—2024) 附录 E.2 现浇混凝土其他构件主要包含零星现浇构件、电缆沟、地沟、散水、地坪、坡道、台阶和后浇带，附录 E.5 对零星现浇构件模板、电缆沟、地沟模板、台阶模板、后浇带模板工程量清单的项目编码、项目名称、项目特征、计量单位、工程量计算规则和工程内容做出了详细的规定，如表 7-27 所示。

表 7-27   现浇混凝土其他构件工程量清单（编号：010502、010505)

项目编码	项目名称	项目特征	计量单位	工程量计算规则	工作内容
010502025	零星现浇构件	1. 构件名称 2. 混凝土种类 3. 混凝土强度等级	m³	按设计图示尺寸以构件净体积计算	混凝土输送、浇筑、振捣、养护
010502027	电缆沟、地沟	1. 沟截面净空尺寸 2. 垫层材料种类、厚度 3. 底板混凝土种类、强度等级、厚度 4. 沟壁混凝土种类、强度等级、厚度 5. 防护材料种类	m	按设计图示尺寸以中心线长度计算	1. 地基夯实 2. 垫层材料现场拌和、铺设 3. 混凝土输送、浇筑、振捣、养护 4. 刷防护材料

续表

项目编码	项目名称	项目特征	计量单位	工程量计算规则	工作内容
010502029	散水	1. 垫层材料种类、厚度 2. 面层厚度 3. 混凝土种类 4. 混凝土强度等级 5. 嵌缝材料种类	m^2	按设计图示尺寸以水平投影面积计算	1. 地基夯实 2. 垫层材料现场拌和、铺设 3. 混凝土输送、浇筑、振捣、养护 4. 变形缝、分割缝填塞
010502030	地坪				
010502031	坡道			按设计图示尺寸以斜面积计算	
010502032	台阶	1. 垫层材料种类、厚度 2. 踏步高、宽 3. 混凝土种类 4. 混凝土强度等级	m^2	按设计图示尺寸以水平投影面积计算。与上部平台相连时，算至最上一级踏步踏面，该踏面无设计宽度时按下级踏面宽度计算	1. 地基夯实 2. 垫层材料现场拌和、铺设 3. 混凝土输送、浇筑、振捣、养护
010502033	后浇带	1. 部位 2. 混凝土种类 3. 混凝土强度等级	m^3	按设计图示尺寸以体积计算	1. 设置钢丝网或快速收口板留置后浇带 2. 混凝土交接面、钢筋等的清理 3. 混凝土输送、浇筑、振捣、养护
010505014	零星现浇构件模板	1. 构件名称 2. 模板形式	m^2	按模板与现浇混凝土构件的接触面积计算	1. 模板制作 2. 模板及支撑安装 3. 刷隔离剂 4. 模板及支撑拆除 5. 清理模板粘结物及模内杂物 6. 模板及支撑整理、小修、堆放
010505017	电缆沟、地沟模板	构件名称			
010505018	台阶模板	模板部位			
010505019	后浇带模板	后浇带部位		按模板与后浇带的接触面积计算	

【说明】散水、坡道、地坪项目特征中的"嵌缝材料种类"需描述设计图纸注明的功能性分隔缝材料种类，无需描述为留置施工缝而使用的分隔材料种类。

2. 现浇混凝土其他构件清单工程量计算规则

现浇混凝土其他构件工程量计算规则主要分为零星现浇构件、电缆沟、地沟、散水、地坪、坡道、台阶和后浇带工程量计算规则。

(1) 零星现浇构件按设计图示尺寸以构件净体积计算。

(2) 电缆沟、地沟按设计图示尺寸以中心线长度计算。

(3) 散水、地坪按设计图示尺寸以水平投影面积计算。

(4) 坡道按设计图示尺寸以斜面积计算。

(5) 台阶按设计图示尺寸以水平投影面积计算，与上部平台相连时，算至最上一级踏步踏面，该踏面无设计宽度时按下级踏面宽度计算。

(6) 后浇带按设计图示尺寸以体积计算。

7.7.2　现浇混凝土其他构件河南省 2016 定额应用

现浇混凝土其他构件的河南省 2016 定额应用主要包含相关定额说明和定额工程量计算规则。

1. 现浇混凝土其他构件相关定额说明

(1) 散水混凝土厚度按 60 mm 编制，如设计厚度不同时，可以换算；散水包含了混凝土浇筑、表面压实抹光及嵌缝内容，未包括基础夯实、垫层内容，发生时需另行计算。散水模板执行垫层相应项目。

(2) 台阶混凝土含量是按 1.22 m^3/10 m^2 综合编制的，如设计含量不同时，可以换算；台阶包括了混凝土浇筑及养护内容，未包括基础夯实、垫层及面层装饰内容，发生时执行其他章节相应项目。

(3) 与主体结构不同时浇捣的厨房、卫生间等处墙体下部现浇混凝土翻边执行圈梁相应项目，其模板执行圈梁相应项目。

(4) 独立现浇门框按构造柱项目执行。

(5) 外形尺寸体积在 1 m^3 以内的独立池槽执行小型构件项目，1 m^3 以上的独立池槽及与建筑物相连的圈梁、板、墙结构式水池，分别执行梁、板、墙相应项目。

(6) 小型构件是指单件体积 0.1 m^3 以内且未列项目的小型构件。

(7) 后浇带包括了与原混凝土接缝处的钢丝网用量。

2. 现浇混凝土其他构件定额工程量计算规则

(1) 散水、台阶按设计图示尺寸，以水平投影面积计算。台阶与平台连接时其投影面积应以最上层踏步外沿加 300 mm 计算。

(2) 场馆看台、地沟、混凝土后浇带按设计图示尺寸以体积计算。

(3) 扶手、压顶按设计图示尺寸以体积计算，深入砖墙内的扶手应并入扶手体积计算。

(4) 二次灌浆、空心砖内灌注混凝土，按照实际灌注混凝土体积计算。

(5) 空心楼板筒芯、箱体安装，均按体积计算。

(6) 混凝土台阶模板不包括梯带，按图示台阶尺寸的水平投影面积计算，台阶端头两侧不另计算模板面积；架空式混凝土台阶按现浇楼梯计算；场馆看台按设计图示尺寸，以水平投影面积计算。

(7) 凸出的线条模板增加费，以凸出棱线的道数分别按长度计算，两条及多条线条相互之间净距离小于 100 mm 的，每两条按一条计算。

(8) 后浇带按模板与后浇带的接触面积计算。

7.7.3　现浇混凝土其他构件清单列项与定额组价

现浇混凝土其他构件定额基价分为混凝土与模板项目，需要相互对应，不同时需要分别进行列项。

1. 现浇混凝土其他构件清单列项

现浇混凝土其他构件的清单列项如表 7-28 所示。

表 7-28　现浇混凝土其他构件清单列项

序号	项目编码	项目名称	项目特征描述	计量单位	工程量
1	010502025001	零星现浇构件	1. 构件名称 2. 混凝土种类 3. 混凝土强度等级	m^3	
2	010502027001	电缆沟、地沟	1. 沟截面净空尺寸 2. 垫层材料种类、厚度 3. 底板混凝土种类、强度等级、厚度 4. 沟壁混凝土种类、强度等级、厚度 5. 防护材料种类	m	
3	010502029001	散水	1. 垫层材料种类、厚度	m^2	
4	010502030001	地坪	2. 面层厚度	m^2	
5	010502031001	坡道	3. 混凝土种类 4. 混凝土强度等级 5. 嵌缝材料种类	m^2	
6	010502032001	台阶	1. 垫层材料种类、厚度 2. 踏步高、宽 3. 混凝土种类 4. 混凝土强度等级	m^2	
7	010502033001	后浇带	1. 部位 2. 混凝土种类 3. 混凝土强度等级	m^3	
8	010505014001	零星现浇构件模板	1. 构件名称 2. 模板形式	m^2	
9	010505017001	电缆沟、地沟模板	构件名称	m^2	
10	010505018001	台阶模板	模板部位	m^2	
11	010505019001	后浇带模板	后浇带部位	m^2	

2. 现浇混凝土其他构件定额组价

现浇混凝土其他构件的工作内容包括浇筑、振捣、养护等，定额单位为 $10 \ m^2$ 水平投影面积，定额基价中混凝土是预拌混凝土 C20，工程实际情况不同时需要进行换算。

现浇混凝土其他构件定额子目分为 (5-49 散水)、(5-50 台阶)、(5-51 场馆看台 10 m³)、(5-52 地沟)、(5-53 扶手、压顶) 和 (5-54 小型构件)。

【案例 7.6】某学生宿舍楼工程项目中建施图纸"JZ-02 一层平面图"1 轴与 K～L 轴台阶采用 C20 预拌混凝土，如图 7-40 所示。试进行现浇混凝土台阶清单和定额工程量计算，并准确进行清单列项和定额组价。

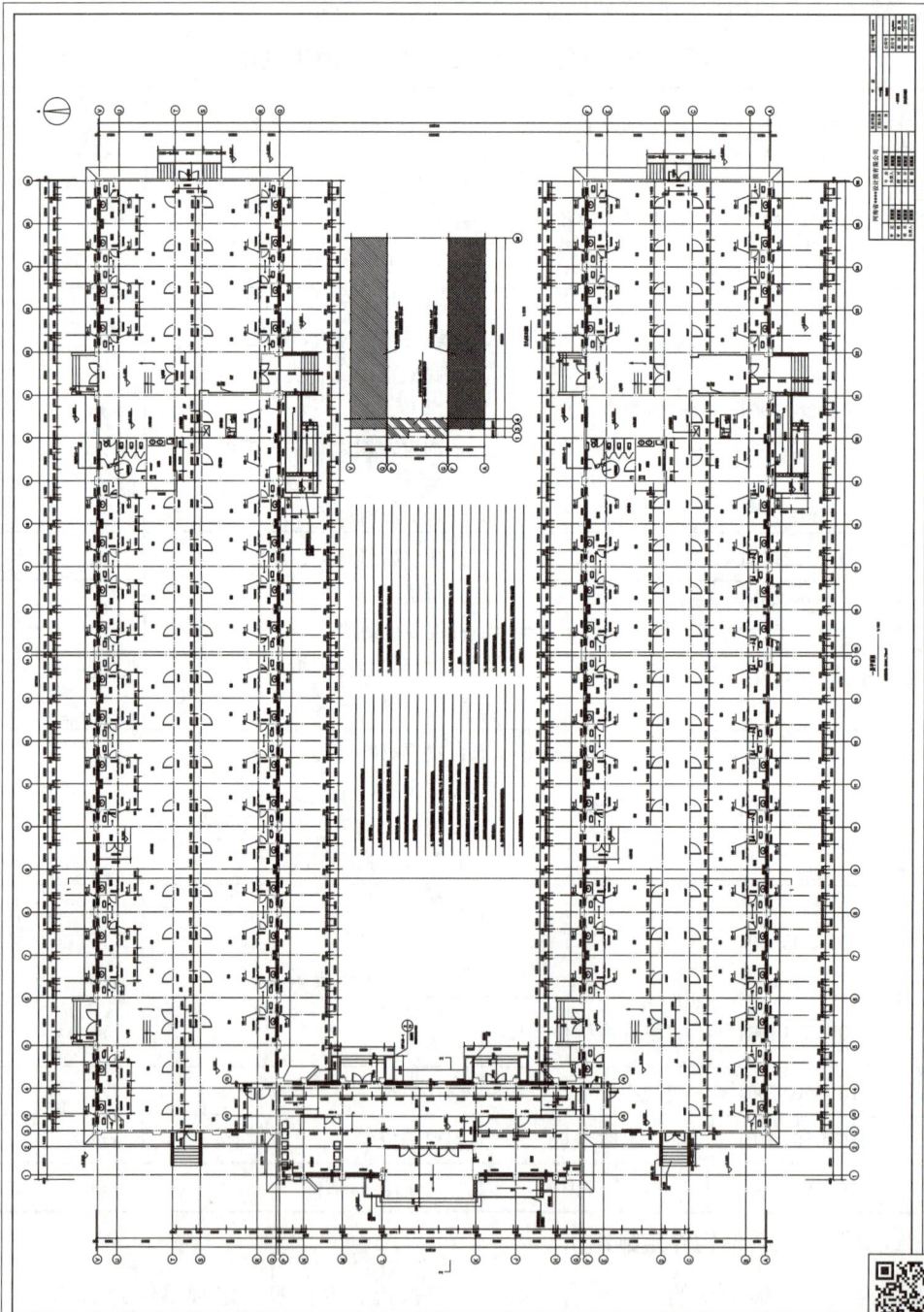

图 7-40   一层 1 轴与 K～L 轴台阶

【解】(1) 案例分析计算。

【分析】一层 1 轴与 K～L 轴台阶按水平投影面积计算，台阶与上部平台相连时算至最上一级踏步踏面，无设计宽度时按下级踏面宽度计算。

$$S_{台阶的投影面积} = (8.60 + 0.15 \times 2 + 0.35 \times 2) \times (0.35 \times 2 + 0.15) + 8.2 \times (0.35 - 0.15) = 9.80 \ \mathrm{m}^2$$

(2) 案例清单列项与定额组价。

① 定额子目应用。选取河南省 2016 定额定额子目 (5-50 台阶)，该案例混凝土强度与定额子目完全相符，直接套用，如图 7-41 所示。

工作内容：浇筑、振捣、养护等。

单位：10 m² 水平投影面积

定 额 编 号			5－49	5－50	5－51
项　　　目			散水	台阶	场馆看台 (10m³)
基　　　价（元）			546.58	641.07	5143.35
其中	人　工　费（元）		166.33	181.99	1424.10
	材　料　费（元）		268.61	338.86	2780.10
	机械使用费（元）		2.28	—	—
	其他措施费（元）		6.81	7.49	58.50
	安　文　费（元）		14.81	16.28	127.15
	管　理　费（元）		43.87	48.22	376.74
	利　　润（元）		25.51	28.05	219.10
	规　　费（元）		18.36	20.18	157.66
名　称	单位	单价（元）	数　　　量		
综合工日	工日	—	(1.31)	(1.44)	(11.25)
预拌混凝土 C20	m³	260.00	0.606	1.236	10.100
土工布	m²	11.70	0.721	1.260	7.690
塑料薄膜	m²	0.26	—	6.626	76.920
水	m³	5.13	3.435	0.139	7.878
预拌水泥砂浆	m³	220.00	0.049	—	—
石油沥青砂浆 1：2：7	m³	1483.81	0.050	—	—
电	kW·h	0.70	0.030	0.462	5.310
混凝土抹平机 功率 (kW) 5.5	台班	22.81	0.100	—	—

图 7-41　河南省 2016 定额定额子目 (5-50 台阶)

② 案例清单列项与定额组价。该案例中现浇混凝土台阶的清单列项和定额组价如表 7-29 所示。

表 7-29　现浇混凝土台阶案例清单列项和定额组价

序号	项目编码	项目名称	项目特征描述	计量单位	工程量	金额（元）	
						综合单价	合价
1	010502032001	台阶	1. 踏步高、宽：150×350 2. 混凝土种类：预拌混凝土 3. 混凝土强度等级：C20	m²	9.80	59.71	585.18
	5-50		台阶	10 m²	0.98	597.12	585.18

知识拓展

(1) 扶手、压顶、小型池槽、垫块、门窗框及其他单体体积 ≤ 0.1 m³ 的同类构件,应按"零星现浇构件"项目分别编码列项,并描述构件名称。

(2) 定额子目 (5-52 地沟) 包含沟壁、沟底。

思政角

现浇混凝土其他构件包含零星现浇构件、电缆沟、地沟、散水、地坪、坡道、台阶和后浇带等,分类多且工程量计算规则多样,在计量与计价过程中需要培养脚踏实地的劳动态度和细致严谨的工作态度。

7.8 钢筋工程

7.8.1 钢筋工程工程量清单编制

1. 钢筋工程工程量清单

《房屋建筑与装饰工程工程量计算标准》(GB/T 50854—2024) 附录 E.6 钢筋工程主要包括常见的钢筋及螺栓、铁件等,对其项目编码、项目名称、项目特征、计量单位、工程量计算规则和工程内容做出了详细规定,如表 7-30 所示。

表 7-30 钢筋工程工程量清单 (编号:010506)

项目编码	项目名称	项目特征	计量单位	工程量计算规则	工作内容
010506001	现浇混凝土基础及联系梁钢筋	钢筋种类、规格	t	按设计图示钢筋中心线长度乘以单位理论质量计算。设计 (包括规范规定) 标明的搭接和锚固长度应并入计算	1. 钢筋制作 2. 钢筋安装、固定 3. 钢筋连接
010506002	现浇混凝土柱钢筋				
010506003	现浇混凝土地下室外墙钢筋				
010506004	现浇混凝土墙钢筋				
010506005	现浇混凝土梁钢筋				
010506006	现浇混凝土楼板及屋面板钢筋				

续表一

项目编码	项目名称	项目特征	计量单位	工程量计算规则	工作内容
010506007	现浇混凝土坡道板钢筋	钢筋种类、规格	t	按设计图示钢筋中心线长度乘以单位理论质量计算。设计（包括规范规定）标明的搭接和锚固长度应并入计算	
010506008	现浇混凝土其他板钢筋				
010506009	现浇混凝土楼梯钢筋				
010506010	现浇混凝土二次结构钢筋				
010506011	现浇混凝土零星构件钢筋				
010506012	现浇混凝土挡土墙钢筋				
010506013	现浇混凝土散水、坡道钢筋				
010506014	现浇混凝土地坪钢筋				
010506015	现浇混凝土台阶钢筋				
010506017	砌体工程内配钢筋	1. 钢筋种类、规格 2. 布置方式		按设计图示钢筋中心线长度或设计（含规范）要求的钢筋计算长度乘以单位理论质量计算。设计（包括规范规定）标明的搭接和锚固长度应并入计算	
010506018	屋面刚性层内配钢筋	钢筋种类、规格		按设计图示钢筋中心线长度或设计（含图集）要求的钢筋计算长度乘以单位理论质量计算	1. 钢筋制作 2. 钢筋安装、固定
010506019	装饰工程内配钢筋				
010506020	钢筋网片			按设计图示钢筋网面积乘以单位理论质量计算	1. 钢筋网制作 2. 钢筋网安装、固定
010506021	钢筋笼	1. 钢筋种类、规格 2. 使用部位		按设计图示钢筋中心线长度乘以单位理论质量计算。设计（包括规范规定）标明的搭接应计算在内，灌注桩允许超灌长度内的钢筋应并入计算	1. 钢筋笼制作 2. 钢筋笼安装 3. 钢筋整理

项目编码	项目名称	项目特征	计量单位	工程量计算规则	工作内容
010506023	钢丝网	1. 钢筋网规格 2. 使用部位	m²	按设计 (包括规范规定) 要求以面积计算	钢丝网裁切、敷设、固定
010506024	螺栓	1. 螺栓种类 2. 规格 3. 使用部位 4. 端头处理方式	套	按设计 (包括规范规定) 要求以数量计算	1. 螺栓、铁件制作 2. 螺栓、铁件安装 3. 对拉螺栓端头处理
010506025	预埋铁件	1. 钢材种类 2. 规格 3. 铁件尺寸	t	按设计图示尺寸以质量计算	

【说明】1. 现浇混凝土构件的钢筋应按构件的钢筋项目分别编码列项。

2. 地下连续墙、灌注桩的钢筋，应按"钢筋笼"项目编码列项。

3. 构造柱、圈梁、过梁等构件的钢筋，应按"现浇混凝土二次结构钢筋"项目编码列项。

4. 现浇混凝土井、池及电缆沟、地沟中的钢筋，应按"现浇混凝土零星构件钢筋"项目编码列项。

5. 各构件及分部工程中如使用成型钢筋网、成品钢丝网，应按"钢筋网片""钢丝网"项目编码列项。

6. 现浇混凝土中的预埋螺栓、锚入混凝土结构的化学螺栓、因特殊需要留置在混凝土内不周转使用的对拉螺栓，应按本附录中"螺栓"项目编码列项；钢结构中使用的螺栓，应执行本标准附录 F 金属结构工程相应规定。

7. 现浇混凝土结构中的后浇带部位的钢筋不单独列项计量，其工程量并入与其对应的现浇构件钢筋工程量中。

8. 非设计要求的植筋，均不单独列项计量。如设计有要求时，应按对应构件钢筋项目分别编码列项，并增加植入要求的描述。

2. 钢筋工程清单工程量计算规则

计算钢筋工程量时，应区别不同的现浇混凝土构件、钢筋种类、规格，按设计图示钢筋中心线长度乘以单位理论质量以"t"计算。钢筋工程量的计算公式如下：

钢筋工程量 = 钢筋设计图示长度 × 钢筋每米理论质量

1) 钢筋每米理论质量

钢筋每米理论质量计算公式为

$$钢筋每米理论质量 = 0.00617 \times d^2 \text{ kg/m}$$

钢筋单位理论质量也可查询表 7-31 所得。

表 7-31　钢筋每米理论质量

钢筋直径 (mm)	6	6.5	8	10	12	14	16	18	20	22	25	28	32
理论质量 (kg/m)	0.222	0.26	0.395	0.617	0.888	1.21	1.58	2.00	2.47	2.98	3.85	4.83	6.31

2) 钢筋图示长度

钢筋图示长度的计算分以下几种情况。

(1) 两端无弯钩的直钢筋：

钢筋图示长度 = 构件长度 - 两端保护层厚度

(2) 有弯钩的直钢筋：

钢筋图示长度 = 构件长度 - 两端保护层厚度 + 钢筋弯钩增加长度

(3) 有弯起的直钢筋：

钢筋图示长度 = 构件长度 - 两端保护层厚度 + 钢筋弯钩增加长度 +
弯起钢筋增加长度 + 搭接长度 + 锚固长度

① 钢筋的混凝土保护层厚度、锚固长度、搭接长度，设计已规定的按规定计算，设计未规定的按国家有关规范和图集计算。

② 钢筋的弯钩按形式分为直弯钩、斜弯钩和半圆弯钩。弯钩增加的长度与钢筋弯钩的形式有关。对于 HPB300 钢筋而言，一个半圆弯钩增加长度的理论计算值为 $6.25d$，一个直弯钩增加长度的理论计算值为 $3.5d$，一个斜弯钩增加长度的理论计算值为 $4.9d$，如图 7-42 所示。

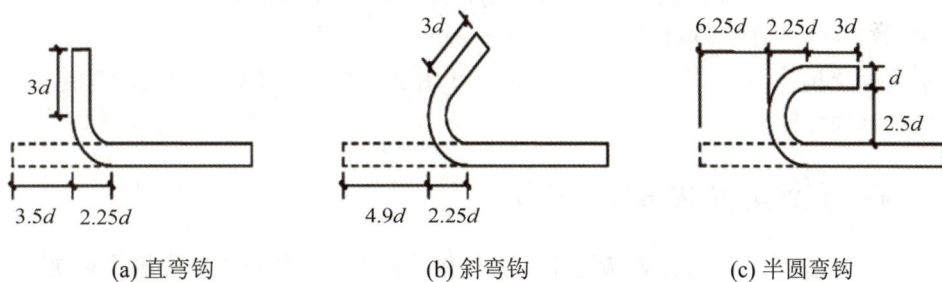

(a) 直弯钩　　　　(b) 斜弯钩　　　　(c) 半圆弯钩

图 7-42　HPB300 钢筋弯钩增加长度示意图

③ 由于钢筋带有弯起，造成钢筋弯起段长度大于平直段长度，如图 7-43 所示。

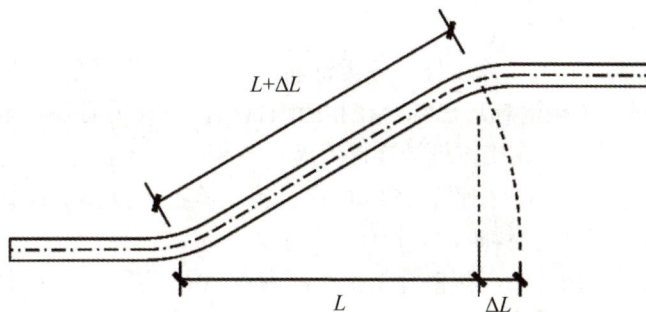

图 7-43　弯起钢筋增加长度示意图

钢筋弯起段增加的长度可按表 7-32 计算。

表 7-32   弯起钢筋增加长度

弯起角度	$\theta = 30°$	$\theta = 45°$	$\theta = 60°$
示意图			
弯起增加长度	$\Delta L = 0.268h$	$\Delta L = 0.414h$	$\Delta L = 0.577h$

④ 箍筋长度计算公式如下：

$$箍筋长度 = 每箍长度 \times 每一构件箍筋根数$$

其中：

每箍长度 = 构件断面周长 - 8 × 箍筋的混凝土保护层厚度 + 箍筋两端弯钩的增加长度

对于箍筋不加密或全长加密的构件，其箍筋根数为

$$箍筋根数 = \frac{箍筋配置范围长度}{箍筋间距} + 1$$

对于箍筋两端加密的构件，其箍筋根数为

$$箍筋根数 = \frac{L_1}{@_1} + \frac{L_2}{@_2} + \frac{L_3}{@_3} + 1$$

式中，L_1、L_2、L_3 为箍筋的配置范围长度；$@_1$、$@_2$、$@_3$ 为箍筋间距。

3) 钢筋混凝土构件中的预埋铁件工程量

钢筋混凝土构件中的预埋铁件工程量按设计图示尺寸以吨计算。预制钢筋混凝土柱上的钢牛腿亦按铁件计算。

7.8.2   钢筋工程河南省 2016 定额应用

钢筋工程的河南省 2016 定额应用主要包含相关定额说明和定额工程量计算规则。

1. 钢筋工程相关定额说明

(1) 钢筋工程按钢筋的不同品种和规格以现浇构件、箍筋分别列项，钢筋的品种、规格比例按常规工程设计综合考虑。

(2) 除定额规定单独列项计算以外，各类钢筋、铁件的制作成型、绑扎、安装、接头、固定所用人工、材料、机械消耗均已综合在相应项目内，设计另有规定者，按设计要求计算。直径 25 mm 以上的钢筋连接按机械连接考虑。

(3) 钢筋工程中措施钢筋，按设计图纸规定及施工验收规范要求计算，按品种、规格执行相应项目。如采用其他材料时，另行计算。

(4) 型钢组合混凝土构件中，型钢骨架执行河南省 2016 定额"第六章 金属结构工程"中相应项目；钢筋执行现浇构件钢筋相应项目，人工乘以系数 1.50、机械乘以系数 1.15。

(5) 弧形构件钢筋执行钢筋相应项目，人工乘以系数 1.05。

(6) 混凝土空心楼板 (ADS 空心板) 中钢筋网片，执行现浇构件钢筋相应项目，人工乘以系数 1.30、机械乘以系数 1.15。

(7) 地下连续墙钢筋笼安放，不包括钢筋制作，钢筋笼制作按现浇钢筋制安相应项目执行。

(8) 现浇混凝土小型构件，执行现浇构件钢筋相应项目，人工、机械乘以系数 2。

2. 钢筋工程定额工程量计算规则

(1) 现浇构件钢筋，按设计图示乘以单位理论质量计算。

(2) 钢筋搭接长度应按设计图示及规范要求计算；设计图示及规范要求未标明搭接长度的，不另计算搭接长度。

(3) 钢筋的搭接 (接头) 数量应按设计图示及规范要求计算；设计图示及规范要求未标明的，按以下规定计算：

① ϕ10 以内的长钢筋按每 12 m 计算一个钢筋搭接 (接头)；

② ϕ10 以上的长钢筋按每 9 m 定尺计算一个搭接 (接头)。

(4) 当设计要求钢筋接头采用机械连接时，按数量计算，不再计算该处的钢筋搭接长度。

(5) 钢筋网片、混凝土灌注桩钢筋笼、地下连续墙钢筋笼按设计图示钢筋长度乘以单位理论质量计算。

7.8.3　钢筋工程清单列项与定额组价

钢筋工程清单列项在钢筋价格不同时，需要按钢筋的不同品种和规格分别进行列项。

1. 钢筋工程清单列项

钢筋工程的清单列项如表 7-33 所示。

表 7-33　钢筋工程清单列项

序号	项目编码	项目名称	项目特征描述	计量单位	工程量
1	010506001001	现浇混凝土基础及联系梁钢筋			
2	010506002001	现浇混凝土柱钢筋			
3	010506003001	现浇混凝土地下室外墙钢筋			
4	010506004001	现浇混凝土墙钢筋			
5	010506005001	现浇混凝土梁钢筋			
6	010506006001	现浇混凝土楼板及屋面板钢筋			
7	010506007001	现浇混凝土坡道板钢筋			
8	010506008001	现浇混凝土其他板钢筋	钢筋种类、规格	t	
9	010506009001	现浇混凝土楼梯钢筋			
10	010506010001	现浇混凝土二次结构钢筋			
11	010506011001	现浇混凝土零星构件钢筋			
12	010506012001	现浇混凝土挡土墙钢筋			
13	010506013001	现浇混凝土散水、坡道钢筋			
14	010506014001	现浇混凝土地坪钢筋			
15	010506015001	现浇混凝土台阶钢筋			

续表

序号	项目编码	项目名称	项目特征描述	计量单位	工程量
16	010506017001	砌体工程内配钢筋	1. 钢筋种类、规格 2. 布置方式		
17	010506018001	屋面刚性层内配钢筋	钢筋种类、规格		
18	010506019001	装饰工程内配钢筋			
19	010506020001	钢筋网片			
20	010506021001	钢筋笼	1. 钢筋种类、规格 2. 使用部位		
21	010506023001	钢丝网	1. 钢筋网规格 2. 使用部位	m²	
22	010506024001	螺栓	1. 螺栓种类 2. 规格 3. 使用部位 4. 端头处理方式	套	
23	010506025001	预埋铁件	1. 钢材种类 2. 规格 3. 铁件尺寸	t	

2. 钢筋工程定额组价

钢筋工程的工作内容包括钢筋制作、运输、绑扎、安装等，定额单位为"t"，当工程实际情况与定额基价中钢筋型号规格不同时，需要进行换算。

钢筋工程的定额子目，包括钢筋现浇构件圆钢筋 (5-89 钢筋 HPB300 直径 (mm) ≤10)～(5-92 钢筋 HPB300 直径 (mm) ≤32)、现浇构件带肋钢筋 (5-93 带肋钢筋 HRB400 以内 直径 (mm) ≤10)～(5-100 带肋钢筋 HRB400 以内 直径 (mm) ≤40)、预制构件圆钢筋 (5-101 冷拔低碳钢丝≤ϕ5 绑扎)～(5-106 圆钢 HPB300 ≤ϕ18)、预制构件带肋钢筋 (5-107 带肋钢筋 HRB400 以内 直径 (mm) ≤10)～(5-114 带肋钢筋 HRB400 以内 直径 (mm) ≤40)、箍筋 (5-115 箍筋 圆钢 HPB300 直径 (mm) ≤5)～(5-121 箍筋 带肋钢筋 HRB400 以上直径 (mm)＞10)、混凝土灌注桩钢筋笼 (5-122 混凝土灌注桩钢筋笼 圆钢 HPB300)～(5-123 混凝土灌注桩钢筋笼带肋钢筋 HRB400)、钢筋网片 (5-124 钢筋网片)、砌体内加固钢筋 (5-125 砌体内加固钢筋)、地下连续墙钢筋笼 (5-126 地下连续墙钢筋笼安放深度 (m) ≤15)～(5-129 地下连续墙钢筋笼安放深度 (m)＞35) 等80 个子目。

钢筋工程计量计价

【案例 7.7】KL1 抗震等级为二级，梁混凝土强度等级 C25，其他未注明的混凝土强度等级为 C30，梁柱保护层均为 30 mm，钢筋直径≥18 mm 时采用直螺纹机械连接，钢筋直径＜18 mm 时绑扎搭接，钢筋定尺长度 9 m，$l_{aE} = 46d$，如图 7-44 所示，KL1 共计 100 根。

试计算 KL1 的钢筋定额工程量。

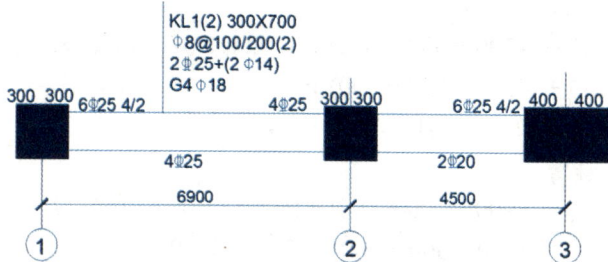

图 7-44　KL1 钢筋示意图

【解】(1) 案例分析计算。

【分析】现浇混凝土梁 KL1，二级抗震，C25 混凝土，保护层为 30 mm，定尺长度 9 m，$l_{aE} = 46\,d$，支座需要判断是直锚还是弯锚。

KL1 钢筋图示长度以"mm"为计量单位，计算过程如下：

通跨净跨长为

$$\ln = 6900 - 300 + 400 - 400 = 1070$$

各单跨净长为

$$\ln_1 = 6900 - 300 - 300 = 6300$$
$$\ln_2 = 4500 - 300 - 400 = 3800$$

① 上部通长筋 2Φ25 计算。

$$l_{aE} = 46d = 46 \times 25 = 1150$$
$$l_{abE} = 46d = 1150$$

左支座：

$$h_c - c = 600 - 30 = 570 < 1150$$
$$\max(0.4l_{abE} + 15d,\ h_c - c + 15d) = 945\ 弯锚$$

右支座：

$$h_c - c = 800 - 30 = 770 < 1150$$
$$\max(0.4l_{abE} + 15d,\ h_c - c + 15d) = 1145\ 弯锚$$

上部通长筋长度 = 945 + (6900 - 300 + 4500 - 400) + 1145 = 12790

每根焊接搭接个数 12700÷9000 - 1 = 1，焊接搭接个数总共为 2。

$$总长度 = 12790 \times 2 = 25580$$
$$焊接搭接个数 = 2$$

② 支座负筋 6Φ25 4/2 计算。

a. 端支座 6Φ25 4/2：

第一排长度 = 945 + (6900 - 300 - 300)÷3 = 3045，共 2 根。

第二排长度 = 945 + (6900 - 300 - 300)÷4 = 2520，共 2 根。

$$总长度 = 3045 \times 2 + 2520 \times 2 = 11130$$

b. 中间支座 4Φ25：

两侧净跨长的最大值为 6900 - 300 - 300 = 6300。

第一排负筋长度 = 6300÷3 + 600 + 6300÷3 = 4800，共 2 根。

$$总长度 = 4800 \times 2 = 9600$$

c. 端支座 6Φ25 4/2：

第一排长度 = 1145 + (4500 − 300 − 400)÷3 = 2411.67，共 2 根。

第二排长度 = 1145 + (4500 − 300 − 400)÷4 = 2411.67，共 2 根。

$$总长度 = 2411.67 \times 2 + 2411.67 \times 2 = 9013.34$$

③ 架立筋 2Φ14 计算。

第一跨架立筋长度 = (6900 − 300 − 300) − (6900 − 300 − 300)÷3 −

(6900 − 300 − 300) ÷ 3 + 150 × 2

= 2400

第二跨架立筋长度 = (4500 − 300 − 400) − (4500 − 300 − 400)÷3 −

(4500 − 300 − 400) ÷ 3 + 150 × 2

= 733.33

$$总长度 = 2400 \times 2 + 733.33 \times 2 = 6266.66$$

④ 下部纵筋分跨计算。

a. 第一跨下部纵筋 4Φ25：

下部纵筋长度 = 945 + (6900 − 300 − 300) + 1150 = 8395

总长度 = 8395 × 4 = 33580

b. 第二跨下部纵筋 2Φ20：

中间支座 $\max(l_{abE}, \ 0.5h_c - c + 5d) = 1150$ 直锚

右支座 $\max(0.4l_{abE} + 15d, \ h_c - c + 15d) = 1070$ 弯锚

下部纵筋长度 = 1150 + (4500 − 300 − 400) + 1070 = 6020

总长度 = 6020 × 2 = 12040

⑤ 侧面钢筋 G4Φ18 计算。

$$构造筋长度 = 15d + 净跨长 + 15d$$

分跨计算如下：

第一跨长度 = 15 × 18 × 2 + 6300 = 6840

第二跨长度 = 15 × 18 × 2 + 3800 = 4340

总长度 = 6840 × 4 + 4340 × 4 = 44720

⑥ 拉筋Φ6 计算。

梁宽 300 < 350，则拉筋直径为 6。

拉筋长度 = 300 − 2 × 30 + 6 + 2 × 1.9 × 6 + $\max(10d, \ 75)$ = 412.80

排数 = 4÷2 = 2 排

第一跨拉筋根数 = [(6300 − 50 × 2)÷400 + 1] × 2 排 = 34

第一跨拉筋根数 = [(3800 − 50 × 2)÷400 + 1] × 2 排 = 22

总长度 = 412.80 × (34 + 22) = 23116.80

⑦ 箍筋Φ8@100/200(2) 计算。

二级抗震 $\max(1.5h_b, \ 500) = 1050$

第一跨加密区根数 = (1050 − 50)÷100 + 1 = 11

非加密区根数 = (6300 − 1050 × 2)÷200 − 1 = 20

第二跨加密区根数 = (1050 − 50)÷100 + 1 = 11

非加密区根数 = $(3800 - 1050 \times 2) \div 200 - 1 = 8$

箍筋长度 = $2 \times (b + h) - 8c + 19.8d = 2 \times (300 + 700) - 8 \times 30 + 198 \times 8 = 1918.40$

箍筋总长度 = $1918.40 \times (11 \times 2 + 20) + (11 \times 2 + 8) = 138124.80$

单根 KL1 的钢筋图示长度以 "mm" 为计量单位，汇总如下：

$\Phi 6$ 长度 = 23116.80

$\Phi 8$ 长度 = 138124.80

$\Phi 14$ 长度 = 6266.66

$\Phi 18$ 长度 = 44720

$\Phi 20$ 长度 = 12040

$\Phi 25$ 长度 = $25580 + 11130 + 9600 + 9013.34 + 33580 = 88903.34$

则 KL1 的钢筋工程量以 "t" 或 "个" 为计量单位，汇总如下：

$\Phi 6$（理论质量用 A6.5 代替）钢筋工程量 = $0.26 \times 23.12 \times 100 = 601.12 \text{ kg} = 0.601 \text{ t}$

$\Phi 8$ 钢筋工程量 = $0.395 \times 138.12 \times 100 = 5455.74 \text{ kg} = 5.456 \text{ t}$

$\Phi 14$ 钢筋工程量 = $1.21 \times 6.27 \times 100 = 758.67 \text{ kg} = 0.759 \text{ t}$

$\Phi 18$ 钢筋工程量 = $2.00 \times 44.72 \times 100 = 8944 \text{ kg} = 8.944 \text{ t}$

$\Phi 20$ 钢筋工程量 = $2.47 \times 12.04 \times 100 = 2973.88 \text{ kg} = 2.974 \text{ t}$

$\Phi 25$ 钢筋工程量 = $3.85 \times 88.90 \times 100 = 34226.50 \text{ kg} = 34.227 \text{ t}$

$\Phi 25$ 直螺纹机械连接个数 = $2 \times 100 = 200$ 个

(2) 案例定额子目应用。

选取河南省 2016 定额定额子目 (5-89 钢筋 HPB300 直径 (mm) ≤10) 和 (5-90 钢筋 HPB300 直径 (mm) ≤18)，如图 7-45 所示；(5-95 带肋钢筋 HRB400 以内 直径 (mm) ≤25)，如图 7-46 所示。

工作内容：钢筋制作、运输、绑扎、安装等。

单位：t

定　额　编　号			5-89	5-90	5-91	5-92
项　　目			钢筋 HPB300			
			直径 (mm)			
			≤10	≤18	≤25	≤32
基　　价 (元)			5566.78	5027.75	4561.69	4231.62
其中	人　工　费 (元)		1158.44	782.57	520.32	437.32
	材　料　费 (元)		3623.01	3673.55	3654.06	3490.18
	机 械 使 用 费 (元)		21.48	55.71	44.20	16.12
	其 他 措 施 费 (元)		47.58	32.14	—	—
	安　文　费 (元)		103.42	69.85	46.45	38.99
	管　理　费 (元)		306.42	206.96	137.64	115.53
	利　　润 (元)		178.20	120.36	80.05	67.19
	规　　费 (元)		128.23	86.61	57.60	48.35
名　　称	单位	单价 (元)	数　　量			
综合工日	工日	—	(9.15)	(6.18)	(4.11)	(3.45)
钢筋 HPB300 ϕ10 以内	kg	3.50	1020.000	—	—	—
钢筋 HPB300 ϕ12~ϕ18	kg	3.50	—	1025.000	—	—
钢筋 HPB300 ϕ20~ϕ25	kg	3.50	—	—	1025.000	—
钢筋 HPB300 ϕ25 以上	kg	3.40	—	—	—	1025.000
镀锌铁丝 ϕ0.7	kg	5.95	8.910	3.456	1.370	0.870
低合金钢焊条 E43 系列	kg	14.20	—	4.560	4.093	—
水	m³	5.13	—	0.144	0.093	—
钢筋调直机 40mm	台班	35.16	0.240	0.080	—	—
钢筋切断机 直径 (mm) 40	台班	40.37	0.110	0.090	0.100	0.130
钢筋弯曲机 直径 (mm) 40	台班	24.56	0.350	0.230	0.180	0.180
直流弧焊机 容量 (kV·A) 32	台班	87.68	—	0.380	0.340	—
对焊机 容量 (kV·A) 75	台班	107.57	—	0.090	0.050	0.060
电焊条烘干箱 容量 (cm³) 45×35×45	台班	16.25	—	0.038	0.034	—

图 7-45　河南省 2016 定额定额子目 (5-89) 和 (5-90)

工作内容：钢筋制作、运输、绑扎、安装等。

单位：t

定 额 编 号			5-93	5-94	5-95	5-96
项 目			带肋钢筋 HRB400 以内			
			直径（mm）			
			≤10	≤18	≤25	≤40
基 价（元）			5121.47	5124.58	4558.89	4270.00
其中	人 工 费（元）		963.08	829.43	569.84	465.78
	材 料 费（元）		3501.56	3686.64	3563.16	3490.18
	机械使用费（元）		21.55	61.71	50.23	6.83
	其他措施费（元）		39.57	34.06	23.40	19.14
	安 文 费（元）		86.01	74.03	50.86	41.59
	管 理 费（元）		254.84	219.35	150.70	123.24
	利 润（元）		148.21	127.57	87.64	71.67
	规 费（元）		106.65	91.79	63.06	51.57
名 称	单位	单价（元）	数 量			
综合工日	工日	—	(7.61)	(6.55)	(4.50)	(3.68)
钢筋 HRB400 以内 φ10 以内	kg	3.40	1020.000	—	—	—
钢筋 HRB400 以内 φ12～φ18	kg	3.50	—	1025.000	—	—
钢筋 HRB400 以内 φ20～φ25	kg	3.40	—	—	1025.000	—
钢筋 HRB400 以内 φ25 以上	kg	3.40	—	—	—	1025.000
镀锌铁丝 φ0.7	kg	5.95	5.640	3.650	1.600	0.870
低合金钢焊条 E43 系列	kg	14.20	—	5.400	4.800	—
水	m³	5.13	—	0.144	0.093	—
钢筋调直机 40mm	台班	35.16	0.270	—	—	—
钢筋切断机 直径（mm）40	台班	40.37	0.110	0.100	0.090	0.090
钢筋弯曲机 直径（mm）40	台班	24.56	0.310	0.230	0.180	0.130
直流弧焊机 容量（kV·A）32	台班	87.68	—	0.450	0.400	—
对焊机 容量（kV·A）75	台班	107.57	—	0.110	0.060	—
电焊条烘干箱 容量（cm³）45×35×45	台班	16.25	—	0.045	0.040	—

图 7-46 河南省 2016 定额定额子目 (5-94) 和 (5-95)

知识拓展

(1) 各钢筋项目的工作内容均应包含相应的措施钢筋；钢筋的制作包含钢筋清理、调直、切断、弯曲成型等全部制作工序；钢筋的安装、固定包含基层清理及钢筋就位、定位、支撑、绑扎、焊接等全部安装工序；钢筋的连接包含搭接、焊接、机械连接、检查清理等全部连接工序。

(2) 现浇构件中伸出构件的锚固钢筋应并入钢筋工程量内。除设计（包括规范规定）标明的搭接外，其他施工搭接（如定尺搭接）不计算工程量，在综合单价中综合考虑。

(3) 各钢筋项目均不计算非设计要求的马凳筋、斜撑筋、抗浮筋、垫铁等措施钢筋的工程量。

(4) 钢筋工程量计算注意事项，如下：

① 钢材的密度 7850 kg/m³，可用来反算钢材体积。

② 钢筋出场长度，大多 8～12 m，影响接头数量；预算时，直径 10 以内按 12 m 计定尺长度，直径 10 以外，按 9 m 计定尺长度；结算时按 9 m 计定尺长度，按合同中约定。

思政角

钢筋工程计量与计价的难点在于钢筋长度计算，需要严格对照现行图集和计算规范，按设计图纸规定及施工验收规范要求计算，强调国家图集和规范的重要性，在造价工作中要坚守图集和规范，严守职业道德底线，树立职业道德规范。

7.9　工程项目实例

在某学生宿舍楼项目结构设计总说明中，混凝土强度等级基础垫层为 C15、基础为 C30，压顶等外露构件为 C30，框架梁、板、柱、楼梯为 C30，构造柱为 C20，其他均为 C25。

其中：

(1) 钢筋混凝土柱与砌体的连接应沿柱高度每隔 500 mm 预埋拉筋 2φ6，沿墙全长贯通。

(2) 门窗过梁按建筑图所示洞口尺寸选用 11YG301 TGLA ×××× 2；支承于混凝土柱内或相交的预制过梁，浇注时应注意预留过梁钢筋或改为现浇过梁；当嵌入墙内的表箱或墙内预留洞宽度 ≥300 mm 时，洞顶按门窗洞口要求设置钢筋混凝土过梁；过梁两端各伸入砌体内的支承长度 ≥240 mm，且不小于墙厚。

(3) 构造柱设置在墙长 > 5 m 墙体中部及 ≥ 2.1 m 的洞口两侧、纵横墙交接处及悬墙端部，单墙尽端均增设构造柱 GZ，截面 200 × 墙厚；女儿墙构造柱间距不大于 4.0 m，在大于 4 m 时开间中部应加构造柱。

(4) 所有有水房间楼板四周墙体除门洞外，均做 300 mm 高 C30 素混凝土翻边，厚度同墙体；所有管井均做 200 mm 高 C10 素混凝土门槛，厚度同所在位置处的墙厚；每层窗台下加钢筋混凝土带，通长设置。

(5) 其他详细说明详见结构施工平面图、平法施工图、配筋图、结构图。

(6) 材料价格按 2024 年 3 月份郑州市建设工程主要材料价格信息指导价，指导价中没有的参照市场价；人工费指数、机械人工费指数、管理费指数采用河南省发布 2023 年 7 月至 12 月指数。

工程项目混凝土与钢筋混凝土工程分部分项工程和单价措施项目清单与计价表

赛证融合

一、技能大赛相关知识

"党员活动中心 1#" 工程项目的相关内容如下：

1. 完成首层 (4.5 m) 以下构件工程量。

(1) 框架柱 (包含梯柱)、剪力墙 (门头处)、梁 (包含梯梁，考虑附加箍筋)、现浇板 (包含休息平台板) 的混凝土及钢筋工程量；

(2) 1 轴和 3 轴交 C 轴和 D 轴处楼梯工程量 (不含钢筋，采用参数化楼梯)。

"党员活动中心 1#"
工程项目

2. 完成二层 (8.1 m) 以下构件工程量 (A 轴以下部分不考虑)。

(1) 框架柱 (包含梯柱)、梁 (包含梯梁，考虑附加箍筋)、现浇板 (包含休息平台板) 的混凝土及钢筋工程量；

(2) 1 轴和 3 轴交 C 轴和 D 轴处楼梯工程量 (不含钢筋，采用参数化楼梯)。

3. 完成第 5 层 (18.9 m) 的框架柱 (不含梯柱)、梁 (不含梯梁)、现浇板 (不含休息平台板) 的混凝土及钢筋工程量。

4. 计算屋面层构造柱钢筋及混凝土工程量。

5. 完成基础层以下构件工程量。

(1) 桩承台、框架柱、基础梁的混凝土及钢筋工程量；

(2) 基础垫层 (出边 100 mm) 及基坑土方工程量 (不考虑回填，工作面宽 300 mm，放坡系数为 0.33)。

二、资格证书相关知识

1. 根据现行工程量计算标准规范，下列现浇混凝土项目工程量计算规则中正确的是 (   )。

A. 依附于现浇矩形柱上的牛腿部分工程量，应单独列项计算

B. 有梁板工程量应区分梁、板，分别列项计算

C. 雨篷的工程量应包括伸出墙外的牛腿和雨篷反挑檐的体积

D. 计算空心板体积时不扣除空心部分体积，但应在项目特征中进行描述

2. 根据现行工程量计算标准规范，以下关于现浇混凝土墙说法正确的是 (   )。

A. 现浇混凝土墙分为直形墙、异形墙、短肢剪力墙和挡土墙

B. 工程量计算时，墙垛及突出墙面部分并入墙体体积计算

C. 短肢剪力墙的截面厚度不应大于 200 mm

D. 当各肢截面高度与厚度之比小于 4 时，按短肢剪力墙列项

3. 根据现行工程量计算标准规范，下列关于现浇混凝土其他构件工程量计算规则中正确的是 (   )。

A. 架空式混凝土台阶，按现浇楼梯计算

B. 围墙压顶，按设计图示尺寸的中心线以延长米计算

C. 坡道按设计图示尺寸斜面积计算

D. 台阶按设计图示尺寸的展开面积计算

E. 电缆沟、地沟按设计图示尺寸的中心线长度计算

4. 工程量清单列项中的钢筋工程量应是 (   )。

A. 设计图示钢筋长度的钢筋净重量

B. 不计入搭接和锚固钢筋的用量

模块 7 赛证融合
参考答案

C. 设计图示钢筋总消耗量

D. 计入施工余量的钢筋用量

思政角

在混凝土与钢筋混凝土工程学习过程中，通过小组分工和团队协作完成学习任务，意识到团队合作在建筑工程计量与计价中的重要性，培养学习中的目标意识和团结协作的精神，从价值观层面引导，在实践过程中培养团队协作、艰苦奋斗的职业精神。同时，要遵守工程造价岗位职业要求，通过工程案例实训提高专业技能，具有理论联系实际、实事求是的工作作风和科学严谨的工作态度，在建筑工程计量与计价中发挥创新思维，探索新的方法和思路。

模 块 小 结

本模块主要学习了混凝土与钢筋混凝土工程的工程量清单和清单工程量计算规则、河南省 2016 定额应用和定额工程量计算规则、清单列项与定额组价，结合实际工程项目进行列项组价，并就拓展知识、赛证融合展开了探讨，主要内容如下：

(1) 混凝土按泵送的预拌混凝土编制，采用现场搅拌时，执行相应的预拌混凝土项目，再执行现场搅拌混凝土调整费项目；混凝土按常用强度等级考虑，设计强度等级不同时可以换算；其工程量除另有规定者外，均按设计图示尺寸以体积计算，不扣除构件内钢筋、螺栓、预埋铁件、张拉孔道所占体积，但应扣除劲性骨架的型钢所占体积。

(2) 现浇混凝土构件模板按企业自有编制，分组合钢模板、大钢模板、复合模板、木模板，定额未注明模板类型的，均按木模板考虑；除另有规定者外，均按模板与现浇混凝土构件的接触面积计算。

(3) 现浇混凝土基础主要包括基础及楼地面垫层、独立基础、条形基础、筏形基础和设备基础，学习了现浇混凝土基础和墙、柱的分界线，基础混凝土按设计图示尺寸以体积计算，不扣除伸入桩承台的桩头所占体积。基础模板按模板与现浇混凝土构件的接触面积计算。

(4) 现浇混凝土柱主要包含钢筋混凝土柱、劲性钢筋混凝土柱、钢管混凝土柱和构造柱，混凝土工程量按设计断面面积乘以柱高以体积计算，扣除劲性钢骨架所占体积，附着在柱上的牛腿并入柱体积内；其中柱高的确定是计量的重点。柱面按模板与现浇混凝土构件的接触面积计算。其混凝土与模板是对应关系，考虑模板超高问题，需要分别列项，也可以分地上、地下部分分别列项；柱混凝土项目，均综合了每层底部灌注水泥砂浆的消耗量。

(5) 现浇混凝土墙分为地下室外墙、钢筋混凝土墙和挡土墙，其工程量按设计图示尺寸以体积计算，扣除门窗洞口及单个面积 $0.3\ \mathrm{m}^2$ 以外孔洞的体积，并入墙柱、墙梁及突出墙面部分，墙高是计量的重点。现浇钢筋混凝土墙项目，均综合了每层底部灌注水泥砂浆的消耗量。墙是按高度 3.6 m 综合考虑，考虑模板超高问题，需要分别列项。墙面模板按模板与现浇混凝土构件的接触面积计算，外墙定额项目应用需要注意一次摊销止水螺杆方式支模、一次摊销止水螺杆方式支模费。

(6) 现浇混凝土梁常见有基础连系梁、钢筋混凝土梁、劲性钢筋混凝土梁、圈梁和过梁，其工程量按设计图示截面面积乘以梁长以体积计算，扣除劲性钢骨架所占体积，伸入砌体墙内的梁头、梁垫并入梁体积内，重点在梁长的确定。梁的混凝土与模板是对应关系，考虑模板超高问题，需要分别列项。梁模板按模板与现浇混凝土构件的接触面积计算，定额项目应用需要注意圈梁与过梁连接、现浇挑梁、斜梁项目套用。

(7) 现浇混凝土板分为实心楼板、空心楼板、坡屋面板、坡道板、其他板等，其工程量按设计图示尺寸以体积计算，不扣除单个面积 $\leq 0.3 \ m^2$ 的孔洞所占体积，伸入砌体墙内的板头以及板下柱帽并入板体积内。板定额工程量计算需要注意矩形梁、有梁板、平板、无梁板的区分和合并计算。板是按高度 3.6 m 综合考虑，考虑超高问题，需要分别列项。板模板按模板与现浇混凝土构件的接触面积计算。强调现浇挑檐、天沟板、雨篷、阳台与板、圈梁的划分计算，以及空心板、屋面板挑檐板、天沟板、雨篷板、凸飘窗顶(底)板、凸飘窗侧立板、下挂板、栏板、造型板、阳台等的执行项目。

(8) 现浇混凝土楼梯工程量按设计图示尺寸以体积计算，嵌入砌体墙内的部分并入楼梯体积内，包括楼梯梯段、楼梯梁、楼梯休息平台、平台梁。楼梯模板按模板与现浇混凝土构件的接触面积计算。楼梯是按建筑物一个自然层双跑楼梯考虑，如设计与定额内容不同时，按相应项目定额乘以相应系数。

(9) 现浇混凝土其他构件主要包含零星现浇构件、电缆沟、地沟、散水、地坪、坡道、台阶和后浇带，不同构件工程量计算规则不同。在现浇混凝土其他构件计量计价中，定额应用是难点，需要注意其他构件的相关定额说明和定额工程量计算规则。

(10) 钢筋工程主要包括常见的钢筋及螺栓、铁件，其工程量计算需要区别不同的现浇混凝土构件、钢筋种类、规格，按设计图示钢筋中心线长度乘以单位理论质量计算，设计(包括规范规定)标明的搭接和锚固长度并入计算。

按照现行计价标准、计算标准和河南省 2016 定额的相关规定，对某学生宿舍楼实际工程项目进行混凝土与钢筋混凝土工程的清单列项和定额组价，并就拓展知识、赛证融合展开了探讨，鼓励同学们将理论知识迁移到实际工程项目中，探索适合自己的计量计价工作流程和方法。

同 步 测 试

一、单选题

1. 泵车项目只适用于高度在 (   )m 以内的情况，固定泵项目适用所有高度。

A. 10   B. 15   C. 20   D. 25

2. 短肢剪力墙是指截面厚度≤300 mm，各肢截面高度与厚度之比的最大值>4 但≤8 的剪力墙；各肢截面高度与厚度之比的最大值≤4 的剪力墙执行 (   ) 项目。

A. 直形墙　　　　　B. 短肢剪力墙　　　　　C. 柱　　　　　　　　D. 电梯井壁直形墙

3. 散水模板执行 (　　) 相应项目。

A. 散水　　　　　　B. 台阶　　　　　　　　C. 坡道　　　　　　　D. 垫层

4. 模板分组合模板、大钢模板、复合模板、木模板，定额未注明模板类型的，均按 (　　) 考虑。

A. 组合模板　　　　B. 大钢模板　　　　　　C. 复合木板　　　　　D. 木模板

5. 模板中规定，屋面 (　　) 高度＞1.2 m 时执行相应墙项目，屋面 (　　) 高度≤1.2 m 时执行相应栏板项目。

A. 砖砌女儿墙　　　B. 挑檐、天沟　　　　　C. 混凝土女儿墙　　　D. 电梯井

二、多选题

1. 关于柱高的规定，以下说法正确的有 (　　)。

A. 有梁板的柱高，应自柱基下表面 (或楼板下表面) 至上一层楼板上表面之间的高度计算

B. 无梁板的柱高，自柱基上表面 (或楼板上表面) 至柱帽上表面之间的高度计算

C. 框架柱的柱高应自柱基上表面至柱顶的高度计算

D. 依附柱上的牛腿和升板的柱帽，并入相应柱身体积计算

E. 构造柱按全高计

2. 关于模板工程量的计算，以下说法正确的有 (　　)。

A. 现浇混凝土构件模板，除另有规定者外，均按模板与混凝土的接触面积 (扣除后浇带所占面积) 计算

B. 块体设备基础按不同体积分别计算模板工程量

C. 现浇混凝土悬挑板、雨篷、阳台按图示外挑部分尺寸的水平投影面积计算。挑出墙外的悬臂梁及板边不另计算

D. 后浇带按模板与后浇带的接触面积计算

E. 现浇混凝土楼梯模板按水平投影面积计算，楼梯的踏步、踏步板、平台梁等侧面模板不另行计算

3. 模板中规定，混凝土栏板高度 (　　) 压顶扶手及翻沿，净高按 (　　) 以内考虑，超过 (　　) 时执行相应 (　　) 项目。

A. 含　　　　　　　B. 1.2 m　　　　　　　C. 不含

D. 2.4 m　　　　　　E. 墙

4. 挑檐、天沟壁高度≤400 mm 时，执行 (　　) 项目，挑檐、天沟壁高度＞400 mm 时，按全高执行 (　　) 项目。

A. 挑檐壁　　　　　　　　B. 天沟板　　　　　　　　C. 栏板

D. 天沟壁　　　　　　　　E. 墙

三、计算题

某工程项目采用钢筋混凝土框架结构，基础顶～3.550 现浇混凝土柱采用预拌混凝土 C35，现浇混凝土梁采用预拌混凝土 C30，基础顶～3.550 柱平法施工图、3.550 梁平法施工图如图 7-47 和图 7-48 所示。试进行现浇混凝土梁清单和定额工程量计算，

并准确进行清单列项和定额组价。

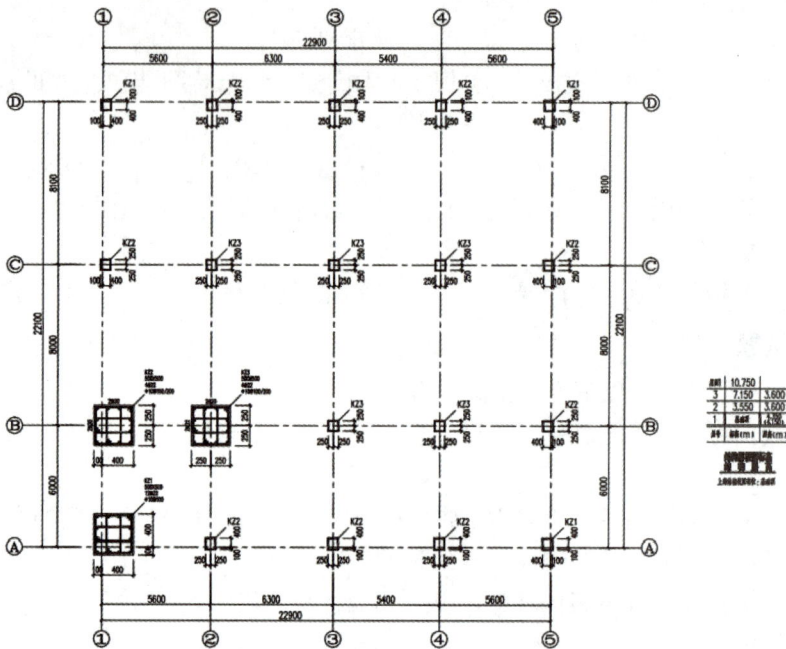

图 7-47　基础顶～3.550 柱平法施工图

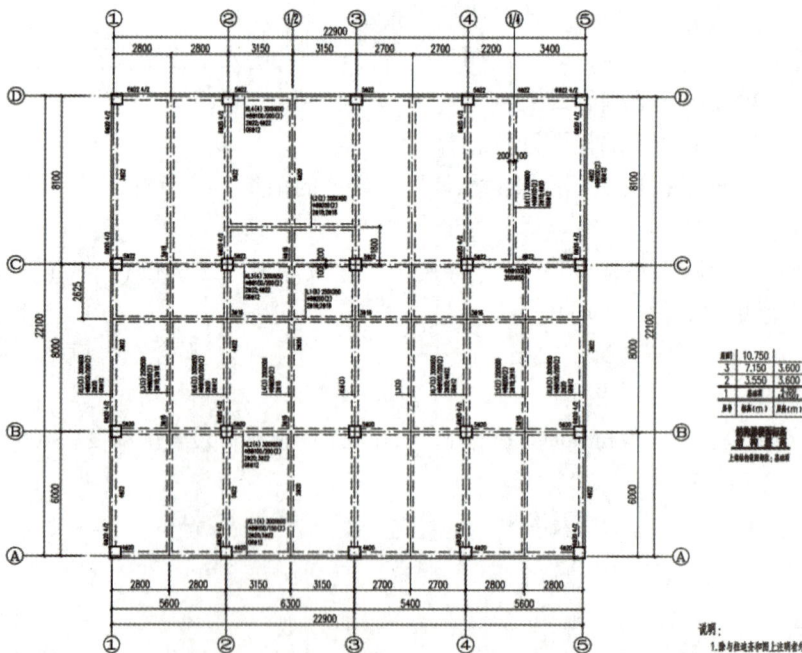

图 7-48　3.550 梁平法施工图

模块8 门窗工程

知识框架

清单：电子感应门（设计图示数量）
全玻自由门（洞口面积）

定额：全玻门扇（扇面积）
全玻转门（数量）

其他门

清单：按设计图示洞口尺寸以面积计算

定额：成品套装木门（数量）
木质防火门（洞口面积）

木门

清单：展开面积

门窗套

定额：饰面外围尺寸展开面积计算

清单：按设计图示洞口尺寸以面积计算

定额：铝合金、塑钢、彩板钢门窗（门、窗洞口面积）
飘窗、阳台封闭窗（按设计图示框型材外边线尺寸以展开面积计算）

金属门窗

清单：展开面积

定额：长度乘以宽度以面积计算

窗台板

模块8
门窗工程

清单：按设计图示洞口尺寸以面积计算

定额：宽度乘以高度（含卷帘箱高度）（面积）
电动装置安装（套数）

金属卷帘（闸）门

清单：窗帘（按设计图示窗盖面积计算）
窗帘盒、窗帘轨（设计图示长度）

定额：窗帘盒、窗帘轨（设计图示长度）

窗帘、窗帘盒、轨

清单：设计图示面积

定额：门洞口面积

厂库房大门、特种门

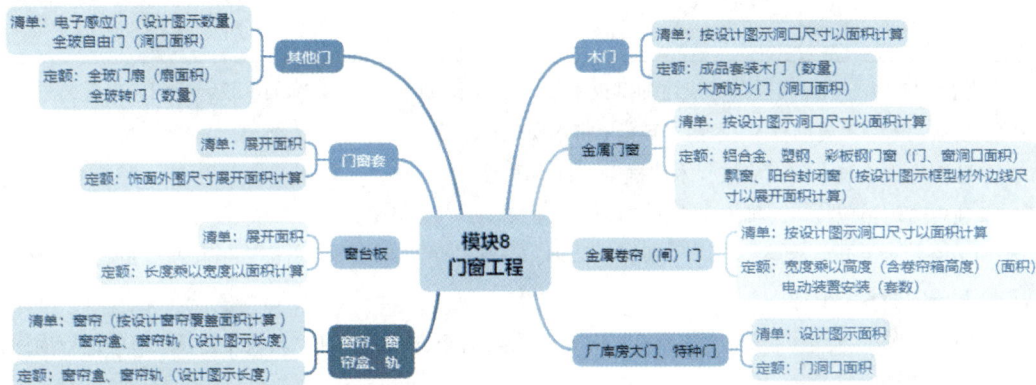

8.1 门窗工程工程量清单

门窗用于房屋建筑中的交通联系及采光通风，也是建筑外观的一个重要构成部分。门窗工程包括各种门窗及其他与门窗有关的项目。

门窗工程（《房屋建筑与装饰工程工程量计算标准》(GB/T 50854—2024) 附录 H）共分 10 个小节 46 个项目，包括 H.1 木门、H.2 金属门、H.3 金属卷帘（闸）门、H.4 厂库房大门、特种门、H.5 其他门、H.6 木窗、H.7 金属窗、H.8 门窗套、H.9 窗台板、H.10 窗帘、窗帘盒、轨工程，对应河南省 2016 定额"第八章 门窗工程"。

1. 木门工程量清单

《房屋建筑与装饰工程工程量计算标准》(GB/T 50854—2024) 附录 H.1 对木门工程量清单的项目编码、项目名称、项目特征、计量单位、工程量计算规则和工作内容做出了详细的规定，如表 8-1 所示。

表 8-1　木门工程量清单（编码：010801）

项目编码	项目名称	项目特征	计量单位	工程量计算规则	工作内容
010801001	木质门	1. 门洞口尺寸 2. 门类型 3. 开启方式 4. 框、扇木材材质 5. 玻璃品种、厚度 6. 五金种类、规格 7. 其他工艺要求	m²	按设计图示洞口尺寸以面积计算	1. 门（含框）安装 2. 玻璃安装 3. 五金配件安装 4. 嵌缝打胶
010801006	门锁安装	1. 锁品种 2. 锁规格 3. 工艺要求	套	按设计图示数量计算	安装

【说明】1. 木门的"门类型"可描述为镶板木门、企口木板门、实木装饰门、胶合板门、夹板装饰门、木纱门、全玻门（带木质扇框）、木质半玻门（带木质扇框）等。

2. 单独制作、安装木门框应按"木门框"项目编码列项。

3. 单独安装门锁应按"门锁安装"项目编码列项。

4. 门五金包含合页、铰链、拉手、锁具、插销、门吸、闭门器、滑轮滑轨、地弹簧、角码、螺丝等完成门安装所需的各类配件。

5. 对门窗的胶压、封边、雕刻、纹饰等工艺有特殊要求的，可在项目特征"其他工艺要求"中进行描述。

2. 金属门工程量清单

《房屋建筑与装饰工程工程量计算标准》(GB/T 50854—2024) 附录 H.2 对金属门工程量清单的项目编码、项目名称、项目特征、计量单位、工程量计算规则和工作内容做出了详细的规定，如表 8-2 所示。

表 8-2　金属门工程量清单（编码：010802）

项目编码	项目名称	项目特征	计量单位	工程量计算规则	工作内容
010802001	金属（塑钢）门	1. 门洞口尺寸 2. 门类型 3. 开启方式 4. 框、扇材质 5. 玻璃品种、厚度 6. 五金种类、规格 7. 其他工艺要求	m²	按设计图示洞口尺寸以面积计算	1. 门（含框）安装 2. 玻璃安装 3. 五金配件安装 4. 嵌缝打胶

【说明】金属门的"门类型"可描述为金属平开门、金属推拉门、金属地弹门、全玻门（带金属扇框）、金属半玻门（带扇框）等。

《房屋建筑与装饰工程工程量计算标准》(GB/T 50854—2024) 附录 H.7 对金属窗工程量清单的项目编码、项目名称、项目特征、计量单位、工程量计算规则和工作内容做出了详细的规定，如表 8-3 所示。

表 8-3 金属窗工程量清单（编码：010807)

项目编码	项目名称	项目特征	计量单位	工程量计算规则	工作内容
010807001	金属（塑钢）窗	1. 窗洞口尺寸 2. 窗类型 3. 开启方式 4. 框、扇材质及规格 5. 玻璃品种、厚度 6. 五金种类、规格 7. 其他工艺要求	m²	按设计图示洞口尺寸以面积计算	1. 窗（含框）安装 2. 玻璃安装 3. 五金配件安装 4. 嵌缝打胶

【说明】1. 金属窗的"窗类型"可描述为金属组合窗、防盗窗等。

2. 窗五金包含合页、铰链、拉手、锁具、插销、风钩、风撑、滑轮滑轨、角码、螺丝等完成窗安装所需的各类配件。

3. 金属卷帘（闸）门工程量清单

《房屋建筑与装饰工程工程量计算标准》(GB/T 50854—2024) 附录 H.3 对金属卷帘（闸）门工程量清单的项目编码、项目名称、项目特征、计量单位、工程量计算规则和工作内容做出了详细的规定，如表 8-4 所示。

表 8-4 金属卷帘（闸）门（编码：010803)

项目编码	项目名称	项目特征	计量单位	工程量计算规则	工作内容
010803001	金属卷帘（闸）门	1. 门洞口尺寸 2. 门材质 3. 五金种类、规格 4. 驱动类型 5. 其他工艺要求	m2	按设计图示洞口尺寸以面积计算	1. 门安装 2. 启动装置、活动小门、五金配件安装
010803002	防火卷帘（闸）门				

【说明】金属卷帘（闸）门的"驱动类型"可描述为手动、电动等。

4. 厂库房大门、特种门工程量清单

《房屋建筑与装饰工程工程量计算标准》(GB/T 50854—2024) 附录 H.4 对厂库房大门、特种门工程量清单的项目编码、项目名称、项目特征、计量单位、工程量计算规则和工作内容做出了详细的规定，如表 8-5 所示。

表 8-5　厂库房大门、特种门工程量清单（编码：010804)

项目编码	项目名称	项目特征	计量单位	工程量计算规则	工作内容
010804003	全钢板大门	1. 门洞口尺寸 2. 开启方式 3. 门框、扇材质 4. 五金种类、规格 5. 防护材料种类 6. 其他工艺要求	m²	按设计图示洞口尺寸以面积计算	1. 门（含框）安装 2. 五金配件安装 3. 刷防护材料
010804007	特种门	1. 门洞口尺寸 2. 门类型 3. 开启方式 4. 门框、扇材质 5. 五金种类、规格 6. 其他工艺要求		按设计图示洞口尺寸以面积计算	1. 门（含框）安装 2. 五金配件安装

【说明】特种门的"门类型"可描述为冷藏门、冷冻间门、保温门、变电室门、隔音门、防射线门、人防门、金库门等。

5. 其他门工程量清单

《房屋建筑与装饰工程工程量计算标准》(GB/T 50854—2024) 附录 H.5 对其他门工程量清单的项目编码、项目名称、项目特征、计量单位、工程量计算规则和工作内容做出了详细的规定，如表 8-6 所示。

表 8-6　其他门工程量清单（编码：010805)

项目编码	项目名称	项目特征	计量单位	工程量计算规则	工作内容
010805001	电子感应门	1. 门代号及洞口尺寸 2. 门框或扇外围尺寸 3. 门框、扇材质 4. 玻璃品种、厚度	套	按设计图示数量计算	1. 门（含框）安装 2. 启动装置、五金、电子配件安装 3. 嵌缝打胶

6. 门窗套工程量清单

《房屋建筑与装饰工程工程量计算标准》(GB/T 50854—2024) 附录 H.8 对门窗套工程量清单的项目编码、项目名称、项目特征、计量单位、工程量计算规则和工作内容做出了详细的规定，如表 8-7 所示。

表 8-7　门窗套工程量清单（编码：010808)

项目编码	项目名称	项目特征	计量单位	工程量计算规则	工作内容
010808004	成品门窗套	材料品种、规格	m²	按设计图示尺寸以展开面积计算	1. 清理基层 2. 成品门窗套安装

7. 窗台板工程量清单

《房屋建筑与装饰工程工程量计算标准》(GB/T 50854—2024) 附录 H.9 对窗台板工程量清单的项目编码、项目名称、项目特征、计量单位、工程量计算规则和工作内容做出了详细的规定，如表 8-8 所示。

表 8-8 窗台板工程量清单 (编码：010809)

项目编码	项目名称	项目特征	计量单位	工程量计算规则	工作内容
010809001	窗台板	1. 找平层材质 2. 粘结层材质、厚度 3. 窗台板材质、规格	m²	按设计图示尺寸以展开面积计算	1. 基层清理 2. 抹找平层 3. 窗台板制作、安装

8. 窗帘、窗帘盒、轨工程量清单

《房屋建筑与装饰工程工程量计算标准》(GB/T 50854—2024) 附录 H.10 对窗帘、窗帘盒、轨工程量清单的项目编码、项目名称、项目特征、计量单位、工程量计算规则和工作内容做出了详细的规定，如表 8-9 所示。

表 8-9 窗帘、窗帘盒、轨工程量清单 (编码：010810)

项目编码	项目名称	项目特征	计量单位	工程量计算规则	工作内容
010810001	窗帘	1. 窗帘材质 2. 窗帘层数 3. 带幔要求 4. 其他工艺要求	m²	按设计窗帘覆盖面积计算	1. 制作 2. 安装

【说明】1. 窗帘打褶等工艺可在"其他工艺要求"中进行描述。

2. 窗帘轨的"轨的形式"可描述为单轨、双轨等。

门窗工程
工程量清单

8.2 门窗工程河南省 2016 定额应用

8.2.1 门窗工程相关定额说明

河南省 2016 定额"第八章 门窗工程"中相关定额说明包括木门、金属门、金属卷帘 (闸) 门、厂库房大门、特种门、其他门、金属窗、门钢架、门窗套、窗台板、窗帘盒、轨、门五金十节。

1. 木门相关定额说明

成品套装门安装包括门套和门扇的安装。

2. 金属门、窗相关定额说明

(1) 铝合金成品门窗安装项目按隔热断桥铝合金型材考虑，当设计为普通铝合金型材时，按相应项目执行，其中人工乘以系数 0.8。

(2) 金属门连窗，门、窗应分别执行相应项目。

(3) 彩板钢窗附框安装执行彩板钢门附框安装项目。

3. 金属卷帘（闸）门相关定额说明

(1) 金属卷帘（闸）门项目是按卷帘侧装（即安装在洞口内侧或外侧）考虑的，当设计为中装（即安装在洞口中）时，按相应项目执行，其中人工乘以系数 1.1。

(2) 金属卷帘（闸）门项目是按不带活动小门考虑的，当设计为带活动小门时，按相应项目执行，其中人工乘以系数 1.07，材料调整为带活动小门的金属卷帘（闸）门。

(3) 防火卷帘（闸）门（无机布基防火卷帘除外）按镀锌钢板卷帘（闸）门项目执行，并将材料中的镀锌钢板卷帘换为相应的防火卷帘。

4. 厂库房大门、特种门相关定额说明

(1) 厂库房大门项目是按一、二类木种考虑的，当采用三、四类木种时，制作按相应项目执行，人工和机械乘以系数 1.3；安装按相应项目执行，人工和机械乘以系数 1.35。

(2) 厂库房大门的钢骨架制作以钢材重量表示，已包括在定额中，不再另列项计算。

(3) 厂库房大门门扇上所用铁件均已列入定额，墙、柱、楼地面等部位的预埋铁件按设计要求另按河南省 2016 定额"第五章　混凝土及钢筋混凝土工程"中相应项目执行。

(4) 冷藏库门、冷藏冻结间门、防辐射门安装项目包括筒子板制作安装。

5. 其他门相关定额说明

(1) 全玻璃门扇安装项目按地弹门考虑，其中地弹簧消耗量可按实际调整。

(2) 全玻璃门门框、横梁、立柱钢架的制作安装及饰面装饰，按本章门钢架相应项目执行。

(3) 全玻璃门有框亮子安装按全玻璃有框门扇安装项目执行，人工乘以系数 0.75，地弹簧换为膨胀螺栓，消耗量调整为 277.55 个 /100 m²；无框亮子安装按固定玻璃安装项目执行。

(4) 电子感应自动门传感装置、伸缩门电动装置安装已包括调试用工。

6. 门钢架、门窗套相关定额说明

(1) 门钢架基层、面层项目未包括封边线条，设计要求时，另按河南省 2016 定额"第十五章　其他装饰工程"中相应线条项目执行。

(2) 门窗套、门窗筒子板均执行门窗套（筒子板）项目。

(3) 门窗套（筒子板）项目未包括封边线条，设计要求时，按河南省 2016 定额"第十五章　其他装饰工程"中相应线条项目执行。

7. 窗台板相关定额说明

(1) 当窗台板与暖气罩相连时，窗台板并入暖气罩，按河南省 2016 定额"第十五章 其他装饰工程"中相应暖气罩项目执行。

(2) 石材窗台板安装项目按成品窗台板考虑。实际为非成品需现场加工时，石材加工另按河南省 2016 定额"第十五章　其他装饰工程"中石材加工相应项目执行。

8. 门五金相关定额说明

(1) 成品木门 (扇) 安装项目中五金配件的安装仅包含合页安装人工和合页材料费，设计要求的其他五金另按河南省 2016 定额"第八章　门窗工程"中"门五金"一节中特殊五金相应项目执行。

(2) 成品金属门窗、金属卷帘 (闸) 门、特种门、其他门安装项目包括五金安装人工，五金材料费包括在成品门窗价格中。

(3) 成品全玻璃门扇安装项目中仅包括地弹簧安装的人工和材料费，设计要求的其他五金另按河南省 2016 定额"第八章 门窗工程"中的"门五金"一节中门特殊五金相应项目执行。

(4) 厂库房大门项目均包括五金铁件安装人工，五金铁件材料费另按河南省 2016 定额"第八章 门窗工程"中的"门五金"一节中相应项目执行，当设计与定额取定不同时，按设计规定计算。

8.2.2　门窗工程定额工程量计算规则

门窗工程定额工程量计算规则主要分为木门，金属门窗，金属卷帘 (闸) 门，厂库房大门、特种门，其他门，门钢架、门窗套，窗台板，窗帘盒、轨八大类。

1. 木门定额工程量计算规则

(1) 成品木门框安装按设计图示框的中心线长度计算。
(2) 成品木门扇安装按设计图示扇面积计算。
(3) 成品套装木门安装按设计图示数量计算。
(4) 木质防火门安装按设计图示洞口面积计算。

2. 金属门窗定额工程量计算规则

(1) 铝合金门窗 (飘窗、阳台封闭窗除外)、塑钢门窗均按设计图示门、窗洞口面积计算。
(2) 门连窗按设计图示洞口面积分别计算门、窗面积，其中窗的宽度算至门框的外边线。
(3) 纱门、纱窗扇按设计图示扇外围面积计算。
(4) 飘窗、阳台封闭窗按设计图示框型材外边线尺寸以展开面积计算。
(5) 钢质防火门、防盗门按设计图示门洞口面积计算。
(6) 防盗窗按设计图示窗框外围面积计算。
(7) 彩板钢门窗按设计图示门、窗洞口面积计算。彩板钢门窗附框按框中心线长度计算。

3. 金属卷帘 (闸) 门定额工程量计算规则

金属卷帘 (闸) 门按设计图示卷帘门宽度乘以卷帘门高度 (包括卷帘箱高度) 以面积

计算。电动装置安装按设计图套数计算。

4. 厂库房大门、特种门定额工程量计算规则

厂库房大门、特种门按设计图示门洞口面积计算。

5. 其他门定额工程量计算规则

(1) 全玻有框门扇按设计图示扇边框外边线尺寸以扇面积计算。

(2) 全玻无框 (夹条) 门扇按设计图示扇面积计算，高度算至条夹外边线、宽度算至玻璃外边线。

(3) 全玻无框 (点夹) 门扇按设计图示玻璃外边线尺寸以扇面积计算。

(4) 无框亮子按设计图示门框与横梁或立柱内边缘尺寸玻璃面积计算。

(5) 全玻转门按设计图示数量计算。

(6) 不锈钢伸缩门按设计图示延长米计算。

(7) 传感和电动装置按设计图示套数计算。

6. 门钢架、门窗套定额工程量计算规则

(1) 门钢架按设计图示尺寸以质量计算。

(2) 门钢架基层、面层按设计图示饰面外围尺寸展开面积计算。

(3) 门窗套 (筒子板) 龙骨、面层、基层均按设计图示饰面外围尺寸展开面积计算。

(4) 成品门窗套按设计图示饰面外围尺寸展开面积计算。

门窗计量计价

7. 窗台板定额工程量计算规则

窗台板按设计图示长度乘以宽度以面积计算。图纸未注明尺寸的，窗台板长度可按窗框的外围宽度两边共加 100 mm 计算，窗台板凸出墙面的宽度按墙面外加 50 mm 计算。

8. 窗帘盒、轨定额工程量计算规则

窗帘盒、窗帘轨按设计图示长度计算。

8.3　门窗工程清单列项与定额组价

8.3.1　木门清单列项与定额组价

1. 木门清单列项

木门的清单列项如本模块表 8-1 所示。

2. 木门定额组价

成品套装木门安装包括门套和门扇安装。木门定额基价子目设置了成品木门扇安装 (8-1)、成品木门框安装 (8-2)，成品套装木门安装分为单扇门 (8-3)、双扇门 (8-4) 及子母门 (8-5)、木质防火门安装 (8-6)。

【案例 8.1】某职工宿舍楼，门为单扇成品套装实木装饰门 (平开)190 樘，执手锁，洞口尺寸为 1000 mm × 2100 mm，试计算门的工程量并列项组价。

【解】(1) 案例分析计算。

【分析】河南省 2016 定额规定：成品木门 (扇) 安装项目中五金配件的安装仅包含合页安装人工和合页材料费，设计要求的其他五金另按河南省 2016 定额"第八章　门窗工程"中的"门五金"一节中特殊五金相应项目执行。

单扇成品实木门清单工程量 $S_1 = 1 × 2.1 × 190 = 399.00$ m^2

单扇成品实木门定额工程量 = 190 樘

执手锁定额工程量 = 190 个

(2) 案例清单列项与定额组价。

该案例中木质门的清单列项和定额组价如表 8-10 所示。

表 8-10　木质门案例的清单列项和定额组价

序号	项目编码	项目名称	项目特征描述	计量单位	工程量	金额 (元)	
						综合单价	合价
1	010801001001	木质门	1. 门洞口尺寸：1000 mm × 2100 mm 2. 门类型：实木装饰门 3. 开启方式：平开 4. 五金种类、规格：执手锁	m^2	399.00	663.63	264 788.18
	8-3	成品套装木门安装 单扇门		10 樘	19	13 348.22	253 616.18
	8-108	执手锁		10 个	19	588.00	11 172.00

8.3.2　金属门窗清单列项与定额组价

1. 金属门窗清单列项

金属门的清单列项如本模块表 8-2 所示。金属窗的清单列项如本模块表 8-3 所示。

2. 金属门窗定额组价

金属门定额基价设置了隔热断桥铝合金门安装推拉 (8-7)、平开 (8-8)，塑钢成品门安装推拉 (8-9)、平开 (8-10)，彩板钢门安装附框 (8-11)、门 (8-12)，钢制防火门安装 (8-13)、钢制防盗门安装 (8-14) 子目。

金属窗定额基价设置了铝合金窗 (8-62)~(8-72)，塑钢窗 (8-73)~(8-78)，彩钢板窗、防盗钢窗 (8-79)~(8-81) 子目。

【案例 8.2】某办公用房采用隔热断桥铝合金门连窗，代号 MLC-1，窗户为推拉窗，门为平开门，设计洞口尺寸如图 8-1 所示，共 10 樘，试计算该门连窗工程量并列项组价。

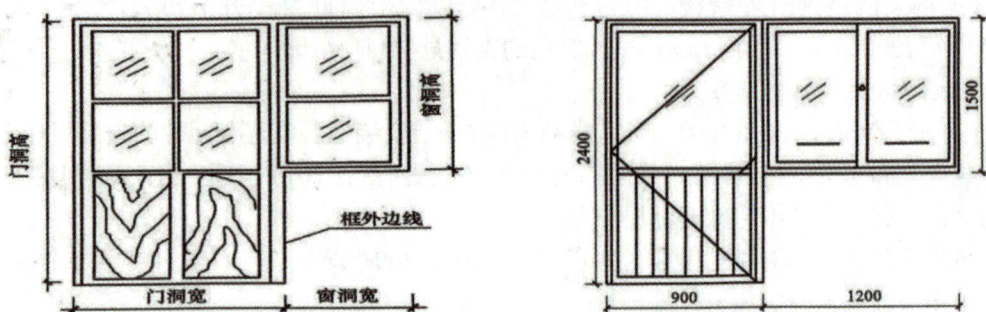

图 8-1　某办公用房门连窗示意图

【解】(1) 案例分析计算。

【分析】河南省 2016 定额规定：门连窗工程量按设计图示洞口面积分别计算门、窗面积，其中窗的宽度算至门框的外边线。成品金属门窗安装项目包括五金安装人工，五金材料费包括在成品门窗价格中。五金费用不再计取。该案例清单与定额工程量相同。

① 门清单与定额工程量 $S_1 = 0.9 \times 2.4 \times 10 = 21.60 \ m^2$。

② 窗清单与定额工程量 $S_2 = 1.5 \times 1.2 \times 10 = 18.00 \ m^2$。

(2) 案例清单列项与定额组价。

该案例中门连窗的清单列项和定额组价如表 8-11 所示。

表 8-11　门连窗案例的清单列项和定额组价

序号	项目编码	项目名称	项目特征描述	计量单位	工程量	金额(元)	
						综合单价	合价
1	010802001001	隔热断桥铝合金门	1. 门洞口尺寸：900 mm × 2400 mm 2. 门类型：金属平开门 3. 开启方式：平开	m^2	21.60	615.49	13 294.63
	8-8		隔热断桥铝合金门安装 平开	100 m^2	0.216	61 549.20	13 294.63
2	010807001001	隔热断桥铝合金窗	1. 窗洞口尺寸 1200 mm × 1500 mm 2. 开启方式：推拉	m^2	18.00	553.58	9964.41
	8-62		隔热断桥铝合金 普通窗安装 推拉	100 m^2	0.18	55 357.81	9964.41

8.3.3　金属卷帘(闸)门清单列项与定额组价

1. 金属卷帘(闸)门清单列项

金属卷帘(闸)门的清单列项如本模块表 8-4 所示。

2. 金属卷帘(闸)门定额组价

金属卷帘(闸)门定额基价设置了卷帘(闸)镀锌钢板(8-15)、铝合金(8-16)、彩钢板(8-17)、不锈钢(8-18)、电动装置(8-19)子目。其工作内容包括支架、导槽、附件安装，卷帘、

门锁 (电动装置) 安装、试开关等。

8.3.4　厂库房大门、特种门清单列项与定额组价

1. 厂库房大门、特种门清单列项

厂库房大门、特种门的清单列项如本模块表 8-5 所示。

2. 厂库房大门、特种门定额组价

厂库房大门定额基价设置了木板大门 (8-20)～(8-23)，平开钢木大门 (8-24)～(8-29)，推拉钢木大门 (8-30)～(8-35)，全钢板大门 (8-36)～(8-41)，围墙钢大门 (8-42)～(8-45)，钢木折叠门门扇制作 (8-46)、门扇安装 (8-47) 子目。

特种门定额基价设置了隔音门安装 (8-48)，保温门安装 (8-49)，冷藏库门安装 (8-50)，冷藏间冻结门安装 (8-51)，变电室门安装 (8-52)，射线防护门安装 (8-53) 子目。其工作内容包括门安装、五金安装等。

8.3.5　其他门清单列项与定额组价

1. 其他门清单列项

其他门的清单列项如本模块表 8-6 所示。

2. 其他门定额组价

其他门的定额基价设置了全玻璃门扇安装 (8-54)～(8-56)，固定玻璃安装 (8-57)，全玻转门安装 (8-58)，电子感应自动门传感装置 (8-59)，不锈钢伸缩门安装 (8-60)，伸缩门电动装置 (8-61) 子目。

8.3.6　门窗套清单列项与定额组价

1. 门窗套清单列项

门窗套的清单列项如本模块表 8-7 所示。

2. 门窗套定额组价

门窗套定额基价设置了门、窗套 (筒子板)(8-88)～(8-95) 子目。

8.3.7　窗台板清单列项与定额组价

1. 窗台板清单列项

窗台板的清单列项如本模块表 8-8 所示。

2. 窗台板定额组价

窗台板定额基价设置了窗台板木龙骨基层板 (8-96)、面层 (8-97)～(8-100) 子目。

8.3.8　窗帘盒、轨清单列项与定额组价

1. 窗帘盒、轨清单列项

窗帘盒、轨的清单列项如本模块表 8-9 所示。

2. 窗帘盒、轨定额组价

窗帘盒、轨定额基价子目设置了窗帘盒 (不带轨)(8-101)～(8-103)；成品窗帘轨暗装 (单轨、双轨) 分为 (8-104)、(8-105)，明装 (单轨、双轨) 分为 (8-106)、(8-107)。

8.4　工程项目实例

某学生宿舍楼项目中门窗除注明外均立樘于墙中。所有窗均采用 90 系列塑钢窗，白色塑钢型材，单框中空，5 mm 厚净白玻璃，5+12A+5。门窗所在位置及尺寸详见建施图中各层平面图、相关剖面图及立面图、门窗详图、门窗表。

人工费指数、机械人工费指数、管理费指数采用河南省发布的 2023 年 7 月至 12 月指数，材料价格按 2024 年 3 月份郑州市建设工程主要材料价格信息指导价，没有参照市场价。

某学生宿舍楼门窗工程分部分项工程和单价措施项目清单与计价

拓展知识

门、窗按所用的材料不同，分为木、钢、铝合金、玻璃钢、塑料、钢筋混凝土门窗和复合门窗等。门窗尺寸要求如表 8-12 所示。

表 8-12　门窗尺寸要求

	厕所、浴室	厨房	卧室	住宅入户门	教室	办公室
	700 mm	800 mm	900 mm	1000 mm		
门的尺度	当门宽大于 1000 mm 时，应根据使用要求采用双扇门、四扇门或者增加门的数量。双扇门的宽度可为 1200～1800 mm，四扇门的宽度可为 2400～3600 mm					
	防火规范	当房间使用人数超过 50 人，面积超过 60 m² 时，至少需设 2 道门				
		大型公共建筑如影剧院的观众厅、体育馆的比赛大厅等，门的数量和总宽度应按每 100 人 600 mm 宽计算，并结合人流通行方便，分别设双扇外开门于通道外，且每扇门宽度>1400 mm				
窗的尺度	平开木窗	窗扇高度为 800～1200 mm，宽度不宜大于 500 mm				
	上下悬窗	窗扇高度为 300～600 mm，中悬窗窗扇高度不宜大于 1200 mm，宽度不宜大于 1000 mm				
	推拉窗	高、宽均不宜大于 1500 mm				
	模数	各类窗的高度与宽度尺寸通常采用扩大模数 3M 数列作为洞口的标志尺寸				

赛证融合

1. 根据现行工程量计算标准规范,以下门窗工程量计算正确的是(　　)。

A. 木门框按设计图示洞口尺寸以面积计算

B. 金属纱窗按设计图示洞口尺寸以面积计算

C. 石材窗台板按设计图示以水平投影面积计算

D. 木门的门锁安装按设计图示数量计算

2. 根据现行工程量计算标准规范,以"樘"计的金属橱窗项目特征中必须描述(　　)。

A. 洞口尺寸　　　　　　　　　　B. 玻璃面积

C. 窗设计数量　　　　　　　　　D. 框外围展开面积

3. 根据现行工程量计算标准规范,木门综合单价计算不包括(　　)。

A. 折页、插销安装　　　　　　　B. 门碰珠、弓背拉手安装

C. 弹簧折页安装　　　　　　　　D. 门锁安装

4. 根据现行工程量计算标准规范,关于木质门及金属门工程量清单项目所包含的五金配件,下列说法正确的是(　　)。

A. 木质门五金安装中未包括地弹簧安装

B. 木质门五金安装中包括了门锁安装

C. 金属门五金安装中未包括电子锁安装

D. 金属门五金安装中包括了装饰拉手安装

模块 8 赛证融合
参考答案

思政角

　　通过学习本模块,能结合图纸进行门窗工程量及价格的计算。门窗作为建筑围护结构中的重要组成部分,担任了节能的重要任务。门窗耗能占据了建筑耗能的 1/2 以上。门窗的合理应用对于绿色建筑的推广具有举足轻重的意义。因此《绿色建筑评价标准》从节能、节地、节水、节材、保护环境和减少污染等角度制定了建筑中与门窗应用相关的应用条款,不断提高门窗的保温、隔热性能,降低建筑能耗,节约能源,体现节能节材、绿色建筑理念。

模 块 小 结

　　通过本模块的学习,要求学生掌握以下内容:

《河南省房屋建筑与装饰工程预算定额》(HA 01-31—2016) 规定:

(1) 铝合金门窗 (飘窗、阳台封闭窗除外)、塑钢门窗均按设计图示门、窗洞口面积计算。

(2) 纱门、纱窗扇工程量,按设计图示扇外围面积计算。

(3) 金属卷帘 (闸) 工程量,按设计图示卷帘门宽度乘以卷帘门高度 (包括卷帘箱高度)

以面积计算。电动装置安装按设计图套数计算。

同 步 测 试

一、简答题

1. 简述《河南省房屋建筑与装饰工程预算定额》(HA 01-31—2016) 金属卷帘 (闸) 门工程量的计算规则。

2. 试述《河南省房屋建筑与装饰工程预算定额》(HA 01-31—2016) 塑钢门窗工程量的计算规则。

二、单选题

1. 根据《河南省房屋建筑与装饰工程预算定额》(HA 01-31—2016)，门连窗按设计图示洞口面积分别计算门、窗面积，其中窗的宽度算至门框的 ( )。

    A. 中心线　　　　　　　　　　　B. 外边线

    C. 内边线　　　　　　　　　　　D. 净长线

2. 根据《河南省房屋建筑与装饰工程预算定额》(HA 01-31—2016)，铝合金门窗 (飘窗、阳台封闭窗除外)、塑钢门窗均按设计图示门、窗 ( ) 计算。

    A. 洞口面积　　　　　　　　　　B. 扇面积

    C. 双面洞口面积　　　　　　　　D. 图示长度

3. 根据《河南省房屋建筑与装饰工程预算定额》(HA 01-31—2016)，成品木门 (扇) 安装项目中五金配件的安装仅包含 ( )，设计要求的其他五金另按本定额"第八章　门窗工程"中的"门五金"一节中特殊五金相应项目执行。

    A. 合页安装人工和材料费　　　　B. 门锁安装人工和材料费

    C. 门磁吸安装人工和材料费　　　D. 大门暗插销安装人工和材料费

4. 根据《河南省房屋建筑与装饰工程预算定额》(HA 01-31—2016)，门窗套龙骨、面层均按设计图示饰面外围尺寸 ( ) 计算。

    A. 水平投影面积　　　　　　　　B. 垂直投影

    C. 设计长度　　　　　　　　　　D. 展开面积

三、多选题

1.《河南省房屋建筑与装饰工程预算定额》(HA 01-31—2016) 中按设计图示扇外围面积计算工程量的有 ( )。

    A. 普通木门　　　　　B. 铝合金门窗　　　　　C. 纱门

    D. 纱窗　　　　　　　E. 铝合金卷闸门

2. 对于《河南省房屋建筑与装饰工程预算定额》(HA 01-31—2016) 中的小五金费用，下列 ( ) 项目不需要单独计算。

    A. 成品木门　　　　　B. 成品金属门窗　　　　C. 特种门

D. 金属卷帘 (闸) 门　　　E. 厂库房大门

3. 根据《房屋建筑与装饰工程工程量计算标准》(GB/T 50854—2024)，下面门窗工程量计算方法中正确的是 (　　)。

A. 金属门五金安装需要另列项计算

B. 木门门锁已包含在五金中，不另计算

C. 金属橱窗、飘窗以"m^2"计量

D. 木质门按门外围尺寸以面积计算

E. 全钢板大门刷防护涂料应包括在综合单价中

四、计算题

某房间门为钢质防盗门 1000 mm × 2500 mm，共 3 樘 (市场价为 378 元 /m^2)，窗为 90 系列隔热断桥铝合金 (中空玻璃) 推拉窗 1500 mm × 1800 mm，共 3 樘 (市场价为 503.09 元 /m^2)，试准确计算工程量、材料差价并列项组价。

模块9 屋面及防水工程

知识框架

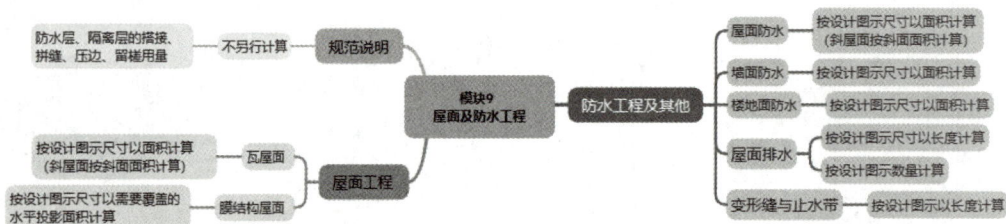

9.1 屋面及防水工程工程量清单

屋面及防水工程是房屋建筑工程的主要组成部分，除承受各种荷载外，还需要具有抵御温度、风吹、雨淋、冰雪等能力。本模块不仅包括屋面工程及防水，也包括墙面、楼地面防水等。

屋面及防水工程（《房屋建筑与装饰工程工程量计算标准》(GB/T 50854—2024) 附录 J）共分 4 小节 28 个项目，包括 J.1 屋面、J.2 屋面防水及其他、J.3 墙面防水、防潮、J.4 楼（地）面防水、防潮、J.5 基础防水及止水带，对应河南省 2016 定额（上册）"第九章 屋面及防水工程"。

1. 屋面工程工程量清单

《房屋建筑与装饰工程工程量计算标准》(GB/T 50854—2024) 附录 J.1 对屋面工程量清单的项目编码、项目名称、项目特征、计量单位、工程量计算规则和工作内容做出了详细的规定，如表 9-1 所示。

表 9-1　屋面工程量清单（编码 010901）

项目编码	项目名称	项目特征	计量单位	工程量计算规则	工作内容
010901001	瓦屋面	1. 瓦品种、规格 2. 铺设及搭接方式 3. 卧瓦层砂浆种类及厚度 4. 持钉层材料种类及厚度 5. 顺水条、挂瓦条品种及规格	m²	按设计图示尺寸以斜面积计算。不扣除房上烟囱、风帽底座、风道、小气窗、斜沟等所占面积，小气窗的出檐部分、瓦搭接重叠部分不增加面积	1. 卧瓦层或持钉层铺设及养护 2. 顺水条、挂瓦条铺钉（若有） 3. 安瓦、作瓦脊
010901007	屋面成品天沟、檐沟	1. 构件部位 2. 构件品种、规格尺寸 3. 接缝、嵌缝材料种类 4. 防护材料种类	m	按设计图示尺寸以沟中心线长度计算	1. 天沟、檐沟安装 2. 配件安装 3. 接缝、嵌缝 4. 刷防护材料

【说明】1. 瓦屋面的"瓦品种"可描述为块瓦、沥青瓦、波形瓦等，如设计为卧瓦，应对卧瓦层进行描述；如设计为挂瓦，应对顺水条、挂瓦条及持钉层进行描述；如设计为直接钉瓦，应对持钉层进行描述，以屋面木基层或钢筋混凝土基层作为持钉层的，持钉层可不描述。

2. 各变形缝项目均应按单侧做法的项目特征进行描述。若为双侧做法且做法一致时，工程量乘以系数 2；双侧做法不一致时，两侧应分别编码列项。

2. 防水工程及其他工程量清单

《房屋建筑与装饰工程工程量计算标准》(GB/T 50854—2024) 附录 J.2 对屋面防水及其他工程量清单的项目编码、项目名称、项目特征、计量单位、工程量计算规则和工作内容做出了详细的规定，如表 9-2 所示。

表 9-2　屋面防水及其他工程量清单（编码：010902）

项目编码	项目名称	项目特征	计量单位	工程量计算规则	工作内容
010902001	屋面卷材防水	1. 卷材品种、规格、厚度 2. 防水层数 3. 防水层做法	m²	按设计图示尺寸以面积计算。 1. 斜屋顶（不包括平屋顶找坡）按斜面积计算，平屋顶按水平投影面积计算 2. 不扣除房上烟囱、风帽底座、风道、屋面小气窗和斜沟所占面积，相应上述部位上翻不增加 3. 屋面的女儿墙、伸缩缝和天窗等处的上翻部分，并入屋面工程量内	1. 基层处理 2. 刷底油 3. 铺防水卷材 4. 搭接缝处理、封边、收口
010902002	屋面涂膜防水	1. 防水膜品种 2. 涂膜厚度、遍数 3. 增强材料种类			1. 基层处理 2. 刷基层处理剂 3. 铺布、喷涂防水层

续表

项目编码	项目名称	项目特征	计量单位	工程量计算规则	工作内容
010902004	屋面刚性层	1. 刚性层材料种类及强度等级 2. 刚性层厚度 3. 刚性层作用 4. 嵌缝材料种类		按设计图示尺寸以面积计算。不扣除房上烟囱、风帽底座、风道等所占面积	1. 基层处理 2. 刚性层铺筑、界格、养护
010902009	天沟、檐沟防水	1. 防水材料品种、规格 2. 防水层数、厚度、遍数 3. 防水层做法		按设计图示尺寸以展开面积计算	1. 基层处理 2. 刷底油 3. 铺防水卷材或喷涂防水层

【说明】1. 种植屋面过滤层应按本附录"屋面柔性隔离层"项目编码列项。

2. "天沟、檐沟防水"项目是指外挑天沟、檐沟部位的防水，与屋面相连的内天沟、檐沟的防水并入屋面防水计算。

3. 屋面工程中的找平层、保护层及刚性隔离层应按"屋面刚性层"项目编码列项，并在"刚性层作用"项目特征中进行描述；屋面保温材料形成的找坡层、屋面防水保温一体化工程应按模块 10 "保温隔热屋面"项目编码列项。

4. 模块 9 防水层、隔离层的搭接、拼缝、压边、留槎用量及为满足施工规范所需的附加层用量均不另行计算。但设计文件中标注具体尺寸的附加层，应计算工程量，并按附加层材质、做法等项目特征单独编码列项。

5. 屋面及防水工程中，设计采用成型钢筋网片、成品钢丝网，应按模块 7 混凝土及钢筋混凝土工程"钢筋网片""钢丝网"项目编码列项；设计采用其他形式的钢筋，应按"屋面刚性层内配钢筋"项目编码列项。

《房屋建筑与装饰工程工程量计算标准》(GB/T 50854—2024) 附录 J.3 对墙面防水、防潮工程量清单的项目编码、项目名称、项目特征、计量单位、工程量计算规则和工作内容做出了详细的规定，如表 9-3 所示。

表 9-3 墙面防水、防潮工程量清单（编码：010903）

项目编码	项目名称	项目特征	计量单位	工程量计算规则	工作内容
010903003	墙面砂浆防水	1. 防水层做法 2. 砂浆厚度、种类及强度等级 3. 分隔缝材料种类	m²	按设计图示尺寸以面积计算	1. 基层处理 2. 设置分格缝 3. 砂浆制作、摊铺、养护

【说明】1. 楼（地）面防水上翻高度大于 300 mm 时，应按墙面防水相应项目编码列项。

2. 防水底板等各类基础的侧面、上表面防水工程量应并入基础防水工程量内，筏板以上的挡土墙防水应按照墙面防水列项并计算工程量。

3. 墙面防水找平层应按模块 12 墙、柱面装饰与隔断、幕墙工程"立面砂浆找平层"项目编码列项。

《房屋建筑与装饰工程工程量计算标准》(GB/T 50854—2024) 附录 J.4 对楼 (地) 面防水、防潮工程量清单的项目编码、项目名称、项目特征、计量单位、工程量计算规则和工作内容做出了详细的规定，如表 9-4 所示。

表 9-4　楼 (地) 面防水、防潮工程量清单 (编码：010904)

项目编码	项目名称	项目特征	计量单位	工程量计算规则	工作内容
010904001	楼 (地) 面卷材防水	1. 卷材品种、规格、厚度 2. 防水层数 3. 防水层做法 4. 上翻高度	m²	按设计图示尺寸以主墙间净面积计算，扣除凸出地面的构筑物、设备基础及单个面积 > 0.3 m² 的柱、垛、烟囱和孔洞等所占面积。 楼 (地) 面防水上翻高度 ≤ 300 mm 时，工程量并入楼地面防水工程量内	1. 基层处理 2. 刷粘结剂 3. 铺防水卷材 4. 搭接缝处理、封边、收口
010904003	楼 (地) 面砂浆防水 (防潮)	1. 防水 (防潮) 层做法 2. 砂浆厚度、种类及强度等级 3. 上翻高度			1. 基层处理 2. 砂浆制作、摊铺、养护

【说明】楼 (地) 面及基础防水找平层应按模块 11 楼地面装饰工程相关找平层项目编码列项；基础防水细石混凝土保护层应按模块 11 楼地面装饰工程"细石混凝土楼地面"项目编码列项。

9.2　屋面及防水工程河南省 2016 定额应用

9.2.1　屋面及防水工程相关定额说明

河南省 2016 定额"第九章　屋面及防水工程"中相关定额说明包括屋面工程、防水工程及其他两节。

本章中瓦屋面、金属板屋面、采光板屋面、玻璃采光顶、卷材防水、水落管、水口、水斗、沥青砂浆填缝、变形缝盖板、止水带等项目是按标准或常用材料编制的，设计与定额不同时，材料可以换算，人工、机械不变；屋面保温等项目执行河南省 2016 定额"第十章　保温、隔热、防腐工程"相应项目，找平层等项目执行河南省 2016 定额"第十一章　楼地面装饰工程"相应项目。

1. 屋面工程相关定额说明

(1) 黏土瓦若穿铁丝钉圆钉，每 100 m² 增加 11 工日，增加镀锌低碳钢丝 (22#)3.5 kg，圆钉 2.5 kg;若用挂瓦条,每 100 m² 增加 4 工日,增加挂瓦条 (尺寸 25 mm × 30 mm)300.3 m,圆钉 2.5 kg。

(2) 金属板屋面中一般金属板屋面，执行彩钢板和彩钢夹心板项目；装配式单层金属压型板屋面区分檩距不同执行定额项目。

(3) 采光板屋面如设计为滑动式采光顶，可以按设计增加 U 形滑动盖帽等部件，调整材料、人工乘以系数 1.05。

(4) 膜结构屋面的钢支柱、锚固支座混凝土基础等执行其他章节相应项目。

(5) 25%＜坡度≤45% 及人字形、锯齿形、弧形等不规则瓦屋面，人工乘以系数 1.3;坡度＞45% 的，人工乘以系数 1.43。

2. 防水工程及其他相关定额说明

1) 防水

(1) 细石混凝土防水层使用钢筋网时，执行河南省 2016 定额"第五章　混凝土及钢筋混凝土工程"中相应项目。

(2) 平 (屋) 面以坡度≤15% 为准，15%＜坡度≤25% 的，按相应项目的人工乘以系数 1.18;25%＜坡度≤45% 及人字形、锯齿形、弧形等不规则屋面或平面，人工乘以系数 1.3;坡度＞45% 的，人工乘以系数 1.43。

(3) 防水卷材、防水涂料及防水砂浆，定额以平面和立面列项，实际施工桩头、地沟零星部位时，人工乘以系数 1.43;单个房间楼地面面积≤8 m² 时，人工乘以系数 1.3。

(4) 卷材防水附加层套用卷材防水相应项目，人工乘以系数 1.43。

(5) 立面是以直形为依据编制的弧形者，相应项目的人工乘以系数 1.18。

(6) 冷粘法是以满铺为依据编制的，点、条铺粘者按其相应项目的人工乘以系数 0.91，粘合剂乘以系数 0.7。

2) 屋面排水

(1) 水落管、水口、水斗均按材料成品、现场安装考虑。

(2) 铁皮屋面及铁皮排水项目内已包括铁皮咬口和搭接的工料。

(3) 采用不锈钢水落管排水时，执行镀锌钢管项目，材料按实换算，人工乘以系数 1.1。

3) 变形缝与止水带

(1) 变形缝嵌填缝定额项目中，建筑油膏、聚氯乙烯胶泥设计断面取定为 30 mm × 20 mm;油浸木丝板取定为 150 mm × 25 mm;其他填料取定为 150 mm × 30 mm。

(2) 变形缝盖板、木盖板断面取定为 200 mm × 25 mm;铝合金盖板厚度取定为 1 mm;不锈钢板厚度取定为 1 mm。

(3) 钢板 (紫铜板) 止水带展开宽度为 400 mm;氯丁橡胶宽度为 300 mm;涂刷式氯丁胶贴玻璃纤维止水片宽度为 350 mm。

9.2.2　屋面及防水工程定额工程量计算规则

屋面及防水工程定额工程量计算规则主要分为屋面工程、防水工程及其他两大类。

1. 屋面工程定额工程量计算规则

(1) 各种屋面和型材屋面 (包括挑檐部分) 均按设计图示尺寸以面积计算 (斜屋面按斜面面积计算)，不扣除房上烟囱、风帽底座、风道、小气窗、斜沟和脊瓦等所占面积，小气窗的出檐部分也不增加。

(2) 西班牙瓦、瓷质波形瓦、英红瓦屋面的正斜脊瓦、檐口线，按设计图示尺寸以长度计算。

(3) 采光板屋面和玻璃采光顶屋面按设计图示尺寸以面积计算，不扣除面积≤0.3 m² 孔洞所占面积。

(4) 膜结构屋面按设计图示尺寸以需要覆盖的水平投影面积计算；膜材料可以调整含量。

2. 防水工程及其他定额工程量计算规则

1) 防水

(1) 屋面防水，按设计图示尺寸以面积计算 (斜屋面按斜面面积计算)，不扣除房上烟囱、风帽底座、风道、屋面小气窗等所占面积，上翻部分也不另计算；屋面的女儿墙、伸缩缝和天窗等处的弯起部分，按设计图示尺寸计算；设计无规定时，伸缩缝、女儿墙、天窗的弯起部分按 500 mm 计算，计入立面工程量内。

(2) 楼地面防水、防潮层按设计图示尺寸以主墙间净面积计算，扣除凸出地面的构筑物、设备基础等所占面积，不扣除间壁墙及单个面积≤0.3 m² 柱、垛、烟囱和孔洞所占面积。平面与立面交接处，上翻高度≤300 mm 时，按展开面积并入平面工程量内计算，高度＞300 mm 时，按立面防水层计算。

(3) 墙基防水、防潮层，外墙按外墙中心线长度、内墙按墙体净长度乘以宽度，以面积计算。

(4) 墙的立面防水、防潮层，不论内墙、外墙，均按设计图示尺寸以面积计算。

(5) 基础底板的防水、防潮层按设计图示尺寸以面积计算，不扣除桩头所占的面积。桩头处外包防水按桩头投影外扩 300 mm 以面积计算，地沟处防水按展开面积计算，均计入平面工程量，执行相应规定。

(6) 屋面、楼地面及墙面、基础底板等，其防水搭接、拼缝、压边、留槎用量已综合考虑，不另行计算，卷材防水附加层按设计铺贴尺寸以面积计算。

(7) 卷材防水附加层按设计规范相关规定以面积计算。

(8) 屋面分格缝按设计图示尺寸以长度计算。

2) 屋面排水

(1) 水落管、镀锌铁皮天沟、檐沟按设计图示尺寸，以长度计算。

(2) 水斗、下水口、雨水口、弯头、短管等均以设计数量计算。

(3) 种植屋面排水按设计尺寸以铺设排水层面积计算；不扣除房上烟囱、风帽底座、风道、屋面小气窗、斜沟和脊瓦等所占面积，以及面积≤0.3 m^2 的孔洞所占面积；屋面小气窗的出檐部分也不增加。

3) 变形缝与止水带

变形缝 (嵌填缝与盖板) 与止水带按设计图示尺寸，以长度计算。

防水计量计价

9.3   屋面及防水工程清单列项与定额组价

9.3.1   屋面工程清单列项与定额组价

1. 屋面工程清单列项

屋面工程的清单列项如本模块表 9-1 所示。

2. 屋面工程定额组价

屋面工程定额基价设置了块瓦屋面 (9-1)～(9-11) 子目、沥青瓦屋面 (9-12) 子目；金属板屋面 (9-13)～(9-18) 子目、采光屋面 (9-19)～(9-23) 子目、膜结构屋面 (9-24) 子目。

9.3.2   防水工程及其他清单列项与定额组价

1. 防水工程及其他清单列项

防水工程及其他的清单列项如本模块表 9-2、表 9-3 和表 9-4 所示。

2. 防水工程及其他定额组价

防水工程及其他分为卷材防水、涂料防水、板材防水、刚性防水、屋面排水、变形缝与止水带。卷材防水定额基价设置了玻璃纤维布卷材防水 (9-25)～(9-33) 子目、改性沥青卷材防水 (9-34)～(9-46) 子目、高分子卷材 (9-47)～(9-58) 子目；涂料防水定额基价设置了改性沥青防水涂料 (9-59)～(9-70) 子目、高分子防水涂料 (9-71)～(9-82) 子目、冷底子油 (9-83)～(9-85) 子目；板材防水 (9-86)～(9-88) 子目；刚性防水 (9-89)～(9-104) 子目；屋面排水 (9-105)～(9-133) 子目；变形缝与止水带定额基价设置了嵌填缝 (9-134)～(9-143) 子目，变形缝盖板 (9-144)～(9-151) 子目，止水带 (9-152)～(9-157) 子目。

【案例 9.1】某屋面 1 如图 9-1 所示，层面 1 具体做法：保护层：40 mm 厚 C20 细石混凝土；保温层：干铺 30 mm 厚岩棉板；防水层：3 mm 厚高聚物改性沥青自粘卷材；找平层：20 mm 厚干混 DS M20 砂浆；找坡层：最薄处 30 mm 厚 1∶8 水泥憎水性膨胀珍珠岩 2% 找坡；结构层：现浇混凝土屋面板。挑檐部分屋面 2 做法：防水层：3 mm 厚高聚物改性沥青自粘卷材；找平层：20 mm 厚干混 DS M20 砂浆；结构层：现浇混凝土屋面板。试计算屋面防水工程量并列项组价。

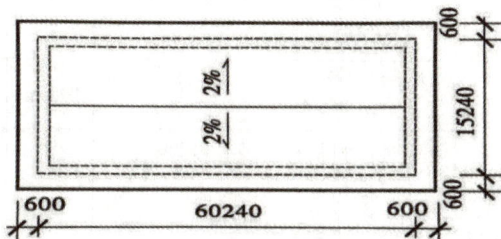

图 9-1　某屋面 1 做法示意图

【解】(1) 案例分析计算。

① 屋面 1。

a. 找坡层：最薄处 30 mm 厚 1∶8 水泥憎水性膨胀珍珠岩 2% 找坡

保温隔热屋面清单与定额工程量 $S_1 = 60.24 \times 15.24 = 918.06 \text{ m}^2$

平均厚度 $h = 15.24 \div 4 \times 2\% + 0.03 = 0.106 \text{ m} = 106.00 \text{ mm}$

b. 找平层：20 mm 厚干混 DS M20 砂浆

屋面刚性层清单与定额工程量 $S_2 = S_1 = 918.06 \text{ m}^2$

c. 防水层：3 mm 厚高聚物改性沥青自粘卷材

屋面卷材防水清单与定额工程量 $S_3 = S_1 = 918.06 \text{ m}^2$

d. 保温层：干铺 30 mm 厚岩棉板

保温隔热屋面清单与定额工程量 $S_4 = S_1 = 918.06 \text{ m}^2$

e. 保护层：40 mm 厚 C20 细石混凝土

屋面刚性层清单与定额工程量 $S_5 = S_1 = 918.06 \text{ m}^2$

② 挑檐部分屋面 2。

a. 找平层：20 mm 厚干混 DS M20 砂浆

屋面刚性层清单与定额工程量 $S_6 = (60.24 + 0.6 \times 2) \times (15.24 + 0.6 \times 2) -$

$$60.24 \times 15.24$$

$$= 92.02 \text{ m}^2$$

b. 防水层：3 mm 厚高聚物改性沥青自粘卷材

屋面卷材防水清单与定额工程量 $S_7 = S_6 = 92.02 \text{ m}^2$

(2) 案例清单列项与定额组价。

该案例中屋面防水的清单列项和定额组价如表 9-5 所示。

表 9-5　屋面防水案例的清单列项和定额组价

序号	项目编码	项目名称	项目特征描述	计量单位	工程量	金额（元）	
						综合单价	合价
1	011001001001	保温隔热屋面（屋面 1）	1. 保温隔热方式及材料名称：水泥膨胀珍珠岩 2. 保温隔热材料规格、性能、厚度：1:8、憎水性、最薄处 30 mm 厚、2% 找坡	m²	918.06	33.92	31 143.07
	10-13+10-14		屋面 水泥珍珠岩 厚度 100 mm 实际厚度（mm）：106	100 m²	9.1806	3392.27	31 143.07
2	010902004001	屋面刚性层（屋面 1）	1. 刚性层材料种类及强度等级：干混 DS M20 砂浆 2. 刚性层厚度：20 mm 3. 刚性层作用：找平层	m²	918.06	21.69	19 910.98
	11-2		平面砂浆找平层 填充材料上 20 mm	100 m²	9.1806	2168.81	19 910.98
3	010902001001	屋面卷材防水（屋面 1）	1. 卷材品种、规格、厚度：3 mm 厚高聚物改性沥青卷材 2. 防水层数：1 3. 防水层做法：自粘法	m²	918.06	52.65	48 337.14
	9-42		卷材防水 高聚物改性沥青自粘卷材 自粘法一层 平面	100 m²	9.1806	5265.14	48 337.14
4	011001001002	保温隔热屋面（屋面 1）	1. 保温隔热方式及材料名称：干铺岩棉板 2. 保温隔热材料规格、性能、厚度：30 mm 厚	m²	918.06	12.26	11 255.69
	10-23		屋面 干铺岩棉板 厚度 ≤ 30 mm	100 m²	9.1806	1226.03	11 255.69
5	010902004002	屋面刚性层（屋面 1）	1. 刚性层材料种类及强度等级：C20 细石混凝土 2. 刚性层厚度：40 mm 厚 3. 刚性层作用：保护层	m²	918.06	28.14	25 836.87
	9-89		刚性防水 细石混凝土 厚 40 mm	100 m²	9.1806	2814.29	25 836.87
6	010902004003	屋面刚性层（屋面 2）	1. 刚性层材料种类及强度等级：干混 DS M20 砂浆 2. 刚性层厚度：20 mm 3. 刚性层作用：找平层	m²	92.02	17.94	1651.25
	11-1		平面砂浆找平层 混凝土或硬基层上 20 mm	100 m²	0.9202	1794.45	1651.25
7	010902001002	屋面卷材防水（屋面 2）	1. 卷材品种、规格、厚度：3 mm 厚高聚物改性沥青卷材 2. 防水层数：1 3. 防水层做法：自粘法	m²	92.02	52.65	4844.98
	9-42		卷材防水 高聚物改性沥青自粘卷材 自粘法一层 平面	100 m²	0.9202	5265.14	4844.98

9.4　工程项目实例

某学生宿舍楼出屋面管井、管道泛水做法见 12YJ5-1 第 14 页节点 1。雨水管均采用 ϕ100UPVC 管（白色），均为有组织排水，屋面及防水工程详见建筑施工图。

人工费指数、机械人工费指数、管理费指数采用河南省发布 2023 年 7 月至 12 月指数，材料价格按 2024 年 3 月份郑州市建设工程主要材料价格信息指导价，没有参照市场价。

某学生宿舍楼屋面及防水工程分部分项工程和单价措施项目清单与计价表

拓展知识

1. 屋面分类

屋面是指屋面板以上的构造层，按形式不同可分为平屋面、坡屋面两种类型。

(1) 平屋面：一般采用现浇或预制的钢筋混凝土平屋顶做基层，上铺设卷材防水层、涂膜防水层、刚性防水层等。平屋面的基本构造层次有保温层、找坡层、找平层、防水层、保护层等，如图 9-2 所示。

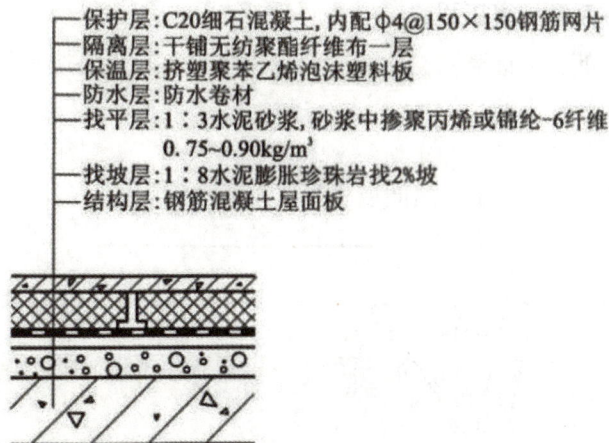

保护层：C20 细石混凝土，内配 ϕ4@150×150 钢筋网片
隔离层：干铺无纺聚酯纤维布一层
保温层：挤塑聚苯乙烯泡沫塑料板
防水层：防水卷材
找平层：1∶3 水泥砂浆，砂浆中掺聚丙烯或锦纶-6 纤维 0.75~0.90kg/m³
找坡层：1∶8 水泥膨胀珍珠岩找 2% 坡
结构层：钢筋混凝土屋面板

图 9-2　平屋面构造层次示意图

(2) 坡屋面：指排水坡度较大的屋顶，由各类屋面防水材料覆盖，根据坡面组织不同，主要有单坡顶、双坡顶、四坡顶等，如图 9-3 所示。坡屋面材料主要有水泥瓦、黏土瓦、小青瓦、波形石棉瓦、金属压型板等。

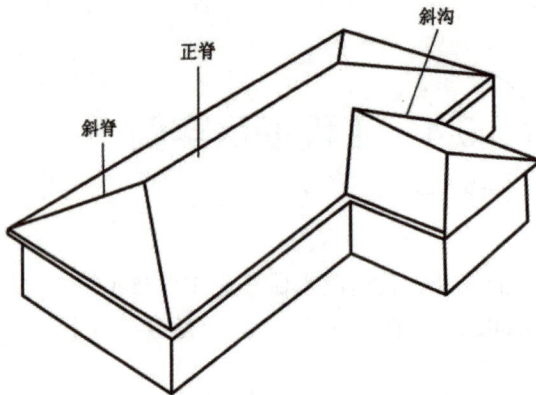

图 9-3 坡屋面示意图

刚性防水屋面定额基价设置有细石混凝土、水泥砂浆、防水砂浆、聚合物水泥防水砂浆等子目，如图 9-4 所示。柔性防水屋面如图 9-5 所示。女儿墙弯起部分如图 9-6 所示。

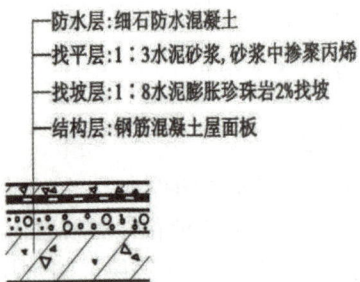

图 9-4 刚性防水屋面示意图

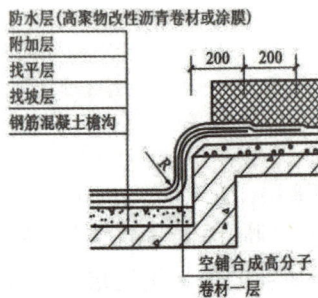

图 9-5 柔性防水屋面

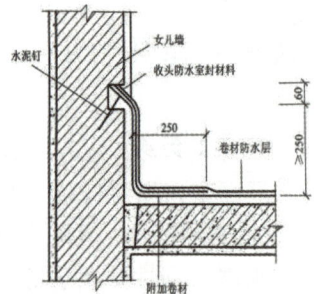

图 9-6 女儿墙弯起部分

2. 利用屋面坡度系数计算工程量

瓦屋面、型材屋面、屋面卷材防水、屋面涂抹防水等斜屋面按斜面面积计算，均按水平投影面积乘以屋面坡度系数。

1) 屋面坡度

坡屋面示意图如图 9-7 所示，屋面坡度系数如表 9-6 所示。

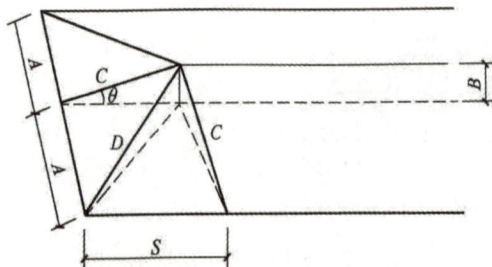

图 9-7 坡屋面示意图

注：(1) 两坡、四坡排水屋面积为屋面水平投影面积乘以延尺系数 C；

(2) 四坡排水屋面斜脊长度 = A × 偶延尺系数 D(当 S = A 时)；

(3) 沿山墙泛水长度 = A × C；

(4) 坡屋面高度 = B。

表 9-6 屋面坡度系数

坡度			延尺系数 C	偶延尺系数 D
B(A = 1)	高跨比 (B/2A)	角度 (θ)	(A = 1)	(A = 1)
1	1/2	45°	1.4142	1.7321
0.75		36° 52′	1.2500	1.6008
0.70		35°	1.2207	1.5779
0.666	1/3	33° 40′	1.2015	1.5620
0.65		33° 01′	1.1926	1.5564
0.60		30° 58′	1.1662	1.5362
0.577		30°	1.1547	1.5270
0.55		28° 49′	1.1413	1.5170
0.50	1/4	26° 34′	1.1180	1.5000
0.45		24° 14′	1.0966	1.4839
0.40	1/5	21° 48′	1.0770	1.4697
0.35		19° 17′	1.0594	1.4569
0.3		16° 42′	1.0440	1.4457
0.25		14° 02′	1.0308	1.4362
0.20	1/10	11° 19′	1.0198	1.4283
0.15		8° 32′	1.0112	1.4221
0.125		7° 8′	1.0078	1.4191
0.100	1/20	5° 42′	1.0050	1.4177
0.083		4° 45′	1.0035	1.4166
0.066	1/30	3° 49′	1.0022	1.4157

2) 屋面坡度表示方法

如图 9-8 所示，屋面坡度有以下三种表示方法：

(1) 用屋顶的高度与屋顶的跨度之比 (简称高跨比) 表示：$i = H/L$。

(2) 用屋顶的高度与屋顶的半跨之比 (简称坡度) 表示：$i = H/(L/2)$。

(3) 用屋面的斜面与水平面的夹角 θ 表示。

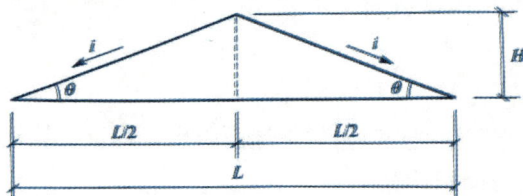

图 9-8 屋面坡度的表示方法

3) 屋面找坡层的平均厚度

屋面找坡层平均厚度计算示意图如图 9-9 所示。其中，单坡屋面与双坡屋面的找坡层的平均厚度计算公式如下：

(1) 单坡屋面找坡层的平均厚度：$d = d_1 + d_2 = d_1 + iL/2$。

(2) 双坡屋面找坡层的平均厚度：$d = d_1 + d_2 = d_1 + iL/4$。

式中：d 为屋面找坡层的平均厚度；θ 为屋面倾斜角；i 为坡度系数；d_1 为屋面找坡层的最薄处厚度；d_2 为屋面找坡层的折加厚度；L 为屋顶的跨度。

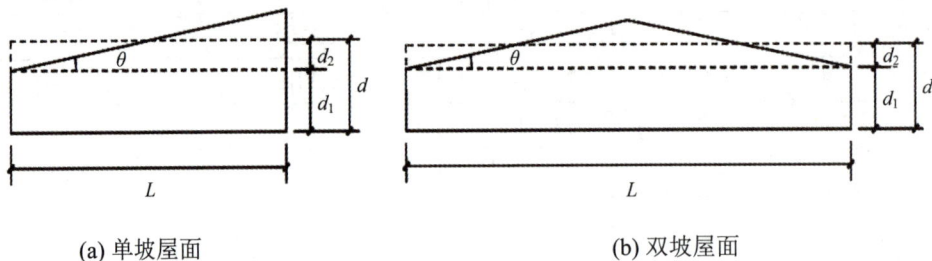

(a) 单坡屋面   (b) 双坡屋面

图 9-9　屋面找坡层平均厚度计算示意图

【案例 9.2】如图 9-10 所示为某四坡水泥瓦屋顶平面图，设计屋面坡度 = 0.5，即 $\theta = 26°\,34'$，高跨比为 1/4，试计算：

(1) 瓦屋面的清单工程量；

(2) 全部屋脊长度。

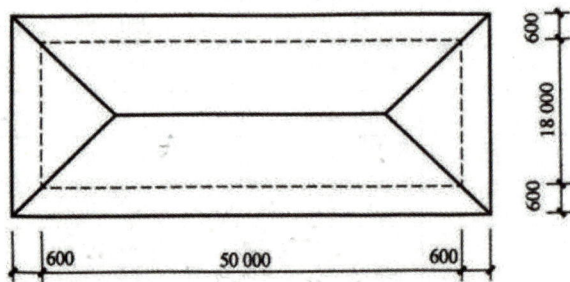

图 9-10　某四坡屋顶面平面图

【解】屋面坡度 = B/A = 0.5，查屋面坡度系数表得 C = 1.118。

屋面斜面积 = $(50 + 0.6 \times 2) \times (18 + 0.6 \times 2) \times 1.118 = 1099.04$ m^2。

查屋面坡度系数表，得 D = 1.5，则单个斜脊长 = $A \times D$ = $(18 \div 2 + 0.6) \times 1.5 = 14.40$ m，斜脊总长 = $14.4 \times 4 = 57.60$ m。

赛证融合

1. 根据现行工程量计算标准规范，以下屋面防水工程量计算正确的是 (　　)。

A. 斜屋面按水平投影面积计算

B. 女儿墙处弯起部分应单独列项计算

C. 防水卷材搭接用量不另行计算

D. 屋面伸缩缝弯起部分应单独列项计算

2. 根据现行工程量计算标准规范，以下关于屋面工程量计算方法中正确的是 (　　)。

A. 瓦屋面按设计图示尺寸以水平投影面积计算

B. 膜结构屋面按设计图示尺寸以斜面积计算

C. 瓦屋面若是在木基层上铺瓦，木基层包含在综合单价中

D. 型材屋面的金属檩条工作内容包含了檩条制作、运输和安装

3. 根据现行工程量计算标准规范，以下屋面防水层工程量计算正确的是 (　　)。

A. 扣除小气窗的面积　　　　　　　　　B. 不扣除斜沟的面积

C. 附加层的工程量另外计算　　　　　　D. 女儿墙泛水处工程量不计

4. 根据现行工程量计算标准规范，下列关于楼面防水工程量计量说法，正确的是 (　　)。

A. 楼面防水按主墙间净空面积乘以厚度以"m³"计算

B. 楼面防水反边高度大于 300 mm 按墙面防水计算

C. 楼面变形缝按设计图示尺寸以"m²"计算

D. 楼面防水找平层不另编码列项

模块 9 赛证融合
参考答案

思政角

防水工程分为柔性防水和刚性防水，防水材料种类不同直接影响防水工程量的计算及防水价格的生成等。同时，随着《中华人民共和国环境保护法》的颁布实施，国家加大了对防水材料使用的监管力度，坚决防止不合格防水建材流入工地，促进环境可持续发展，因此，必须培养保护环境、爱护家园的家国情怀，养成遵纪守法、一丝不苟计算造价的良好习惯。

模块小结

通过本模块的学习，要求学生掌握以下内容：

《河南省房屋建筑与装饰工程预算定额》(HA 01-31—2016) 规定：

(1) 屋面防水工程量按图示尺寸以面积计算 (斜屋面按斜面面积计算)，不扣除房上烟囱、风帽底座、风道、屋面小气窗等所占面积，上翻部分也不另行计算；屋面的女儿墙、伸缩缝和天窗等处的弯起部分，按设计图示尺寸以面积计算；当设计无规定时，伸缩缝、女儿墙、天窗的弯起部分按 500 mm 计算，计入立面工程量内。

(2) 各种屋面和型材屋面 (包括挑檐部分) 工程量均按设计图示尺寸以面积计算 (斜屋面按斜面面积计算)，不扣除房上烟囱、风帽底座、风道、小气窗、斜沟和脊瓦等所占面积，小气窗的出檐部分不增加面积。

同 步 测 试

一、简答题

1. 根据《河南省房屋建筑与装饰工程预算定额》(HA 01-31—2016)，屋面防水工程的工程量如何计算？

2. 根据《河南省房屋建筑与装饰工程预算定额》(HA 01-31—2016) 简述楼 (地) 面防水工程量的计算规则。

3. 简述《房屋建筑与装饰工程工程量计算标准》(GB/T 50854—2024) 与《河南省房屋建筑与装饰工程预算定额》(HA 01-31—2016) 中屋面天沟计算规则是否规定一致。

二、单选题

1. 膜结构屋面工程量按设计图示尺寸以需要覆盖的 (　　) 计算。

A. 水平投影面积　　　　　　　　B. 斜面面积

C. 设计图示面积　　　　　　　　D. 实际面积

2. 根据根据《河南省房屋建筑与装饰工程预算定额》(HA 01-31—2016)，计算屋面防水工程量时，如女儿墙、伸缩缝和天窗等处的弯起部分设计无规定，则弯起部分按 (　　) mm 计算，计入立面工程量内。

A. 100　　　　　　　　　　　　B. 50

C. 500　　　　　　　　　　　　D. 250

3. 根据根据《河南省房屋建筑与装饰工程预算定额》(HA 01-31—2016)，建筑物楼地面防水的平面与立面交接处，上翻高度≤(　　) mm 者，按展开面积并入平面工程量内。

A. 400　　　　　　　　　　　　B. 300

C. 500　　　　　　　　　　　　D. 600

4. 变形缝和止水带工程量按设计图示尺寸以 (　　) 计算。

A. 长度　　　　　　　　　　　　B. 体积

C. 面积　　　　　　　　　　　　D. 重量

三、多选题

1. 根据根据《河南省房屋建筑与装饰工程预算定额》(HA 01-31—2016)，屋面、楼地面及墙面、基础底板等，其防水 (　　) 用量已综合考虑，不另行计算。

A. 附加层　　　　　　B. 搭接　　　　　　　　C. 拼缝

D. 压边　　　　　　　E. 留槎

2. 根据根据《河南省房屋建筑与装饰工程预算定额》(HA 01-31—2016)，(　　) 的工程量按设计图示尺寸，以长度计算。

A. 水落管　　　　　　B. 镀锌铁皮天沟　　　　C. 檐沟

D. 水斗　　　　　　　E. 下水口

3. 建筑物地面防水、防潮层工程量，按主墙间的净面积计算，不扣除间壁墙及单个面积≤0.3 m² 的 (　　) 所占面积。

A. 柱　　　　　　　　　　B. 垛　　　　　　　　　　C. 孔洞

D. 烟囱　　　　　　　　　E. 梁

四、计算题

1. 已知某工程女儿墙厚 240 mm，屋面卷材在女儿墙处卷起 250 mm，如图 9-11 所示，屋面做法：(1) 4 mm 厚改性沥青卷材防水；(2) 20 mm 厚 DS M20 水泥砂浆找平层。试计算屋面卷材工程工程量并列项组价。

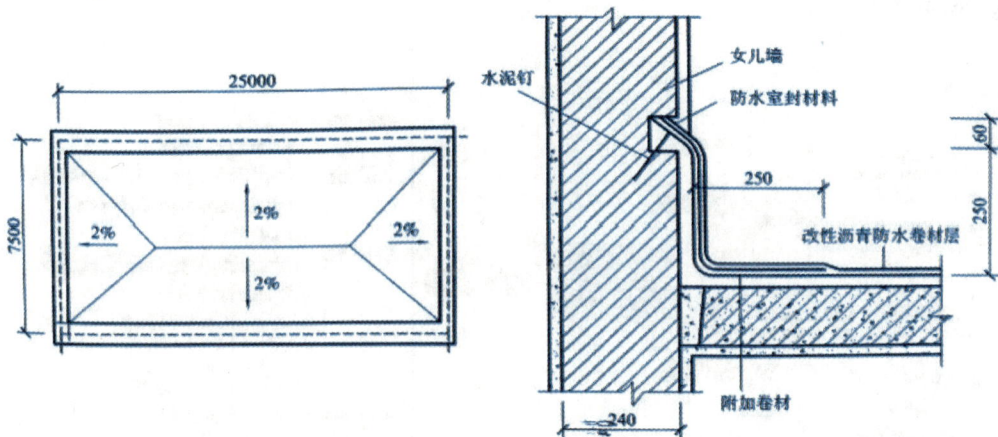

图 9-11　卷材屋面示意图

模块 10 保温、隔热、防腐工程

📖 知识框架

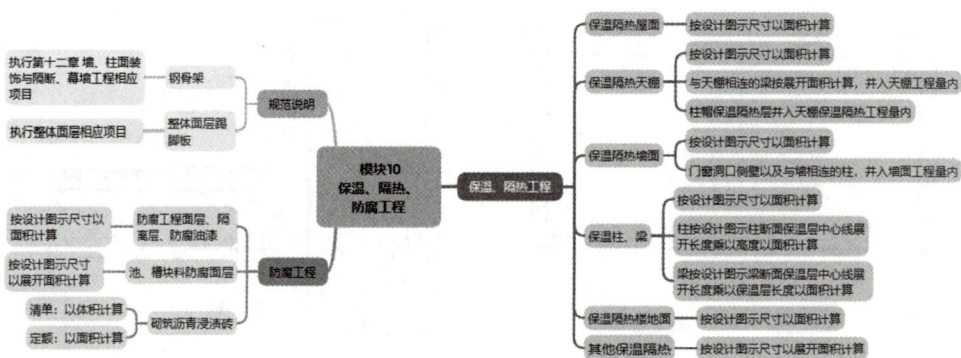

 **10.1 保温、隔热、防腐工程工程量清单**

一般将控制室内热量外流的材料称为保温材料，将防止室外热量进入室内的材料称为隔热材料。保温、隔热材料适用于工业与民用建筑的基础、地、墙面防腐，楼地面、墙体、屋盖的保温隔热工程。

保温、隔热、防腐工程（《房屋建筑与装饰工程工程量计算标准》(GB/T 50854—2024) 附录 K) 共分 3 个小节 16 个项目，包括 K.1 保温、隔热、K.2 防腐面层、K.3 其他防腐，对应河南省 2016 定额"第十章 保温、隔热、防腐工程"。

1. 保温、隔热工程量清单

"保温、隔热"项目适用于各种类型保温、隔热，如保温隔热屋面、保温隔热天棚、保温隔热墙面、保温柱、梁、保温隔热楼地面、其他保温隔热。《房屋建筑与装饰工程工程量计算标准》(GB/T 50854—2024) 附录 K.1 对保温、隔热工程量清单的项目编码、项目名称、项目特征、计量单位、工程量计算规则和工作内容做出了详细的规定，如表 10-1 所示。

表 10-1　保温、隔热工程量清单（编码：011001）

项目编码	项目名称	项目特征	计量单位	工程量计算规则	工作内容
011001001	保温隔热屋面	1. 保温隔热方式及材料名称 2. 保温隔热材料规格、性能、厚度 3. 隔汽层材料品种、厚度 4. 防护材料种类		按设计图示尺寸以面积计算。不扣除单个面积≤0.3 m²的孔洞所占面积	1. 基层清理 2. 铺设隔汽层（若有） 3. 刷粘结材料（若有） 4. 保温层铺设、粘贴、喷涂或浇筑 5. 铺、刷（喷）防护材料
011001002	保温隔热天棚	1. 保温隔热方式及材料名称 2. 保温隔热材料规格、性能、厚度 1. 防护材料种类		按设计图示尺寸以面积计算。不扣除单个面积≤0.3 m²的柱、垛、孔洞所占面积，与天棚相连的梁按展开面积并入天棚工程量内	1. 基层清理 2. 刷粘结材料（若有） 3. 保温层抹压、粘贴、喷涂 4. 铺、刷（喷）防护材料
011001003	保温隔热墙面	1. 保温隔热部位 2. 保温隔热方式及材料名称 3. 保温隔热材料规格、性能、厚度 4. 龙骨材料品种、规格 5. 防护材料种类	m²	按设计图示尺寸以面积计算。扣除门窗洞口所占面积，不扣除单个面积≤0.3 m²的梁、孔洞所占面积；门窗洞口侧壁以及与墙相连的柱，并入墙面工程量内	1. 基层清理 2. 涂刷界面剂、界面砂浆 3. 安装龙骨，填、贴、挂保温材料；粘贴、固定保温板；抹压保温浆料；喷涂发泡保温材料 4. 粘贴防火隔离带 5. 保温材料嵌缝、填缝，打密封膏 6. 铺、刷（喷）防护材料
011001004	保温柱、梁			按设计图示尺寸以面积计算。 1. 柱按设计图示柱断面保温层中心线展开长度乘保温层高度以面积计算，不扣除单个面积≤0.3 m²的梁所占面积 2. 梁按设计图示梁断面保温层中心线展开长度乘保温层长度以面积计算	
011001005	保温隔热楼地面	1. 保温隔热部位 2. 保温隔热方式及材料名称 3. 保温隔热材料规格、性能、厚度 4. 隔汽层材料品种、厚度 5. 防护材料种类		按设计图示尺寸以面积计算。不扣除单个面积≤0.3 m²的柱、垛、孔洞所占面积。门洞、空圈、暖气包槽、龛的开口部分不增加面积	1. 基层清理 2. 铺设隔汽层（若有） 3. 刷粘结材料（若有） 4. 保温层铺设、粘贴、喷涂或浇筑 5. 铺、刷（喷）防护材料

【说明】1. 保温隔热层兼具装饰作用时，应按模块11、模块12、模块13、模块14中相关项目编码列项。

2. 保温、隔热项目特征中的"保温隔热方式"可描述为干铺、铺钉、填塞、点粘、满粘、干挂、挂钉、喷涂、抹压、浇筑等。

3. 柱帽保温隔热应并入天棚保温隔热工程量内。

4. "保温柱、梁"项目适用于不与墙、天棚相连的独立柱、梁。

5. 池槽保温隔热应按"其他保温隔热"项目编码列项。

6. 设计对保温材料的导热、燃烧、吸湿、耐久等性能有明确等级要求的，应在各项目"保温隔热材料性能"中进行描述。

2. 防腐面层工程量清单

"防腐面层"项目适用于各种类型防腐面层,如防腐混凝土面层、防腐砂浆面层、防腐胶泥面层、玻璃钢防腐面层、聚氯乙烯板面层、块料防腐面层、池、槽块料防腐面层。《房屋建筑与装饰工程工程量计算标准》(GB/T 50854—2024)附录 K.2 对防腐面层工程量清单的项目编码、项目名称、项目特征、计量单位、工程量计算规则和工作内容做出了详细的规定,如表 10-2 所示。

表 10-2   防腐面层工程量清单(编码:011002)

项目编码	项目名称	项目特征	计量单位	工程量计算规则	工作内容
011002001	防腐混凝土面层	1.防腐部位 2.面层厚度 3.混凝土种类 4.胶泥种类、配合比	m²	按设计图示尺寸以面积计算 1. 平面防腐:扣除凸出地面的构筑物、设备基础所占面积,不扣除单个面积 ≤ 0.3 m² 的柱、垛、孔洞所占面积,门洞、空圈、暖气包槽、壁龛的开口部分不增加面积 2. 立面:扣除门窗洞口所占面积,不扣除单个面积 ≤ 0.3 m² 的梁、孔洞所占面积,门窗洞口侧壁、垛突出部分按展开面积并入墙面积内	1.基层清理 2.基层刷稀胶泥 3.混凝土输送、摊铺、养护
011002002	防腐砂浆面层	1.防腐部位 2.面层厚度 3.砂浆、胶泥种类、配合比			1.基层清理 2.基层刷稀胶泥 3.砂浆制作、摊铺、养护
011002003	防腐胶泥面层	1.防腐部位 2.面层厚度 3.胶泥种类、配合比			1.基层清理 2.胶泥调制、摊铺
011002006	块料防腐面层	1.防腐部位 2.块料品种、规格 3.粘结材料种类 4.勾缝材料种类			1.基层清理 2.铺贴块料 3.胶泥调制、勾缝

【说明】防腐踢脚线应按本标准附录 L 楼地面装饰工程踢脚线相关项目编码列项。

3. 其他防腐工程量清单

"其他防腐"项目适用于各种类型防腐项目,如隔离层、砌筑沥青浸渍砖、防腐涂料。《房屋建筑与装饰工程工程量计算标准》(GB/T 50854—2024)附录 K.3 对其他防腐工程量清单的项目编码、项目名称、项目特征、计量单位、工程量计算规则和工作内容做出了详细的规定,如表 10-3 所示。

表 10-3   其他防腐工程量清单(编码:011003)

项目编码	项目名称	项目特征	计量单位	工程量计算规则	工作内容
011003002	砌筑沥青浸渍砖	1.砌筑部位 2.浸渍砖规格 3.胶泥种类 4.浸渍砖砌法	m³	按设计图示尺寸以体积计算	1.基层清理 2.胶泥调制 3.浸渍砖铺砌

【说明】砌筑沥青浸渍砖的"浸渍砖砌法"可描述为平砌、立砌。

10.2　保温、隔热、防腐工程河南省 2016 定额应用

10.2.1　保温、隔热、防腐工程相关定额说明

河南省 2016 定额"第十章　保温、隔热、防腐工程"中相关定额说明包括保温、隔热，防腐面层，其他防腐三节。

1. 保温、隔热工程相关定额说明

(1) 保温层的保温材料配合比、材质、厚度与设计不同时，可以换算。

(2) 弧形墙墙面保温隔热层，按相应项目的人工乘以系数 1.1。

(3) 柱面保温根据墙面保温定额项目人工乘以系数 1.19、材料乘以系数 1.04。

(4) 墙面岩棉板保温、聚苯乙烯板保温及保温装饰一体板保温如使用钢骨架，钢骨架按河南省 2016 定额"第十二章　墙、柱面装饰与隔断、幕墙工程"相应项目执行。

(5) 抗裂保护层工程如采用塑料膨胀螺栓固定时，每 1 m² 增加：人工 0.03 工日，塑料膨胀螺栓 6.12 套。

(6) 保温隔热材料根据设计规范，必须达到国家规定要求的等级标准。

保温、隔热、防腐
工程工程量清单

2. 防腐工程相关定额说明

(1) 各种胶泥、砂浆、混凝土配合比以及各种整体面层的厚度，如设计与定额不同时，可以换算。定额已综合考虑了各种块料面层的结合层、胶结料厚度及灰缝宽度。

(2) 花岗岩面层以六面剁斧的块料为准，结合层厚度为 15 mm，如板底为毛面时，其结合层胶结料用量按设计厚度调整。

(3) 整体面层踢脚板按整体面层相应项目执行；块料面层踢脚板按立面砌块相应项目人工乘以系数 1.2。

(4) 卷材防腐接缝、附加层、收头工料已包括在定额内，不再另行计算。

(5) 块料防腐中面层材料的规格、材质与设计不同时，可以换算。

3. 其他防腐工程相关定额说明

环氧自流平洁净地面中间层 (刮腻子) 按每层 1 mm 厚度考虑，如设计要求厚度不同时，按厚度可以调整。

10.2.2　保温、隔热、防腐工程定额工程量计算规则

保温、隔热、防腐定额工程量计算规则分为保温、隔热工程，防腐工程两大类。

1. 保温、隔热工程定额工程量计算规则

(1) 屋面保温隔热层工程量按设计图示尺寸以面积计算，扣除＞0.3 m^2 孔洞所占面积，其他项目按设计图示尺寸以定额项目规定的计量单位计算。

(2) 天棚保温隔热层工程量按设计图示尺寸以面积计算，扣除面积＞0.3 m^2 柱、垛、孔洞所占面积，与天棚相连的梁按展开面积计算，其工程量并入天棚内。

(3) 墙面保温隔热层工程量按设计图示尺寸以面积计算，扣除门窗洞口及面积＞0.3 m^2 梁、孔洞所占面积；门窗洞口侧壁以及与墙相连的柱，并入保温墙体工程量内。墙体及混凝土板下铺贴隔热层，不扣除木框架及木龙骨的体积。其中外墙按隔热层中心线长度计算，内墙按隔热层净长度计算。

(4) 柱、梁保温隔热层工程量按设计图示尺寸以面积计算。柱按设计图示柱断面保温层中心线展开长度乘以高度以面积计算，扣除面积＞0.3 m^2 梁所占面积。梁按设计图示梁断面保温层中心线展开长度乘以保温层长度以面积计算。

(5) 地面保温隔热层工程量按设计图示尺寸以面积计算，扣除柱、垛及单个＞0.3 m^2 孔洞所占面积。

(6) 其他保温隔热层工程量按设计图示尺寸以展开面积计算，扣除面积＞0.3 m^2 孔洞所占面积。

(7) 大于 0.3 m^2 孔洞侧壁周围及梁头、连系梁等其他零星工程保温隔热层工程量，并入墙面的保温隔热工程量内。

(8) 柱帽保温隔热层，并入天棚保温隔热层工程量内。

(9) 保温层排气管按设计图示尺寸以长度计算，不扣除管件所占长度，保温层排气孔以数量计算。

(10) 防火隔离带工程量按设计图示尺寸以面积计算。

2. 防腐工程定额工程量计算规则

(1) 防腐工程面层、隔离层及防腐油漆工程量均按设计图示尺寸以面积计算。

(2) 平面防腐工程量应扣除凸出地面的构筑物、设备基础等以及面积＞0.3 m^2 孔洞、柱、垛等所占面积，门洞、空圈、暖气包槽、壁龛的开口部分不增加面积。

(3) 立面防腐工程量应扣除门、窗、洞口以及面积＞0.3 m^2 孔洞、梁所占面积，门、窗、洞口侧壁、垛凸出部分按展开面积并入墙面内。

(4) 池、槽块料防腐面层工程量按设计图示尺寸以展开面积计算。

(5) 砌筑沥青浸渍砖工程量按设计图示尺寸以面积计算。

保温隔热计量计价

(6) 踢脚板防腐工程量按设计图示长度乘以高度以面积计算，扣除门洞所占面积，并相应增加侧壁展开面积。

(7) 混凝土面及抹灰面防腐按设计图示尺寸以面积计算。

10.3　保温、隔热、防腐工程清单列项与定额组价

10.3.1　保温、隔热工程清单列项与定额组价

1. 保温、隔热工程清单列项

保温、隔热工程的清单列项如本模块表 10-1 所示。

2. 保温、隔热工程定额组价

保温、隔热工程定额基价设置了屋面 (10-1)～(10-49)、天棚 (10-50)～(10-61)、柱、墙面 (10-62)～(10-97)、楼地面 (10-98)～(10-99)、防火隔离带 (10-100)～(10-111) 子目。

【案例 10.1】某卷材防水屋面，保温层为 50 mm 厚挤塑聚苯板 (干铺)，轴线尺寸为 45.24 m × 12.54 m，墙厚 240 mm，四周有女儿墙，试计算屋面保温层工程量并列项组价。

【解】(1) 案例分析计算。

【分析】由于《房屋建筑与装饰工程工程量计算标准》(GB/T 50854—2024) 与河南省 2016 定额计算规则相同，因此该案例清单与定额工程量相同。

屋面保温层清单与定额工程量 = (45.24 − 0.24) × (12.54 − 0.24) = 553.50 m²

(2) 案例清单列项与定额组价。

该案例中保温隔热工程的清单列项和定额组价如表 10-4 所示。

表 10-4　保温隔热工程案例的清单列项和定额组价

序号	项目编码	项目名称	项目特征描述	计量单位	工程量	金额 (元)	
						综合单价	合价
1	011001001001	保温隔热屋面	1. 保温隔热方式及材料名称：挤塑聚苯板 (干铺) 2. 保温隔热材料规格、性能、厚度：50 mm	m²	553.50	19.13	10 589.45
	10-37	50 mm 厚挤塑聚苯板		100 m²	5.535	1913.18	10 589.45

10.3.2　防腐工程清单列项与定额组价

1. 防腐工程清单列项

防腐工程的清单列项如本模块表 10-2、表 10-3 所示。

2. 防腐工程定额组价

防腐工程定额基价设置了防腐混凝土 (10-112)～(10-120)、防腐砂浆 (10-121)～(10-135)

子目；防腐胶泥 (10-136)～(10-141)、玻璃钢防腐 (10-142)～(10-165)、软聚氯乙烯板 (10-166) 子目；块料防腐定额基价设置平面块料 (10-167)～(10-224)、立面块料 (10-225)～(10-266) 子目；其他防腐定额基价设置隔离层 (10-267)～(10-277)、砌筑沥青浸渍砖 (10-278)～(10-279)、防腐油漆 (10-280)～(10-342)、环氧自流平防腐地面 (10-343)～(10-345) 子目。

10.4 工程项目实例

某学生宿舍楼保温、隔热、防腐工程分部分项工程和单价措施项目清单与计价

某学生宿舍楼项目中外墙采用阻燃型挤塑聚苯板外墙外保温构造，保温层 50 mm 厚，做法及注意事项详见 12Y13-7 总说明及分项说明及各节点详细做法。

人工费指数、机械人工费指数、管理费指数采用河南省发布 2023 年 7 月至 12 月指数，材料价格按 2024 年 3 月份郑州市建设工程主要材料价格信息指导价，没有参照市场价。

拓展知识

常见的主要保温隔热材料如表 10-5 所示。

拓展知识

表 10-5 常见的主要保温隔热材料

材料种类	材料名称	特点	可燃性	用途
纤维状	岩棉及矿渣棉	最高使用温度约 600℃，吸水性大、弹性小	不燃	可用作墙体、屋顶、天花板等处的保温隔热和吸声材料以及热力管道的保温材料
	石棉	最高使用温度可达 500～600℃	不燃	石棉中的粉尘对人体有害，民用建筑很少使用，目前主要用于工业建筑的隔热、保温及防火覆盖
	玻璃棉	最高使用温度为 400℃	不燃	广泛用于温度较低的热力设备和房屋建筑中的保温隔热，同时还是良好的吸声材料
	陶瓷纤维	最高使用温度为 1100～1350℃	不燃	可用于高温绝热、吸声
多孔状	膨胀蛭石	最高使用温度为 1000～1100℃，吸水性大	不燃	膨胀蛭石可与水泥、水玻璃等胶凝材料配合，浇注成板，用于墙、楼板和屋面板等构件的绝热
	膨胀珍珠岩	最高使用温度为 600℃，最低使用温度为 -200℃，吸湿小，无毒	不燃	配合适量胶凝材料，经搅拌成型养护后制成一定形状的板、块、管壳等制品，称为膨胀珍珠岩制品
	玻化微珠（闭孔）	防火、耐老化、吸音隔热，吸水率低	防火	酸性玻璃，用于外墙内、外保温的一种新型无机保温砂浆材料
	泡沫玻璃	最高使用温度为 500℃	不燃	用于砌筑墙体或冷库隔热

赛证融合

1. 根据现行工程量计算标准规范，以下与墙相连的墙间柱保温隔热工程量计算正确的为（　　）。

A. 按设计图示尺寸以面积"m²"计算

B. 按设计图示尺寸以柱高"m"单独计算

C. 不单独计算，并入保温墙体工程量内

D. 按计算图示柱展开面积"m²"单独计算

2. 根据现行工程量计算标准规范，以下关于保温隔热工程量计算方法正确的为（　　）。

A. 柱帽保温隔热包含在柱保温工程量内

B. 池槽保温隔热按其他保温隔热项目编码列项

C. 在保温隔热墙面工程量计算时，门窗洞口侧壁不增加面积

D. 梁按设计图示梁断面周长乘以保温层长度以面积计算

3. 根据现行工程量计算标准规范，下列关于保温隔热工程量计算说法正确的是（　　）。

A. 保温隔热屋面按设计图示尺寸面积乘以厚度以"m³"计算

B. 保温隔热墙面按设计图示尺寸面积乘以厚度以"m³"计算

C. 梁保温按设计图示梁断面保温层中心线展开长度乘以保温层长度以"m²"计算

D. 保温隔热楼地面按设计图示尺寸面积乘以厚度以"m³"计算

4. 根据现行工程量计算标准规范，下面关于防腐工程说法正确的是（　　）。

A. 防腐踢脚线应按楼地面装饰工程"踢脚线"项目编码列项

B. 平面防腐清单工程量应按实际涂刷面积进行计算

C. 在防腐涂料需刮腻子时，应按油漆工程"满刮腻子"项目编码列项

D. 砌筑沥青浸渍砖，应按砌筑工程中"特种砖砌体"项目编码列项

模块 10 赛证融合
参考答案

思政角

不同种类的保温、隔热、防腐材料在性能和应用上的差异，直接影响了工程量的计算规则和最终的价格形成。要树立绿色建筑理念，贯彻落实习近平总书记提出的"碳达峰、碳中和"双碳达标战略决策和可持续发展思想。

模 块 小 结

通过本模块的学习，要求学生掌握以下内容：

(1) 屋面保温隔热层工程量按设计图示尺寸以面积计算，扣除＞0.3 m² 孔洞所占面积，其他项目按设计图示尺寸以定额项目规定的计量单位计算。

(2) 掌握天棚保温隔热层的定额说明及工程量计算规则。其中柱帽保温隔热层并入天棚保温隔热层工程量内。

(3) 掌握墙面保温隔热层的定额说明及工程量计算规则。按设计图示尺寸以面积计算，扣除门窗洞口以及面积＞0.3 m² 梁、孔洞所占面积；门窗洞口侧壁以及与墙相连的柱，并入保温墙体工程量内。

(4) 掌握柱、梁保温隔热层的定额说明及工程量计算规则。

同 步 测 试

一、简答题

1. 简述屋面保温隔热层清单工程量计算规则及工作内容。

2. 简述墙面保温隔热层清单工程量计算规则及工作内容。

二、单选题

1. 根据《河南省房屋建筑与装饰工程预算定额》(HA 01-31—2016)，砌筑沥青浸渍砖工程量按设计图示尺寸以 (   ) 计算。

A. 体积　　　　　B. 面积　　　　　C. 宽度　　　　　D. 长度

2. 根据《河南省房屋建筑与装饰工程预算定额》(HA 01-31—2016)，防腐工程面层、隔离层均按设计图示尺寸以 (   ) 计算。

A. 体积　　　　　B. 面积　　　　　C. 展开面积　　　　　D. 长度

3. 根据《河南省房屋建筑与装饰工程预算定额》(HA 01-31—2016)，柱帽保温隔热层，并入 (   ) 保温隔热层工程量内。

A. 柱　　　　　B. 墙　　　　　C. 天棚　　　　　D. 梁

4. 计算墙面保温隔热层的工程量时，外墙按隔热层 (   ) 长度计算，内墙按隔热层净长度计算。

A. 外边线　　　　　B. 内边线　　　　　C. 净长线　　　　　D. 中心线

三、多选题

1. 天棚保温隔热工程量，按设计图示尺寸以面积计算，不扣除 (   ) 所占面积。

A. 0.3 m² 以上墙　　　　B. 0.3 m² 以内柱　　　　C. 0.3 m² 以内垛

D. 0.3 m² 以上孔洞　　　E. 0.3 m² 以内孔洞

2. 根据《河南省房屋建筑与装饰工程预算定额》(HA 01-31—2016)，立面防腐工程量按面积计算，扣除 (　　) 所占面积。

A. 门、窗　　　　　　　B. 洞口　　　　　　　　C. 0.3 m² 以内垛

D. 0.3 m² 以上孔洞　　　E. 0.3 m² 以内孔洞

3. (　　) 保温隔热层工程量，并入墙面的保温隔热工程量内。

A. 门窗洞口侧壁　　　　B. 与墙相连的柱　　　　C. 连系梁

D. 0.3 m² 以上孔洞　　　E. 0.3 m² 以内孔洞

四、计算题

如图 10-1 所示，某冷库采用粘贴聚苯乙烯保温板 (满粘) 保温材料，地面保温厚 100 mm，墙体、顶棚保温厚 50 mm，试分别计算其地面、墙体、顶棚保温工程量，并列项组价。

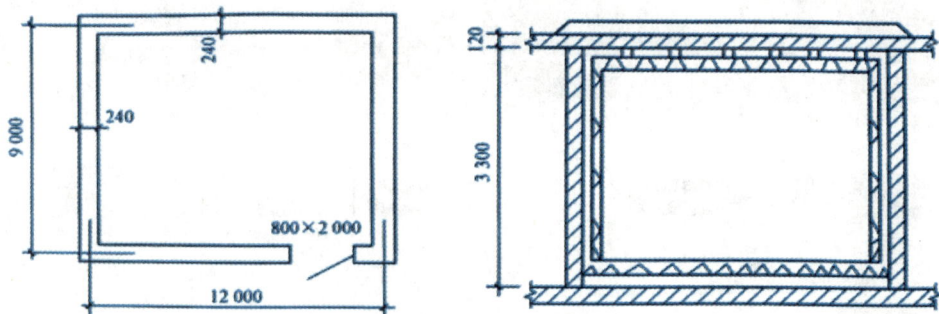

图 10-1　某冷库平面图与剖面图

模块 11 楼地面装饰工程

知识框架

楼梯面层
- 清单：按设计图示尺寸以面层展开面积计算
- 定额：按设计图示尺寸以楼梯（包括踏步、休息平台及≤500mm的楼梯井）水平投影面积计算

台阶装饰
- 清单：按设计图示尺寸以面层展开面积计算
- 定额：按设计图示尺寸以台阶（包括最上层踏步边沿加300mm）水平投影面积计算

零星装饰项目
- 定额：按设计图示尺寸以延长米计算

模块11 楼地面装饰工程

整体面层及找平层
- 水泥砂浆、细石混凝土、自流平楼地面等整体面层——按设计图示尺寸以面积计算
- 平面砂浆找平层——按设计图示尺寸以面积计算

块料面层、橡塑面层、其他材料面层
- 按设计图示尺寸以面积计算
- 门洞、空圈、暖气包槽、壁龛的开口部分并入相应的工程量内

踢脚线
- 清单：以"m²"计算，按设计图示尺寸以长度计算
- 定额：以面积"m²"计算，按设计图示长度乘高度以面积计算

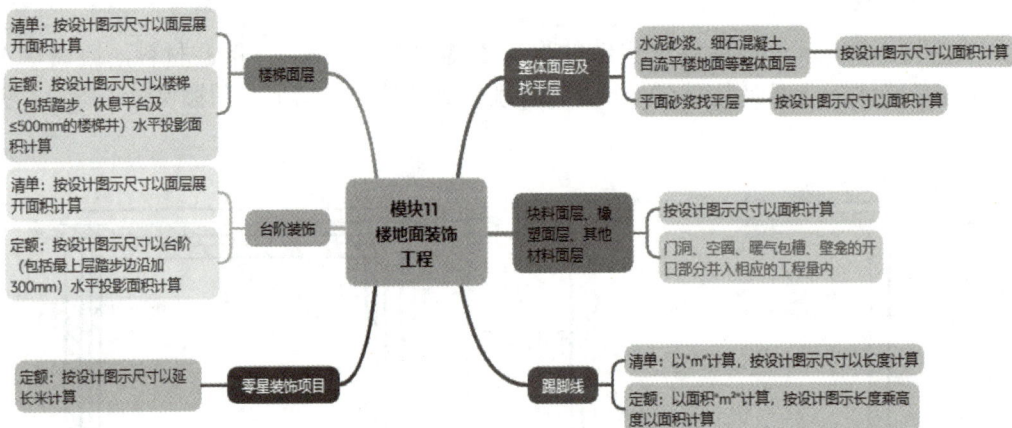

11.1 楼地面装饰工程工程量清单

楼地面工程是地面和楼面的总称。一般来说，地面主要由垫层、找平层、面层组成；楼面主要由结构层、找平层、保温隔热层和面层组成。

楼地面装饰工程（《房屋建筑与装饰工程工程量计算标准》(GB/T 50854—2024) 附录 L）共计 9 个小节 47 个项目，包括 L.1 整体面层及找平层、L.2 石材及块料面层、L.3 橡塑面层、L.4 其他材料面层、L.5 踢脚线、L.6 楼梯面层、L.7 台阶装饰、L.8 零星装饰项目、L.9 装配式楼地面及其他，适用于楼地面、楼梯、台阶等装饰工程，对应河南省 2016 定额（下册）"第十一章 楼地面装饰工程"。

1. 整体面层及找平层工程量清单

整体面层适用于水泥砂浆楼地面、细石混凝土楼地面、自流平楼地面、耐磨楼地面、塑胶地面。《房屋建筑与装饰工程工程量计算标准》(GB/T 50854—2024) 附录 L.1 对整体面层及找平层工程量清单的项目编码、项目名称、项目特征、计量单位、工程量计算规则和工作内容做出了详细的规定，如表 11-1 所示。

表 11-1　整体面层及找平层工程量清单（编码：011101）

项目编码	项目名称	项目特征	计量单位	工程量计算规则	工作内容
011101001	水泥砂浆楼地面	1. 找平层厚度、材料种类及强度等级 2. 面层厚度、砂浆种类及强度等级 3. 面层处理方式	m²	按设计图示尺寸以面积计算。扣除凸出地面构筑物、设备基础、室内管道、地沟、柱、垛、附墙烟囱及孔洞所占面积。门洞、空圈、暖气包槽、壁龛的开口部分并入相应的工程量内	1. 基层清理 2. 找平层铺设 3. 面层铺设
011101006	平面砂浆找平层	1. 找平层厚度 2. 砂浆种类及强度等级	m²	按设计图示尺寸以面积计算。扣除凸出地面构筑物、设备基础、室内管道、地沟等所占面积，不扣除 ≤ 0.3 m² 柱、垛、附墙烟囱及孔洞所占面积。门洞、空圈、暖气包槽、壁龛的开口部分不增加面积	1. 基层清理 2. 找平层铺设

【说明】1. 楼地面基层需做处理时，应在项目特征的找平层中进行描述。

2. 水泥砂浆、细石混凝土楼地面的"面层处理方式"可描述为拉毛、提浆压光等；耐磨楼地面中的"面层处理方式"可描述为磨光、打蜡等。

3. 楼地面垫层应按模块 7 "楼地面垫层"项目编码列项。

4. 橡塑面层、其他材料面层项目中如涉及找平层，应按本表找平层相关项目编码列项。

2. 块料面层工程量清单

块料面层适用于石材楼地面、碎石材楼地面、块料楼地面。《房屋建筑与装饰工程工程量计算标准》(GB/T 50854—2024) 附录 L.2 中对块料面层工程量清单的项目编码、项目名称、项目特征、计量单位、工程量计算规则和工作内容做出了详细的规定，如表 11-2 所示。

表 11-2　块料面层工程量清单（编码：011102）

项目编码	项目名称	项目特征	计量单位	工程量计算规则	工作内容
011102003	块料楼地面	1. 找平层厚度、材料种类及强度等级 2. 结合层厚度、材料种类及强度等级 3. 面层材料品种、规格 4. 勾缝材料种类 5. 防护层材料种类 6. 面层处理方式	m²	按设计图示尺寸以面积计算。门洞、空圈、暖气包槽、壁龛的开口部分并入相应的工程量内	1. 基层清理 2. 找平层铺设 3. 面层铺设、磨边 4. 勾缝 5. 刷防护材料 6. 酸洗、打蜡、结晶

【说明】1. 块料、石材楼地面中的"面层处理方式"可描述为酸洗、打蜡、结晶等。

2. 拼碎石材项目的面层材料在特征描述时，可不用描述规格。

3. 石材、块料与粘接材料的结合面刷防渗材料的种类应在防护层材料种类中描述。

3. 踢脚线工程量清单

《房屋建筑与装饰工程工程量计算标准》(GB/T 50854—2024) 附录 L.5 中对踢脚线工程量清单的项目编码、项目名称、项目特征、计量单位、工程量计算规则和工作内容做出了详细的规定，如表 11-3 所示。

表 11-3   踢脚线工程量清单（编码：011105）

项目编码	项目名称	项目特征	计量单位	工程量计算规则	工作内容
011105002	石材踢脚线	1. 踢脚线高度 2. 结合层厚度、材料种类及强度等级 3. 面层材料品种、规格 4. 防护材料种类	m	按设计图示尺寸以长度计算	1. 基层清理 2. 底层抹灰 3. 面层铺设、磨边 4. 擦缝 5. 磨光、酸洗、打蜡 6. 刷防护材料
011105003	块料踢脚线				

4. 楼梯面层工程量清单

《房屋建筑与装饰工程工程量计算标准》(GB/T 50854—2024) 附录 L.6 中对楼梯面层工程量清单的项目编码、项目名称、项目特征、计量单位、工程量计算规则和工作内容做出了详细的规定，如表 11-4 所示。

表 11-4   楼梯面层工程量清单（编码：011106）

项目编码	项目名称	项目特征	计量单位	工程量计算规则	工作内容
011106002	石材楼梯	1. 找平层厚度、材料种类及强度等级 2. 结合层厚度、材料种类及强度等级 3. 面层材料品种、规格 4. 防滑条材料种类、规格 5. 勾缝材料种类 6. 防护材料种类 7. 面层处理方式 8. 楼梯部位	m²	按设计图示尺寸以面层展开面积计算。楼梯与楼地面相连时，算至最上一级踏步踏面（该踏面无设计宽度时按 300 mm 计算）	1. 基层清理 2. 找平层铺设 3. 面层铺设、磨边 4. 贴嵌防滑条 5. 勾缝 6. 刷防护材料 7. 酸洗、打蜡、结晶
011106003	块料楼梯				

【说明】楼梯面层的"楼梯部位"可描述为楼梯踏步、休息平台、楼梯侧面等。

5. 台阶装饰工程量清单

《房屋建筑与装饰工程工程量计算标准》(GB/T 50854—2024) 附录 L.7 中对台阶装饰工程量清单的项目编码、项目名称、项目特征、计量单位、工程量计算规则和工作内容做出了详细的规定，如表 11-5 所示。

表 11-5　台阶装饰工程量清单（编码：011107)

项目编码	项目名称	项目特征	计量单位	工程量计算规则	工作内容
011107002	石材台阶面	1. 找平层厚度、材料种类及强度等级 2. 结合层厚度、材料种类及强度等级 3. 面层材料品种、规格 4. 勾缝材料种类 5. 防滑条材料种类、规格 6. 防护材料种类 7. 面层处理方式	m²	按设计图示尺寸以面层展开面积计算。台阶与楼地面相连时，算至最上一级踏步踏面（该踏面无设计宽度时，按下一级踏面宽度计算）	1. 基层清理 2. 找平层铺设 3. 面层铺贴 4. 贴嵌防滑条 5. 勾缝 6. 刷防护材料 7. 酸洗、打蜡、结晶
011107003	拼碎块料台阶面				
011107004	块料台阶面				

6. 零星装饰项目工程量清单

《房屋建筑与装饰工程工程量计算标准》(GB/T 50854—2024) 附录 L.8 中对零星装饰项目工程量清单的项目编码、项目名称、项目特征、计量单位、工程量计算规则和工作内容做出了详细的规定，如表 11-6 所示。

表 11-6　零星装饰项目工程量清单（编码：011108)

项目编码	项目名称	项目特征	计量单位	工程量计算规则	工作内容
011108001	石材零星项目	1. 找平层厚度、材料种类及强度等级 2. 结合层厚度、材料种类及强度等级 3. 面层材料品种、规格 4. 勾缝材料种类 5. 防护材料种类 6. 面层处理方式	m²	按设计图示尺寸以面积计算	1. 清理基层 2. 找平层铺设 3. 面层铺设、磨边 4. 勾缝 5. 刷防护材料 6. 酸洗、打蜡、结晶
011108002	拼碎石材零星项目				
011108003	块料零星项目				

【说明】面积 ≤ 0.5 m² 的少量分散的楼地面装饰应按附录 L.8 的零星装饰相关项目编码列项。

11.2　楼地面装饰工程河南省 2016 定额应用

11.2.1　楼地面装饰工程相关定额说明

河南省 2016 定额"第十一章　楼地面装饰工程"中相关定额包括找平层及整体面层、块料面层、橡塑面层、其他材料面层、踢脚线、楼梯面层、台阶装饰、零星装饰项目、分格嵌条及防滑条、酸洗打蜡十节。同一铺贴面上有不同种类、材质的材料，应分别按河南省 2016 定额相应项目执行。

楼地面装饰
工程量清单

1. 整体面层及找平层相关定额说明

(1) 水磨石地面水泥石子浆的配合比，设计与定额不同时，可以调整。

(2) 厚度≤60 mm 的细石混凝土按找平层项目执行；厚度>60 mm 的按河南省 2016 定额"第五章　混凝土及钢筋混凝土工程"垫层项目执行。

(3) 采用地暖的地板垫层，按不同材料执行相应项目，人工乘以系数 1.3，材料乘以系数 0.95。

(4) 水磨石地面包含酸洗打蜡，其他块料项目如需做酸洗打蜡者，单独执行相应酸洗打蜡项目。

2. 块料面层、橡塑面层、其他材料面层相关定额说明

(1) 镶贴块料项目是按规格料考虑的，如需现场倒角、磨边者，按河南省 2016 定额"第十五章　其他装饰工程"相应项目执行。

(2) 石材楼地面拼花按成品考虑。

(3) 镶嵌规格在 100 mm × 100 mm 以内的石材执行点缀项目。

(4) 玻化砖按陶瓷面砖相应项目执行。

(5) 石材楼地面需做分格、分色的，按相应项目人工乘以系数 1.10。

(6) 圆弧形等不规则地面镶贴面层、饰面面层按相应项目人工乘以系数 1.15，块料消耗量损耗按实调整。

(7) 木地板安装按成品企口考虑，若采用平口安装，其人工乘以系数 0.85。

(8) 木地板填充材料按河南省 2016 定额"第十章　保温、隔热、防腐工程"相应项目执行。

3. 踢脚线相关定额说明

弧形踢脚线、楼梯段踢脚线按相应项目人工、机械乘以系数 1.15。

4. 楼梯面层相关定额说明

石材螺旋形楼梯，按弧形楼梯项目乘以系数 1.2。零星项目面层适用于楼梯侧面。

5. 台阶装饰相关定额说明

零星项目面层适用于台阶的牵边。

6. 零星装饰项目面层相关定额说明

零星装饰项目面层适用于小便池、蹲台、池槽，以及面积在 0.5 m² 以内且未列项目的工程。

11.2.2　楼地面装饰工程定额工程量计算规则

楼地面装饰工程定额工程量计算规则主要分为整体面层及找平层，块料面层、橡塑面层、其他材料面层，踢脚线，楼梯面层，台阶装饰，零星装饰项目六大类。分格嵌条按设计图示尺寸以"延长米"计算。

1. 整体面层及找平层定额工程量计算规则

按设计图示尺寸以面积计算，扣除凸出地面构筑物、设备基础、室内铁道、地沟等所占面积，不扣除间壁墙及≤0.3 m² 柱、垛、附墙烟囱及孔洞所占面积。门洞、空圈、暖气包槽、壁龛的开口部分不增加面积。

2. 块料面层、橡塑面层、其他材料面层定额工程量计算规则

(1) 块料面层、橡塑面层及其他材料面层按设计图示尺寸以面积计算。门洞、空圈、暖气包槽、壁龛的开口部分并入相应的工程量内。

(2) 石材拼花按最大外围尺寸以矩形面积计算，有拼花的石材地面，按设计图示尺寸扣除拼花的最大外围矩形面积计算面积。

(3) 点缀按"个"计算，在计算主体铺贴地面面积时，不扣除点缀所占面积。

(4) 石材底面刷养护液包括侧面涂刷，工程量按设计图示尺寸以底面积计算。

(5) 石材表面刷保护液按设计图示尺寸以表面积计算。

(6) 石材勾缝按石材设计图示尺寸以面积计算。

(7) 块料楼地面做酸洗打蜡者，按设计图示尺寸以表面积计算。

3. 踢脚线定额工程量计算规则

按设计图示长度乘以高度以面积计算。楼梯靠墙踢脚线(含锯齿形部分)贴块料按设计图示面积计算。

4. 楼梯面层定额工程量计算规则

按设计图示尺寸以楼梯(包括踏步、休息平台及≤500 mm 的楼梯井)水平投影面积计算。当楼梯与楼地面相连时，算至梯口梁内侧边沿；无梯口梁者，算到最上一层踏步边沿加 300 mm。

5. 台阶装饰定额工程量计算规则

按设计图示尺寸以台阶(包括最上层踏步边沿加 300 mm)水平投影面积计算。

楼地面计量计价

6. 零星装饰项目定额工程量计算规则

按设计图示尺寸以"延长米"计算。

11.3　楼地面装饰工程清单列项与定额组价

11.3.1　整体面层及找平层清单列项与定额组价

1. 整体面层及找平层清单列项

整体面层及找平层的清单列项如本模块表 11-1 所示。

2. 整体面层及找平层定额组价

找平层定额基价设置了平面砂浆找平层 (11-1)～(11-3)、细石混凝土地面找平层 (11-4)～(11-5) 子目；整体面层定额基价设置了水泥砂浆楼地面 (11-6)～(11-8)、水泥基自流平砂浆 (11-9)～(11-10)、水磨石楼地面 (11-11)～(11-15)、菱苦土地面 (11-16) 子目。

【案例 11.1】某建筑二层平面图如图 11-1 所示，二层楼面面层为 20 mm 厚干混地面砂浆 DS M20 抹面。试计算该水泥砂浆楼面面层工程量并列项组价。

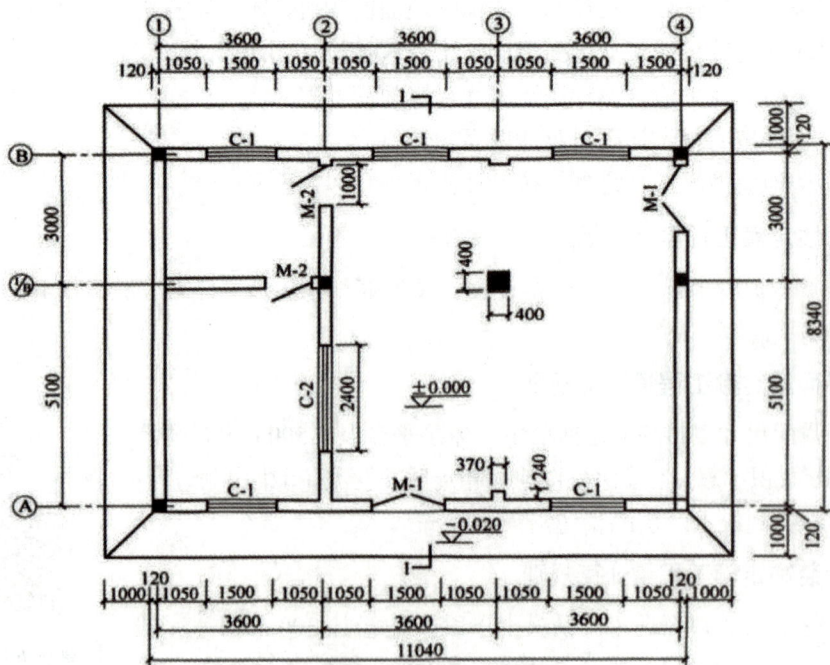

图 11-1　某建筑二层平面图

【解】(1) 案例分析计算。

水泥砂浆楼面清单工程量 = (3.6 + 3.6 − 0.24) × (8.34 − 0.48) + (3.6 − 0.24) × (3 − 0.24) +
　　　　　　　　　　　　(3.6 − 0.24) × (5.1 − 0.24) − 0.4 × 0.4 + 1 × 0.24 × 2 +
　　　　　　　　　　　　1.5 × 0.24 × 2
　　　　　　　　　　　= 81.35 m²

水泥砂浆楼面定额工程量 = (3.6 + 3.6 − 0.24) × (8.34 − 0.48) + (3.6 − 0.24) × (3 − 0.24) +
　　　　　　　　　　　　(3.6 − 0.24) × (5.1 − 0.24)
　　　　　　　　　　　= 80.31 m²

(2) 案例清单列项与定额组价。该案例中楼地面装饰工程的清单列项和定额组价如表11-7 所示。

表 11-7　水泥砂浆楼面案例的清单列项和定额组价

序号	项目编码	项目名称	项目特征描述	计量单位	工程量	金额（元）	
						综合单价	合价
1	011101001001	水泥砂浆楼地面	1. 面层厚度、砂浆种类及强度等级: 20 mm 厚干混地面砂浆 DS M20	m²	81.35	22.28	1812.87
	11-6		水泥砂浆楼地面 (混凝土或硬基层上 20 mm)	100 m²	0.8031	2257.34	1812.87

11.3.2　块料面层清单列项与定额组价

1. 块料面层清单列项

块料面层的清单列项如本模块表 11-2 所示。

2. 块料面层定额组价

块料面层定额基价设置了石材楼地面 (11-17)～(11-29)、陶瓷地面砖 (11-30)～(11-33)、镭射玻璃砖 (11-34)～(11-37)、缸砖 (11-38)～(11-39)、陶瓷锦砖 (11-40)～(11-41)、水泥花砖 (11-42)、广场砖 (11-43)～(11-44) 子目。

11.3.3　踢脚线清单列项与定额组价

1. 踢脚线清单列项

踢脚线的清单列项如本模块表 11-3 所示。

2. 踢脚线定额组价

踢脚线定额基价设置了水泥砂浆踢脚线 (11-57)、石材水泥砂浆踢脚线 (11-58)、陶瓷地面砖 (11-59)、玻璃地砖 (11-60)、缸砖 (11-61)、陶瓷锦砖 (11-62)、塑料板粘贴 (11-63)、木踢脚线成品 (11-64)、金属踢脚线 (11-65)、防静电踢脚线 (11-66) 等子目。

11.3.4　楼梯面层清单列项与定额组价

1. 楼梯面层清单列项

楼梯面层的清单列项如本模块表 11-4 所示。

2. 楼梯面层定额组价

楼梯装饰分为水泥砂浆、石材、块料楼梯面层等，定额基价设置了水泥砂浆 20 mm (11-67)、每增减 1 mm(11-68)、石材水泥砂浆 (11-69)、石材弧形楼梯 (11-70)、陶瓷地面砖 (11-71)、地毯不带垫 (11-72)、地毯带垫 (11-73)、地毯配件铜质压辊 (11-74)、地毯配件铜质压板 (11-75)、木板面层 (11-76)、橡胶板面层 (11-77)、塑料板面层 (11-78) 子目。

【提示】与楼梯连接的楼层平台面层算入楼地面工程量中，休息平台面层算入楼梯面层工程量中。

11.3.5　台阶装饰清单列项与定额组价

1. 台阶装饰清单列项

台阶装饰的清单列项如本模块表 11-5 所示。

2. 台阶装饰定额组价

台阶装饰分为水泥砂浆、石材、块料台阶面等，定额基价设置了水泥砂浆 20 mm (11-79)、每增减 1 mm(11-80)、石材水泥砂浆 (11-81)、石材弧形台阶 (11-82)、陶瓷地面砖 (11-83) 子目。

11.3.6　零星装饰项目清单列项与定额组价

1. 零星装饰项目清单列项

零星装饰项目的清单列项如本模块表 11-6 所示。

2. 零星装饰项目定额组价

零星装饰项目分水泥砂浆、石材、陶瓷地面砖等，定额基价设置了水泥砂浆 20 mm (11-85) ～缸砖 (11-88) 子目。

11.4　工程项目实例

某学生宿舍楼项目中室内装修详见装修构造做法表，室外装修详见立面图。

人工费指数、机械人工费指数、管理费指数采用河南省发布的 2023 年 7 月至 12 月指数，材料价格按 2024 年 3 月郑州市建设工程主要材料价格信息指导价，没有参照市场价。

某学生宿舍楼楼地面装饰工程分部分项工程和单价措施项目清单与计价

📖 拓展知识

【案例 11.2】某钢筋混凝土框架结构建筑物的首层平面图如图 11-2 所示。柱截面尺寸均为 500 mm × 500 mm，块料地面自下而上的做法：素土夯实，300 mm 厚 3∶7 灰土夯实；60 mm 厚 C15 素混凝土垫层；素水泥浆一道；25 mm 厚 1∶3 干硬性水泥砂浆结合层；800 mm × 800 mm 全瓷地面砖水泥砂浆粘贴，白水泥砂浆勾缝。木质踢脚线高 150 mm，基层为 9 mm 厚胶合板，面层为 3 mm 厚榉木装饰板，上口钉木线。

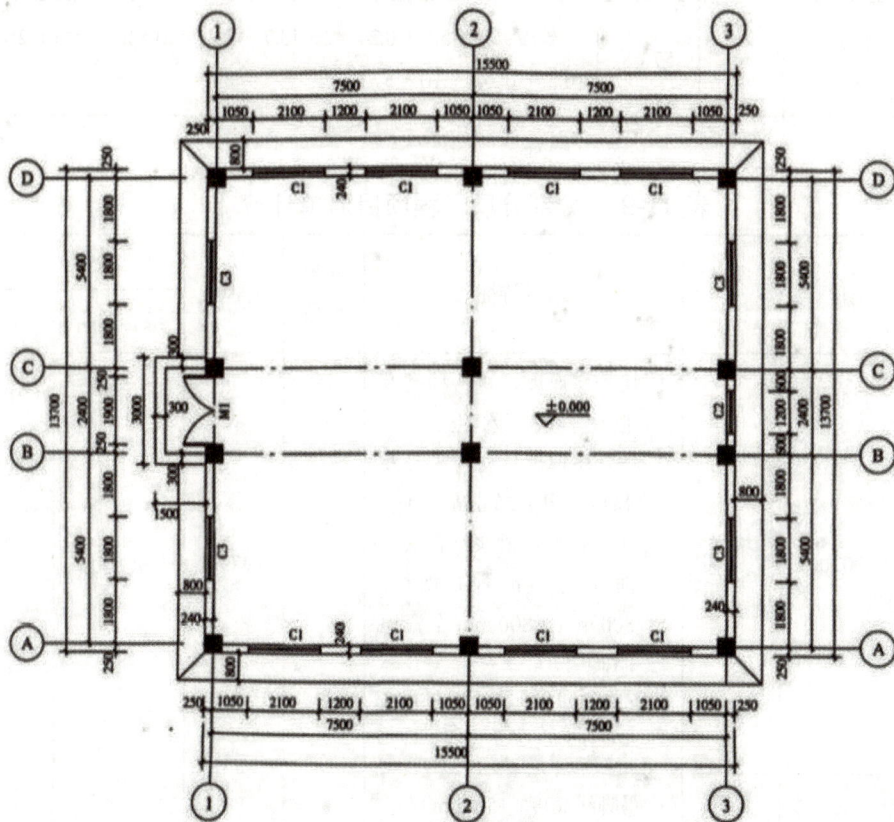

图 11-2　首层平面图

问题：

(1) 依据《房屋建筑与装饰工程工程量计算标准》(GB/T 50854—2024) 的要求计算建筑物首层块料地面、木质踢脚线的工程量。根据招标文件的编制要求，将计算过程及结果填入分部分项工程量计算表 11-8 中。

(2) 依据《房屋建筑与装饰工程工程量计算标准》(GB/T 50854—2024) 和《建设工程工程量计价标准》(GB/T 50500—2024)，编制建筑物首层块料地面、木质踢脚线的分部分项工程量清单计价表 11-9。

【解】问题 1：

表 11-8　分部分项工程量计算表

序号	项目名称	单位	数量	计　算　过　程
1	块料地面	m²	197.47	净面积：$(15.5 - 0.24 \times 2) \times (13.7 - 0.24 \times 2) = 198.56$ m² 门洞开口部分面积：$1.9 \times 0.24 = 0.46$ m² 扣除柱面积：$(0.5 - 0.24) \times (0.5 - 0.24) \times 4 + (0.5 - 0.24) \times 0.5 \times 6 + 0.5 \times 0.5 \times 2 = 1.55$ m² 块料地面净面积合计 $= 197.47$ m²
2	木质踢脚线	m	57.68	长度：$L = (15.5 - 0.24 \times 2 + 13.7 - 0.24 \times 2) \times 2 - 1.9 + 0.25 \times 2 + (0.5 - 0.24) \times 10 = 57.68$ m

问题 2：

表 11-9　分部分项工程项目清单计价

序号	项目编码	项目名称	项目特征	计量单位	工程量	综合单价	合价
1	011102003001	块料地面	1. 找平层厚度、材料种类及强度等级：素水泥浆一道 2. 结合层厚度、材料种类及强度等级：25 mm 厚 1:3 干硬性水泥砂浆结合层 3. 面层材料品种、规格：800 mm × 800 mm 全瓷地面砖 4. 勾缝材料种类：白水泥砂浆勾缝	m²	197.47		
2	011105005001	木质踢脚线	1. 踢脚线高度：150 mm 2. 基层材料种类、规格：9 mm 厚胶合板 3. 面层材料品种、规格：3 mm 厚榉木装饰板，上口钉木线	m	57.68		

赛证融合

拓展知识

1. 根据现行工程量计算标准规范，在下列楼地面装饰工程计量时，门洞、空圈、暖气包槽、壁龛应并入相应工程量内的楼地面为（   ）。

A. 碎石材楼地面　　　　　　　　B. 现浇水磨石楼地面

C. 细石混凝土楼地面　　　　　　D. 水泥砂浆楼地面

2. 根据现行工程量计算标准规范，下列关于楼梯装饰工程说法正确的是（   ）。

A. 当楼梯与楼地面相连时，应算至最上一层踏步边沿加 300 mm

B. 如遇细石混凝土找平，应另单独列项计算

C. 楼梯防滑条不另单独计算，在综合单价中考虑

D. 楼梯侧边镶贴块料饰品，并入楼梯工程量内计算

3. 根据现行工程量计算标准规范，下列关于地面装饰工程量计算的说法，正确的是（   ）。

A. 整体面层工程量扣除墙厚不大于 120 mm 的间壁墙所占面积

B. 整体地面垫层不需单独列项设置

C. 整体地面找平层单独列项计算

D. 橡胶面层地面中的找平层需要另外计算

4. 根据现行工程量计算标准规范，下列属于楼地面整体面层的是（   ）。

A. 现浇水磨石楼地面　　　　　　B. 细石混凝土楼地面

C. 菱苦土楼地面　　　　　　　　D. 自流坪楼地面

E. 橡胶卷材楼地面

思政角

通过对本模块的学习，能结合实际施工图纸，根据有关规定，进行楼地面装饰工程的定额基价合计计算。楼地面装饰工程包括找平层、整体面层、块料面层等。其中块料面层又分为石材块料、地板砖、陶瓷锦砖（马赛克）、玻璃及金属地砖等，块料的规格尺寸、颜色、有无点缀、找平层种类等都与施工质量、施工效果、工程量的计算与价格确定息息相关。楼地面工程按照规范要求进行施工，按施工内容计算各构造层次工程量。因此，必须培养责任意识、质量意识，敬畏职业、敬畏生命，严格按照国家规范进行施工、算量和计价，培养精益求精的工匠精神，养成严谨求学的工作态度。

模块 11 赛证融合参考答案

模块小结

通过本模块的学习，要求学生掌握以下内容：

1.《房屋建筑与装饰工程工程量计算标准》(GB/T 50854—2024) 规定：

(1) 整体面层按设计图示尺寸以面积计算。扣除凸出地面构筑物、设备基础、室内管道、地沟、柱、垛、附墙烟囱及孔洞所占面积。门洞、空圈、暖气包槽、壁龛的开口部分并入相应的工程量内。

(2) 石材及块料面层按设计图示尺寸以面积计算。门洞、空圈、暖气包槽、壁龛的开口部分并入相应的工程量内。

2.《河南省房屋建筑与装饰工程预算定额》(HA 01-31—2016) 规定：

(1) 整体面层及楼地面找平层按设计图示尺寸以面积计算。扣除凸出地面构筑物、设备基础、室内铁道、地沟等所占面积，不扣除间壁墙及 ≤ 0.3 m² 柱、垛、附墙烟囱及孔洞所占面积。门洞、空圈、暖气包槽、壁盒的开口部分不增加面积。

(2) 块料面层、橡塑面层及其他材料面层按设计图示尺寸以面积计算。门洞、空圈、暖气包槽、壁龛的开口部分并入相应的工程量内。

同步测试

一、简答题

1. 简述《房屋建筑与装饰工程工程量计算标准》(GB/T 50854—2024) 与《河南省房屋建筑与装饰工程预算定额》(HA 01-31—2016) 中整体面层的工程量计算规则有何不同？

2. 整体面层适用于哪些楼地面？

3. 简述《房屋建筑与装饰工程工程量计算标准》(GB/T 50854—2024) 中台阶装饰的工程量计算规则。

二、单选题

1. 根据《房屋建筑与装饰工程工程量计算标准》(GB/T 50854—2024)，石材踢脚线工程量应 (　　)。

A. 不予计算　　　　　　　　　　B. 以高度计算

C. 按设计图示尺寸以长度计算　　D. 以面积计算

2. 根据《河南省房屋建筑与装饰工程预算定额》(HA 01-31—2016)，(　　) 包含酸洗打蜡。

A. 石材楼地面　　B. 块料楼地面　　C. 水磨石地面　　D. 橡胶板楼地面

3. 根据《河南省房屋建筑与装饰工程预算定额》(HA 01-31—2016)，厚度 (　　) 的细石混凝土按找平层项目执行。

A. ≤60 mm　　　　B. >60 mm　　　　C. ≤500 mm　　　　D. 0.3 m²

4. 根据《河南省房屋建筑与装饰工程预算定额》(HA 01-31—2016)，镶嵌规格在 100 mm × 100 mm 以内的石材按 (　　) 执行。

A. 块料面层　　　　B. 整体面层　　　　C. 石材楼地面　　　　D. 点缀项目

三、多选题

1. 根据《河南省房屋建筑与装饰工程预算定额》(HA 01-31—2016) 零星项目面层适用于 (　　)。

A. 挑檐　　　　　　B. 台阶牵边　　　　　　C. 门窗套

D. 蹲台　　　　　　E. 压顶

2. 根据《河南省房屋建筑与装饰工程预算定额》(HA 01-31—2016) 计算以下工程量时，均需在边沿基础上另加 300 mm 的有 (　　)。

A. 踢脚线　　　　　B. 楼梯 (无梯口梁者)　　　　C. 台阶

D. 蹲台　　　　　　E. 压顶

3. 根据《河南省房屋建筑与装饰工程预算定额》(HA 01-31—2016) 楼梯饰面面层按水平投影面积计算，应包括 (　　)。

A. 踏步　　　　　　B. 休息平台　　　　　　C. 梯梁

D. 平台梁　　　　　E. 小于 500 mm 的楼梯井

四、计算题

某会议室平面图如图 11-3 所示，已知墙厚为 240 mm，室内用干混地面砂浆 DS M20 铺设 600 mm × 600 mm 天然石材饰面板地面，试计算该地面面层工程量，并列项组价。

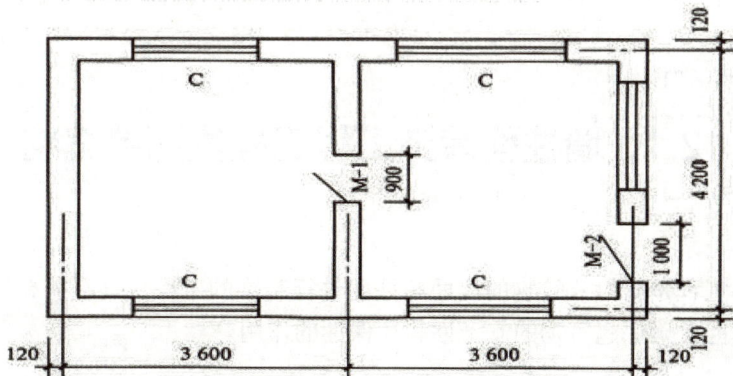

图 11-3　某会议室平面图

模块 12　墙柱面装饰工程

知识框架

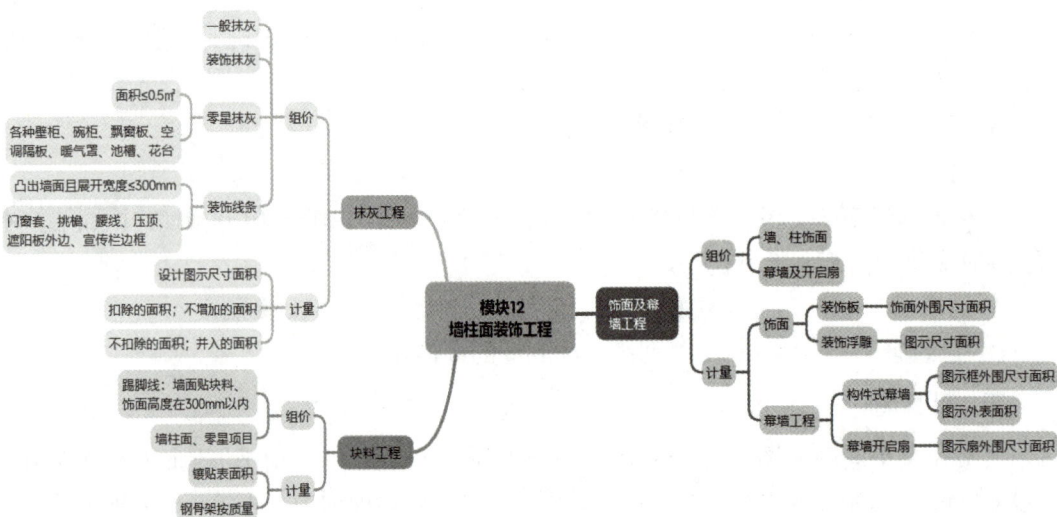

12.1　墙柱面装饰工程工程量清单编制

　　墙柱面装饰工程是指对建筑物的墙面和柱面进行装饰的工程，具有提高建筑美感，增强建筑物使用功能，确保建筑物的安全性和环保性的作用。

12.1.1　墙柱面装饰工程工程量清单

　　墙柱面装饰工程工程量清单主要包括抹灰工程、块料工程、饰面及幕墙工程。

1. 抹灰工程工程量清单

　　墙柱面抹灰工程按施工部位分为墙、柱面抹灰工程、零星抹灰工程。

1) 墙、柱面抹灰工程工程量清单

根据《房屋建筑与装饰工程工程量计算规范》(GB 50854—2013) 附录 M.1，墙面抹灰工程工程量清单如表 12-1 所示。

《房屋建筑与装饰工程工程量计算标准》(GB/T 50854—2024) 附录 M.1 对墙、柱面抹灰工程工程量清单的项目编码、项目名称、项目特征、计量单位、工程量计算规则和工作内容做出了详细的规定，如表 12-1 所示。

表 12-1　墙、柱面抹灰工程工程量清单 (编码：011201)

项目编码	项目名称	项目特征	计量单位	工程量计算规则	工作内容
011201001	墙、柱面一般抹灰	1. 基层类型、部位 2. 各层厚度、材料种类及强度等级 3. 分格缝宽度、材料种类 4. 面层处理方式	m^2	按设计图示尺寸以面积计算。扣除墙裙、门窗洞口面积；不扣除单个面积 $\leqslant 0.3\ m^2$ 的孔洞面积，不扣除挂镜线、墙与构件交接处的面积；附墙柱、梁、垛、烟囱侧壁并入相应的墙面面积内；门窗洞口和孔洞的侧壁及顶面不增加面积	1. 基层清理 2. 分层抹灰 3. 面层处理 4. 分格嵌缝
011201002	墙、柱面装饰抹灰	1. 装饰抹灰类型 2. 基层类型、部位 3. 各层厚度、材料种类及强度等级 4. 分格缝宽度、材料种类			
011201003	墙、柱面勾缝	1. 勾缝类型 2. 勾缝材料种类 3. 勾缝基层部位、材质			1. 基层清理 2. 勾缝
011201004	立面砂浆找平层	1. 基层类型 2. 找平层砂浆厚度、砂浆种类及强度等级			1. 基层清理 2. 抹灰找平

【说明】1. 如墙、柱面基层需做处理或抹灰时需贴压网格布，应在项目特征的各层做法中进行描述。

2) 零星抹灰工程工程量清单

《房屋建筑与装饰工程工程量计算标准》(GB/T 50854—2024) 附录 M.2 对零星抹灰工程工程量清单的项目编码、项目名称、项目特征、计量单位、工程量计算规则和工作内容做出了详细的规定，如表 12-2 所示。

表 12-2　零星抹灰工程工程量清单 (编码：011202)

项目编码	项目名称	项目特征	计量单位	工程量计算规则	工作内容
011202001	零星项目一般抹灰	1. 基层类型、部位 2. 各层厚度、材料种类及强度等级 3. 分隔缝宽度、材料种类 4. 面层处理方式	m^2	按设计图示尺寸以展开面积计算	1. 基层清理 2. 分层抹灰 3. 面层处理 4. 分格嵌缝

项目编码	项目名称	项目特征	计量单位	工程量计算规则	工作内容
011202002	零星项目装饰抹灰	1. 装饰抹灰类型 2. 基层类型、部位 3. 各层厚度、材料种类及强度等级 4. 分隔缝宽度、材料种类			
011202003	零星项目砂浆找平	1. 基层类型、部位 2. 找平层厚度、砂浆种类及强度等级			1. 基层清理 2. 抹灰找平

【说明】1. 各种壁柜、碗柜、飘窗板、空调搁板、暖气罩、池槽、花台、凸出墙面的飘窗、挑板等抹灰以及面积≤ 0.5 m² 的少量分散的墙、柱面抹灰应按本表的零星抹灰相关项目编码列项。

2. 墙、柱面和零星项目抹石灰砂浆、水泥砂浆、混合砂浆、聚合物水泥砂浆、麻刀石灰浆、石膏灰浆等应按上表中"墙、柱面一般抹灰"和"零星项目一般抹灰"列项，项目特征描述中的"面层处理方式"可描述为拉毛、提浆压光等；"装饰抹灰类型"可描述为水刷石、斩假石、干粘石、假面砖等。

3. 表中砂浆找平项目适用于仅做找平层的立面抹灰。

2. 块料面层工程工程量清单

墙柱面块料面层工程包括墙、柱面块料面层工程、零星块料面层工程。

1) 墙、柱面块料面层工程工程量清单

《房屋建筑与装饰工程工程量计算标准》(GB/T 50854—2024) 附录 M.3 对墙、柱面块料面层工程工程量清单的项目编码、项目名称、项目特征、计量单位、工程量计算规则和工作内容做出了详细的规定，如表 12-3 所示。

表 12-3   墙、柱面块料面层工程工程量清单（编码：011203）

项目编码	项目名称	项目特征	计量单位	工程量计算规则	工作内容
011203001	石材墙、柱面	1. 基层类型、部位 2. 安装方式 3. 骨架材料种类、规格 4. 面层材料品种、规格 5. 缝宽、勾缝材料种类 6. 防护材料种类 7. 面层处理方式	m²	按设计图示镶贴后表面积计算	1. 基层清理 2. 粘结层铺贴或骨架安装（若有） 3. 面层铺设或安装 4. 勾缝 5. 刷防护材料 6. 磨光、酸洗、打蜡
011203002	拼碎石材墙、柱面				
011203003	块料墙、柱面				

【说明】1. 拼碎石材项目的面层材料在特征描述时，可不用描述规格。

2. 石材、块料与粘接材料的结合面刷防渗材料的种类应在防护层材料种类中描述。

3. 块料面层项目的"安装方式"可描述为砂浆或粘结剂粘贴、挂贴、干挂等。

4. 块料面层项目的"面层处理方式"可描述为磨光、酸洗、打蜡等。

2) 零星块料面层工程工程量清单

《房屋建筑与装饰工程工程量计算标准》(GB/T 50854—2024) 附录 M.4 对零星块料面层工程工程量清单的项目编码、项目名称、项目特征、计量单位、工程量计算规则和工作内容做出了详细的规定，如表 12-4 所示。

表 12-4　零星块料面层工程工程量清单 (编码：011204)

项目编码	项目名称	项目特征	计量单位	工程量计算规则	工作内容
011204001	石材零星项目	1. 基层类型、部位 2. 安装方式 3. 骨架材料种类、规格 4. 面层材料品种、规格 5. 缝宽、嵌缝材料种类 6. 防护材料种类 7. 面层处理方式	m²	按设计图示镶贴后表面积计算	1. 基层清理 2. 粘结层铺贴或骨架安装（若有） 3. 面层铺贴或安装 4. 勾缝 5. 刷防护材料 6. 磨光、酸洗、打蜡
011204002	拼碎石材零星项目				
011204003	块料零星项目				

【说明】挑檐、天沟、腰线、窗台线、门窗套、飘窗板、空调搁板、压顶、扶手、雨篷周边和壁柜、碗柜、池槽、花台，以及面积≤ 0.5 m² 的少量分散的墙、柱面块料面层应按本表的零星块料面层相关项目编码列项。

3. 饰面及幕墙工程工程量清单

饰面及幕墙工程包括墙、柱饰面工程和幕墙工程。

1) 墙、柱饰面工程工程量清单

《房屋建筑与装饰工程工程量计算标准》(GB/T 50854—2024) 附录 M.5 对墙、柱饰面工程工程量清单的项目编码、项目名称、项目特征、计量单位、工程量计算规则和工作内容做出了详细的规定，如表 12-5 所示。

表 12-5　墙、柱饰面工程工程量清单 (编码：011205)

项目编码	项目名称	项目特征	计量单位	工程量计算规则	工作内容
011205001	墙、柱面装饰板	1. 龙骨材料种类、规格、中距 2. 隔离层材料种类、规格 3. 基层材料种类、规格 4. 面层材料品种、规格 5. 压条材料种类、规格	m²	按设计图示饰面外围尺寸以面积计算。扣除门窗洞口面积，不扣除单个面积≤ 0.3 m² 的孔洞所占面积	1. 基层清理 2. 龙骨制作、安装 3. 钉隔离层 4. 基层铺钉 5. 面层铺贴
011205003	墙、柱面装配式装饰板	1. 基层类型、部位 2. 配套件种类、规格 3. 面层材料品种、规格		按设计图示饰面外围尺寸以面积计算	1. 基层清理 2. 运输、安装 3. 勾缝、塞口

2) 幕墙工程工程量清单

《房屋建筑与装饰工程工程量计算标准》(GB/T 50854—2024) 附录 M.6 中对幕墙工程工程量清单的项目编码、项目名称、项目特征、计量单位、工程量计算规则和工作内容做出了详细的规定，如表 12-6 所示。

成品装饰柱工程量清单

表 12-6　幕墙工程工程量清单（编码：011206）

项目编码	项目名称	项目特征	计量单位	工程量计算规则	工作内容
011206001	构件式玻璃幕墙	1. 骨架材料种类及型号 2. 框格形式 3. 面层材料品种、规格、表面处理 4. 隔离带、框边封闭材料品种	m²	按设计图示框外围尺寸以面积计算。扣除开启扇面积	1. 骨架(含埋件)制作、安装 2. 面层安装 3. 防雷引下 4. 隔离带、框边封闭 5. 勾缝、塞口 6. 清洗
011206002	构件式石材幕墙			按设计图示外表面积计算	
011206003	构件式金属板幕墙				
011206004	构件式人造板幕墙				
011206006	全玻（无框玻璃）幕墙	1. 玻璃品种、规格 2. 粘结塞口材料种类 3. 固定方式		按设计图示尺寸以面积计算。扣除开启扇面积	1. 幕墙安装 2. 防雷引下 3. 嵌缝、塞口 4. 清洗

【说明】1. 幕墙工程的"框格形式"可描述为明框、半隐框、全隐框等。

2. 幕墙工程中的玻璃采光顶和金属板幕墙顶应按模块 9 屋面及防水工程中的相关项目编码列项。

12.1.2　墙柱面装饰工程清单工程量计算规则

墙柱面装饰工程清单工程量计算规则分为抹灰工程、块料工程、饰面及幕墙工程三大类。

1. 抹灰工程清单工程量计算规则

1) 墙、柱面抹灰工程清单工程量计算规则

墙、柱面抹灰工程清单工程量按设计图示尺寸以面积计算。

(1) 墙面抹灰工程的清单工程量 = 墙面抹灰长度 × 墙面抹灰高度 − 应扣除部分面积 + 应并入部分面积。

① 抹灰长度：外墙长度按外墙外边线计算；内墙长度按内墙净长线计算。

② 抹灰高度：外墙抹灰高度按其垂直投影高度计算。内墙无墙裙的，抹灰高度按室内楼地面至天棚底面计算；内墙有墙裙的，抹灰高

隔断工程工程量清单

度按墙裙顶至天棚底面计算。

③ 墙体扣除与增加部位如表 12-7 所示。

表 12-7　墙体扣除和不扣除部位

	应扣除	不扣除	应增加	不增加
部位	墙裙、门窗洞口面积	$0.3\ m^2$ 以下的孔洞，挂镜线和墙与构件交接处的面积	附墙柱、梁、垛、烟囱侧壁	门窗洞口和孔洞的侧壁及顶面

(2) 墙裙抹灰工程的清单工程量 = 墙裙长度 × 墙裙高度。

(3) 柱面抹灰工程清单工程量计算规则。

柱面抹灰 / 勾缝清单工程量按设计图示柱断面周长乘高度以面积计算。

【案例 12.1】 某建筑物的平面图如图 12-1 所示，已知墙厚 240 mm，外墙为混凝土墙面，设计为涂饰丙烯酸酯涂料 (6 mm 厚 1∶3 水泥砂浆打底，5 mm 厚聚合物水泥防水砂浆抹面)，外墙装饰抹灰高度为 4.9 m，窗洞口尺寸为 1.5 m × 1.5 m，试计算外墙面装饰抹灰的工程量并列项。

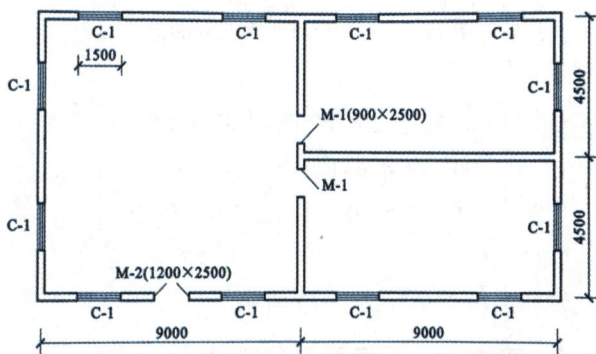

图 12-1　某建筑物平面示意图

【解】 工程量为

$$S = [(18 + 0.24) + (9 + 0.24)] \times 2 \times 4.9 - 1.5 \times 1.5 \times 12 - 1.2 \times 2.5$$
$$= 239.30\ m^2$$

编制的外墙面装饰抹灰清单项目如表 12-8 所示。

表 12-8　外墙面装饰抹灰清单项目

序号	项目编码	项目名称	项目特征	计量单位	工程量
1	011201002001	墙面装饰抹灰	1. 混凝土墙体 2. 底层为 6 mm 厚 1∶3 水泥砂浆 3. 面层为 5 mm 厚聚合物水泥防水砂浆 4. 饰面层丙烯酸酯涂料	m^2	239.30

3) 零星抹灰工程清单工程量计算规则

零星抹灰工程清单工程量按设计图示尺寸以展开面积计算。

2. 块料工程清单工程量计算规则

墙、柱面块料面层、零星块料面层工程清单工程量均按镶贴表面积计算。

【案例 12.2】某变电室外墙面尺寸如图 12-2 所示，门 (M)为 1500 mm × 2000 mm；窗 (C-1)为 1500 mm × 1500 mm；窗 (C-2)为 1200 mm × 800 mm；门窗侧面宽度为 100 mm，外墙水泥砂浆粘贴规格为 194 mm × 94 mm 瓷质外墙砖，灰缝为 5 mm，墙砖表面需进行酸洗打蜡。试计算外墙面贴砖的工程量并列项。

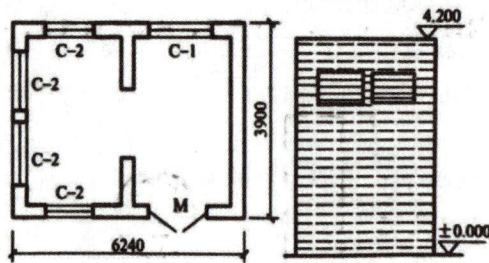

图 12-2　某变电室平面与立面图

【解】工程量为

$$S = (6.24 + 3.90) \times 2 \times 4.20 - (1.50 \times 2.00) - (1.50 \times 1.50) -$$
$$(1.20 \times 0.80) \times 4 + [1.50 + 2.00 \times 2 +$$
$$1.50 \times 4 + (1.20 + 0.80) \times 2 \times 4] \times 0.10$$
$$= 78.84 \text{ m}^2$$

编制的外墙面镶贴块料清单列项如表 12-9 所示。

表 12-9　外墙面镶贴块料清单列项

序号	项目编码	项目名称	项目特征	计量单位	工程量
1	011203003001	块料墙面	1. 水泥砂浆粘贴 2. 194 mm × 94 mm 瓷质外墙砖 3. 灰缝 5 mm 4. 墙砖表面进行酸洗打蜡	m²	78.84

3. 饰面及幕墙工程清单工程量计算规则

(1) 墙、柱面装饰板按设计图示饰面外围尺寸以面积计算，扣除门窗洞口面积，不扣除单个 ≤ 0.3 m² 的孔洞所占面积。

(2) 构件式玻璃幕墙和全玻 (无框玻璃) 幕墙均按设计图示尺寸以面积计算，扣除开启扇面积；幕墙开启扇按设计图示扇外围尺寸以面积计算。

柱面装饰清单应用案例

12.2　墙柱面装饰工程河南省 2016 定额应用

12.2.1　墙柱面装饰工程定额说明

墙柱面装饰工程定额说明主要包括抹灰工程、块料工程、饰面及幕墙工程的相关内容。

1. 抹灰工程相关定额说明

(1) 圆弧形、锯齿形、异形等不规则墙面抹灰按相应项目乘以系数 1.15。

(2) 女儿墙 (包括泛水、挑砖) 内侧、阳台栏板 (不扣除花格所占孔洞面积) 内侧与阳台栏板外侧抹灰工程量按其投影面积计算；女儿墙无泛水、挑砖者，人工及机械乘以系数 1.10。女儿墙带泛水、挑砖者，人工及机械乘以系数 1.30，按墙面相应项目执行；女儿墙外侧并入外墙计算。

(3) 抹灰项目中砂浆配合比与设计不同者，按设计要求调整；如设计厚度与定额取定厚度不同者，按相应增减厚度项目调整。

(4) 砖墙中的钢筋混凝土梁、柱侧面抹灰面积＞0.5 m² 的并入相应墙面项目执行；面积≤0.5 m² 的按零星抹灰项目执行。

(5) 抹灰工程的"零星项目"适用于各种壁柜、碗柜、飘窗板、空调隔板、暖气罩、池槽、花台以及面积≤0.5 m² 的其他各种零星抹灰。

(6) 抹灰工程装饰线条适用于门窗套、挑檐、腰线、压顶、遮阳板外边、宣传栏边框等项目抹灰，及凸出墙面展开宽度≤300 mm 的竖、横线条抹灰。线条展开宽度＞300 mm 且≤400 mm 者，按相应项目乘系数 1.33；展开宽度＞400 mm 且≤500 mm 者，按相应项目乘以系数 1.67。

2. 块料工程相关定额说明

(1) 圆弧形、锯齿形、异形等不规则镶贴块料、幕墙按相应项目乘以系数 1.15。

(2) 女儿墙 (包括泛水、挑砖) 内侧、阳台栏板 (不扣除花格所占孔洞面积) 内侧与阳台栏板外侧块料按展开面积计算；女儿墙无泛水、挑砖者，人工及机械乘以系数 1.10。女儿墙带泛水、挑砖者，人工及机械乘以系数 1.30，按墙面相应项目执行；女儿墙外侧并入外墙计算。

(3) 墙面贴块料、饰面高度在 300 mm 以内者，按踢脚线项目执行。

(4) 勾缝镶贴面砖子目，面砖消耗量分别按缝宽 5 mm 和 10 mm 考虑，如灰缝宽度与取定不同者，其块料及灰缝材料 (预拌水泥砂浆) 允许调整。

(5) 玻化砖、干挂玻化砖或玻岩板按面砖相应项目执行。

(6) 除已列有挂贴石材柱帽、柱墩项目外，其他项目的柱帽、柱墩并入相应柱面积内，每个柱帽或柱墩另增人工：抹灰 0.25 工日，块料 0.38 工日，饰面 0.5 工日。

(7) 木龙骨基层是按双向计算的，当设计为单向时，材料、人工乘以系数 0.55。

(8) 干挂石材骨架及玻璃幕墙型钢骨架均按钢骨架项目执行。预埋铁件按河南省 2016 定额"混凝土及钢筋混凝土工程"铁件制作安装项目执行。

3. 饰面及幕墙工程相关定额说明

(1) 玻璃幕墙中的玻璃按成品玻璃考虑；幕墙中的避雷装置已综合考虑，但幕墙封边、封顶的费用另行计算。型钢挂件设计用量与定额取定用量不同时，可以调整。

(2) 幕墙饰面中的结构胶与耐候胶设计用量与定额取定用量不同时，消耗量按设计计算的用量加 15% 的施工损耗计算。

(3) 玻璃幕墙设计带有平、推拉窗者，并入幕墙面积计算，窗的型材用量应予以调整，窗的五金用量相应增加，五金施工损耗按 2% 计算。

(4) 浴厕隔断已综合了隔断门所增加的工料。

(5) 隔墙 (间壁)、隔断 (护壁)、幕墙等项目龙骨间距、规格如与设计不同时，可调整。

(6) 设计要求做防火处理的，应按河南省 2016 定额"油漆、涂料、裱糊工程"相应项目执行。

12.2.2 墙柱面装饰工程定额工程量计算规则

墙柱面装饰工程定额工程量计算规则分为抹灰工程、块料工程、饰面及幕墙工程三大类。

1. 抹灰工程定额工程量计算规则

抹灰工程的定额工程量计算规则与清单工程量计算规则基本相同。所不同的有以下几点：

(1) 在清单工程量计算时，有室内吊顶的内墙抹灰高度算到天棚底，柱面抹灰高度按实际高度计算；在定额工程量计算时，有室内吊顶的内墙抹灰、柱面抹灰的高度算至吊顶底面另加 100 mm。

(2) 在定额工程量计算时，装饰线条抹灰工程量按设计图示尺寸以长度计算。

2. 块料工程定额工程量计算规则

块料工程的定额工程量计算规则与清单工程量计算规则基本相同。

所不同的是，在清单工程量计算时，柱面镶贴块料工程量按镶贴表面积计算；在定额工程量计算时，挂贴石材零星项目中柱墩、柱帽是按圆弧形成品考虑的，按其圆的最大外径周长计算，其他类型的柱帽、柱墩工程量按设计图示尺寸以展开面积计算。

3. 饰面及幕墙工程定额工程量计算规则

饰面及幕墙工程的定额工程量计算规则与清单工程量计算规则基本相同。

所不同的是，在清单工程量计算时，构件式玻璃幕墙工程量按框外围尺寸以面积计算，构件式石材、金属板、人造板幕墙工程量按设计图示外表面积计算；在定额工程量计算时，玻璃幕墙、铝板幕墙均以框外围面积计算。

思政角

清单工程量计算规则和定额工程量计算规则分别对应国家标准和河南省标准，在工程造价工作中，需贯彻标准、规范意识，保证工程造价的合理性和准确性。

墙柱面、天棚
计量计价

12.3　墙柱面装饰工程清单列项与定额组价

12.3.1　抹灰工程清单列项与定额组价

1. 抹灰工程清单列项

抹灰工程的清单列项如本模块表 12-8 所示。

2. 抹灰工程定额组价

(1) 墙面抹灰中一般抹灰区分内墙与外墙、抹灰层厚度等，分别设置了定额子目 (12-1)～(12-4)，根据墙体材质、抹灰部位及挂贴材料等分别设置了定额子目 (12-5)～(12-11)；装饰抹灰区分不同材料，分别设置了定额子目 (12-12)～(12-14)，根据拉毛灰、抹灰分格嵌缝、打底等工作内容，分别设置了定额子目 (12-15)～(12-23)。

(2) 柱 (梁) 面抹灰中一般抹灰区分多边形、圆形柱 (梁) 面和矩形柱 (梁) 面，分别设置了定额子目 (12-24)～(12-25)；装饰抹灰区分不同材料，分别设置了定额子目 (12-26)～(12-28)。

(3) 零星抹灰分别设置了一般抹灰 (12-29) 和装饰抹灰 (12-30)～(12-32) 定额子目。

抹灰工程的定额子目工作内容包括清理基层、找平、压光等，定额扩大单位为 100 m²。

【案例 12.3】某建筑物的平面图如图 12-1 所示，已知墙厚为 240 mm，外墙为混凝土墙面，设计为干粘石 (素水泥浆界面剂打底，干粘白石子)，外墙装饰抹灰高度为 4.9 m，窗洞口尺寸为 1.5 m × 1.5 m，试进行外墙装饰抹灰工程量计算并列项组价。

【解】(1) 案例分析与计算。

外墙装饰抹灰工程量为

$$S = [(18 + 0.24) + (9 + 0.24)] \times 2 \times 4.9 - 1.5 \times 1.5 \times 12 - 1.2 \times 2.5 = 239.30 \text{ m}^2$$

(2) 案例清单列项与定额组价。

① 定额子目应用。查询河南省 2016 定额，合适的定额子目为 (12-23 素水泥浆界面剂) 和 (12-13 干粘白石子)。

② 案例清单列项与定额组价。该案例中外墙装饰抹灰的清单列项和定额组价如表 12-10 所示。

表 12-10　外墙装饰抹灰案例清单列项和定额组价

序号	项目编码	项目名称	项目特征描述	计量单位	工程量	金额（元）		
						综合单价	合价	其中
								暂估价
1	011201002001	墙面装饰抹灰	1. 混凝土墙面 2. 素水泥浆界面剂 3. 干粘白石子	m²	239.30	46.2778	11074.277	
	12-23	素水泥浆界面剂		100 m²	2.393	306.83	734.244	
	12-13	干粘白石子		100 m²	2.393	4320.95	10340.033	

12.3.2　块料工程清单列项与定额组价

1. 块料工程清单列项

块料工程的清单列项如本模块表 12-9 所示。

2. 块料工程定额组价

(1) 块料工程中墙面块料面层根据材料类别分别设置了 (12-33)～(12-75) 定额子目。

(2) 柱（梁）面镶贴块料根据材料类别分别设置了 (12-76)～(12-97) 定额子目。

(3) 镶贴零星块料根据材料类别分别设置了 (12-98)～(12-115) 定额子目。

块料工程的定额子目工作内容包括清理基层、铺抹结合层、面层粘贴、清洁表面等，定额扩大单位为 100 m²。

【案例 12.4】某变电室外墙面尺寸如图 12-2 所示，门 (M) 为 1500 mm × 2000 mm；窗 (C-1) 为 1500 mm × 1500 mm；窗 (C-2) 为 1200 mm × 800 mm；门窗侧面宽度为 100 mm，外墙水泥砂浆粘贴规格为 194 mm × 94 mm 瓷质外墙砖，需加浆勾缝，灰缝宽度为 5 mm。试进行外墙面贴砖工程量计算并列项组价。

【解】(1) 案例分析与计算。

外墙面贴砖工程量为

$$S = (6.24 + 3.90) \times 2 \times 4.20 - (1.50 \times 2.00) - (1.50 \times 1.50) - (1.20 \times 0.80) \times 4 +$$
$$[1.50 + 2.00 \times 2 + 1.50 \times 4 + (1.20 + 0.80) \times 2 \times 4] \times 0.10$$
$$= 78.84 \text{ m}^2$$

(2) 案例清单列项与定额组价。

① 定额子目应用。查询河南省 2016 定额，合适的定额子目为 (12-57 墙面块料面层 面砖 每块面积 0.02 m² 以内 预拌砂浆（干混）面砖灰缝 5 mm) 和 (12-69 墙面块料面层 面砖 加浆勾缝 5 mm 以内)。

② 案例清单列项与定额组价。该案例中外墙面贴砖清单列项和定额组价如表 12-11 所示。

表 12-11 外墙面贴砖案例清单列项和定额组价

序号	项目编码	项目名称	项目特征描述	计量单位	工程量	综合单价	合价	其中暂估价
1	011203003001	块料墙面	1. 墙体类型：混凝土墙体 2. 安装方式：粘贴 3. 面层材料品种、规格、颜色：全瓷砖 4. 缝宽、嵌缝材料种类：嵌缝砂浆 5 mm	m²	78.84	122.2367	9637.14	0
	12-57		墙面块料面层 面砖 每块面积 0.02 m² 以内 预拌砂浆（干混）面砖灰缝 5 mm	100 m²	0.7884	10705.12	8439.917	0
	12-69		墙面块料面层 面砖 加浆勾缝 5 mm 以内	100 m²	0.7884	1518.55	1197.225	0

12.3.3 饰面及幕墙工程清单列项与定额组价

1. 饰面及幕墙工程清单列项

饰面及幕墙工程的清单列项如柱面装饰定额基价应用案例中表 1 所示。

2. 饰面及幕墙工程定额组价

(1) 饰面工程中墙饰面设置了龙骨基层 (12-116)～(12-134) 定额子目；夹板、卷材基层 (12-135)～(12-140) 定额子目；装饰板墙面层 (12-141)～(12-173) 定额子目等。

(2) 柱 (梁) 饰面设置了龙骨基层及饰面面层 (12-174)～(12-209) 定额子目等。

(3) 幕墙分为玻璃幕墙、铝板幕墙、全玻璃幕墙等，设置了 (12-210)～(12-217) 定额子目。饰面及幕墙工程的定额扩大单位为 100 m²。

思政角

工程的列项与组价需要严谨、细心和耐心，因此，在工程造价工作中，应发扬精益求精、执着专注的工匠精神。

墙面贴砖综合单价分析案例

柱面装饰定额基价应用案例

12.4 工程项目实例

"某学生宿舍楼"项目中室内外墙柱面装修做法详见装修构造做法表和立面图。

工程项目墙柱面装饰工程分部分项工程和单价措施项目清单与计价表可扫描二维码查看。

> 墙柱面装饰工程
> 分部分项工程和
> 单价措施项目清单
> 与计价表

拓展知识

(1) 墙面抹灰在计算工程量时，不扣除挂镜线、墙与构件交接处的面积，门窗洞口和孔洞的侧壁及顶面不增加面积；墙面块料面层在计算工程量时，按镶贴后表面积具实计算。

(2) 墙面装饰浮雕按设计图示尺寸以面积计算。

(3) 面层、隔墙(间壁)、隔断定额项目内，除注明者外均未包括压条、收边、装饰线(板)，如设计要求时，按定额"其他装饰工程"中相应子目计算。

赛证融合

1. 以下不属于室内装修做法的是(   )。

A. 楼地面   B. 踢脚   C. 顶棚   D. 外墙面

2. 根据现行工程量计算标准规范，下列墙面抹灰工程量计算正确的是(   )。

A. 墙面抹灰中墙面勾缝不单独列项

B. 有吊顶天棚的内墙面抹灰抹至吊顶以上部分应另行计算

C. 墙面水刷石按墙面装饰抹灰编码列项

D. 墙面抹石膏灰浆按墙面装饰抹灰编码列项

3. 根据现行工程量计算标准规范，下列幕墙工程工程量计算正确的是(   )。

A. 玻璃幕墙应扣除开启扇面积

B. 单元式幕墙按图示尺寸以面积计算

C. 构件式幕墙按图示框内围尺寸以面积计算

D. 全玻幕墙按展开面积计算

4. 根据现行工程量计算标准规范，下列关于柱面抹灰工程量计算正确的是(   )。

A. 柱面勾缝忽略不计

B. 柱面抹麻刀石灰浆按柱面装饰抹灰编码列项

C. 柱面一般抹灰按设计断面周长乘以高度以面积计算

D. 柱面勾缝按设计断面周长乘以高度以面积计算

E. 柱面砂浆找平按设计断面周长乘以高度以面积计算

思政角

模块 12 赛证融合参考答案

墙柱面装饰材料种类繁多，施工工艺复杂，新材料、新技术不断涌现，因此，在工程造价学习中，需要培养终身学习意识，发扬精益求精的工匠精神，提升自身的职业能力和素养。

模块小结

本模块重点学习了以下内容：

(1) 抹灰工程工程量的计算：内墙面、墙裙抹灰面积应扣除门窗洞口和单个面积 > 0.3 m^2 以上的空圈所占的面积，不扣除踢脚线、挂镜线及单个面积≤0.3 m^2 的孔洞和墙与构件交接处的面积，且门窗洞口、空圈、孔洞的侧壁面积亦不增加，附墙柱的侧面抹灰应并入墙面、墙裙抹灰工程量内计算。

(2) 镶贴块料工程工程量的计算：镶贴块料面层工程量按镶贴表面积计算，即按实贴面积计算。柱镶贴块料面层工程量按设计图示饰面外围尺寸乘以高度以面积计算。

(3) 玻璃幕墙工程量的计算：按框外围尺寸以面积计算。

通过本模块的学习，能结合施工图纸，根据规范、定额有关规定，进行墙柱面一般抹灰、墙柱面装饰抹灰、零星抹灰、墙柱面镶贴块料及装饰板、幕墙等工程的计量、列项和计价。

同步测试

一、简答题

1. 简述墙面抹灰清单工程量计算规则。

2. 简述内墙抹灰清单工程量计算规则与定额工程量计算规则的不同。

3. 简述块料面层清单工程量计算规则。

4. 全玻幕墙的工程量如何计算？

二、单选题

1. 根据《房屋建筑与装饰工程工程量计算标准》(GB/T 50854—2024)，墙面抹灰按设计图示尺寸以面积计，但应扣除 (　　)。

A. 0.1 m² 单个孔洞　　　　　　　　　B. 门窗洞口

C. 构件与墙交界面　　　　　　　　　D. 挂镜线

2. 有 490 mm × 490 mm、高 3.6 m 的独立砖柱，镶贴人造石板材 (厚 25 mm)。结合层为 1∶3 水泥砂浆，厚 15 mm，则镶贴块料工程量为 (　　)m²。

A. 7.05　　　　　　B. 7.99　　　　　　C. 8.21　　　　　　D. 7.63

三、多选题

1. 根据《房屋建筑与装饰工程工程量计算标准》(GB/T 50854—2024)，内墙面积按主墙间的净长乘以高度计算，不扣除 (　　) 的面积。

A. 门窗洞口　　　　　　　B. 踢脚线　　　　　　　C. 挂镜线

D. 0.3 m² 单个孔洞　　　　E. 墙与构件交接处

2. 墙面镶贴块料工程量应扣除 (　　)。

A. 门窗洞口面积　　　　　　B. 0.3 m² 以内孔洞所占面积　　C. 踢脚线所占面积

D. 门窗洞口侧壁镶贴面积　　E. 墙裙镶贴面积

模块13 天棚工程

知识框架

```
厚度；工艺 —— 天棚抹灰
                        组价
道数 —— 装饰线                          天棚抹灰
水平投影面积
                        计量                                    龙骨
不扣除；并入                                        一般天棚吊顶      基层
                                        组价                        面层
板式楼梯按斜面积；锯                                        艺术造型天棚吊顶
齿形楼梯按展开面积              模块13        天棚吊顶
                              天棚工程                        水平投影面积
灯带（槽）                                        计量      扣除；不扣除
送风口、出风口        组价
天棚开孔                                天棚其他装饰
中心线长度
图示数量
                        计量
镶贴表面积
外围面积
```

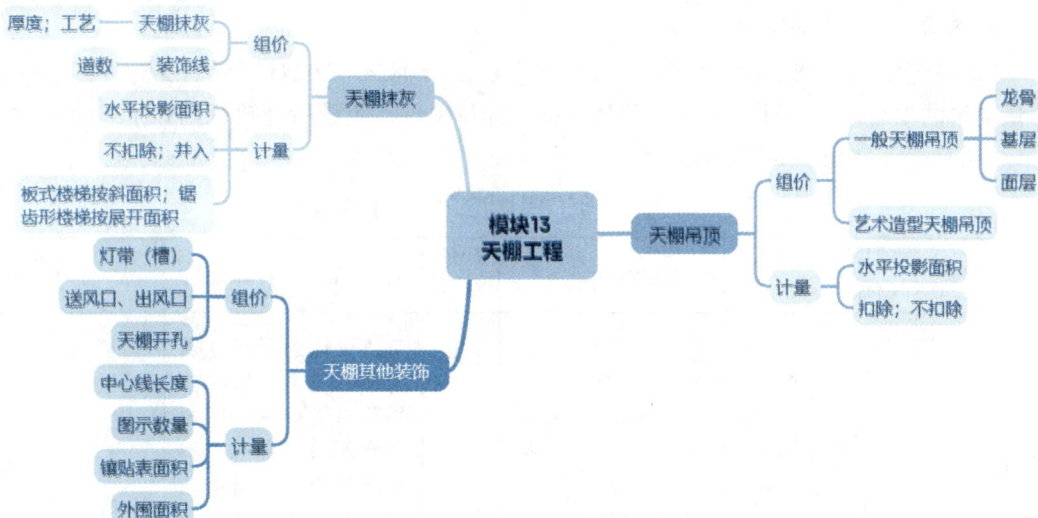

13.1 天棚工程工程量清单编制

天棚工程是指建筑内部天花板的装饰和结构工程，是室内装修的重要组成部分，旨在提升空间的视觉效果和居住舒适度。

13.1.1 天棚工程工程量清单

天棚工程工程量清单主要包括天棚抹灰、天棚吊顶和天棚其他装饰清单。

1. 天棚抹灰工程量清单

《房屋建筑与装饰工程工程量计算标准》(GB/T 50854—2024) 附录 N.1 对天棚抹灰工

程量清单的项目编码、项目名称、项目特征、计量单位、工程量计算规则和工作内容做出了详细的规定，如表 13-1 所示。

表 13-1　天棚抹灰工程量清单（编码：011301）

项目编码	项目名称	项目特征	计量单位	工程量计算规则	工作内容
011301001	天棚抹灰	1. 基层类型 2. 抹灰厚度、砂浆种类及强度等级	m²	按设计图示尺寸以水平投影面积计算。不扣除垛、柱、附墙烟囱、检查口和管道所占的面积；带梁天棚的梁两侧抹灰面积并入天棚面积内；板式楼梯底面抹灰按斜面积计算；锯齿形楼梯底板抹灰按展开面积计算	1. 基层清理 2. 底层抹灰 3. 抹面层

2. 天棚吊顶工程量清单

《房屋建筑与装饰工程工程量计算标准》(GB/T 50854—2024) 附录 N.2 对天棚吊顶工程量清单的项目编码、项目名称、项目特征、计量单位、工程量计算规则和工作内容做出了详细的规定，如表 13-2 所示。

表 13-2　天棚吊顶工程量清单（编码：011302）

项目编码	项目名称	项目特征	计量单位	工程量计算规则	工作内容
011302001	平面吊顶天棚	1. 吊顶形式、吊杆规格、高度 2. 龙骨材料种类、规格、中距 3. 基层材料种类、规格 4. 面板材料品种、规格 5. 压条材料种类、规格 6. 嵌缝材料种类 7. 防护材料种类	m²	按设计图示尺寸以水平投影面积计算。扣除与天棚相连的窗帘盒所占的面积。不扣除检查口、附墙烟囱、柱垛和管道以及单个面积≤0.3 m²的独立柱、孔洞所占面积。	1. 基层清理、吊杆安装 2. 龙骨安装 3. 基层板铺贴 4. 面板铺贴 5. 开孔及洞口处理 6. 嵌缝 7. 刷防护材料
011302002	跌级吊顶天棚			按设计图示尺寸以水平投影面积计算。天棚面中的灯槽及跌级天棚面积不展开计算。扣除与天棚相连的窗帘盒所占的面积；不扣除检查口、附墙烟囱、柱垛和管道以及单个面积≤0.3 m²的独立柱、孔洞所占面积。	
011302003	艺术造型吊顶天棚	1. 吊顶部位 2. 吊顶形式、吊杆规格、高度 3. 龙骨材料种类、规格、中距 4. 基层材料种类、规格 5. 面板材料品种、规格 6. 压条材料种类、规格 7. 嵌缝材料种类 8. 防护材料种类			

【说明】1. 平面吊顶天棚和跌级吊顶天棚指一般直线型吊顶天棚。天棚面层在同一标高者应按"平面吊顶天棚"项目编码列项，天棚面层不在同一标高者应按"跌级吊顶天棚"项目编码列项。

2. 天棚面层不在同一标高的一般直线型吊顶天棚，高差 ≤ 400 mm 且跌级 ≤ 3 级时，应按"跌级吊顶天棚"项目编码列项；高差 > 400 mm 或跌级 > 3 级时，应按"艺术造型吊顶天棚"项目编码列项。圆弧形、拱形等造型天棚应按"艺术造型吊顶天棚"项目编码列项。

3. 跌级吊顶天棚的"吊顶形式"可描述跌级级别，艺术吊顶天棚的"吊顶形式"可描述为藻井天棚、吊挂式天棚、阶梯形天棚、锯齿形天棚等。

4. 为满足吊顶内照明、通风、音响等设备的安装要求，需对其进行的裁切、开孔、接口等工作均包括在相应天棚项目的工作内容中。

3. 天棚其他装饰工程量清单

《房屋建筑与装饰工程工程量计算标准》(GB/T 50854—2024) 附录 N.3 对天棚其他装饰工程量清单的项目编码、项目名称、项目特征、计量单位、工程量计算规则和工作内容做出了详细的规定，如表 13-3 所示。

艺术造型天棚
吊顶工程量清单

采光天棚
工程量清单

表 13-3　天棚其他装饰工程量清单 (编码：011303)

项目编码	项目名称	项目特征	计量单位	工程量计算规则	工作内容
011303001	成品装饰带	1. 装饰带型式、尺寸 2. 材料品种、规格 3. 安装固定方式	m²	按设计图示尺寸以中心线长度计算	安装、固定
011303002	成品装饰口	1. 装饰口材料品种、规格 2. 安装固定方式 3. 防护材料种类	个	按设计图示数量计算	1. 安装、固定 2. 刷防护材料
011303003	挡烟垂壁	1. 形式 2. 材质		按设计图示尺寸以面积计算	1. 安装、固定 2. 启动装置安装 (若有)
011303004	块料梁面	1. 基层类型、部位 2. 安装方式 3. 骨架材料种类、规格 4. 面层材料品种、规格 5. 缝宽、勾缝材料种类 6. 防护材料种类面层处理方式	m²	按设计图示镶贴后表面积计算	1. 基层清理 2. 粘结层铺贴或型钢骨架或其他金属骨架安装 (若有) 3. 面层安装 4. 勾缝 5. 刷防护材料 6. 磨光、酸洗、打蜡
011303005	装饰板梁面	1. 龙骨材料种类、规格、中距 2. 基层材料种类、规格 3. 面板材料品种、规格 4. 防护材料种类		按设计图示饰面外围尺寸以面积计算	1. 基层清理 2. 安装龙骨 3. 基层板铺贴 4. 面板铺贴 5. 刷防护材料

【说明】1. 挡烟垂壁的"形式"可描述为活动、固定等。

2."块料梁面""装饰板梁面"适用于无天棚的独立梁装饰以及梁面装饰与所在天棚吊顶装饰做法不同时的情况。

3. 块料梁面项目的"安装方式"可描述为砂浆或粘结剂粘贴、挂贴、干挂等，"面层处理方式"可描述为磨光、酸洗、打蜡等。

13.1.2 天棚工程清单工程量计算规则

天棚工程的清单工程量计算规则主要分为天棚抹灰、天棚吊顶、天棚其他装饰三大类。

1. 天棚抹灰清单工程量计算规则

(1) 按设计图示尺寸以水平投影面积计算。不扣除垛、柱、附墙烟囱、检查口和管道所占的面积,带梁天棚的梁两侧抹灰面积并入天棚面积内。

(2) 楼梯底面抹灰。板式楼梯底面抹灰按斜面积计算,锯齿形楼梯底板抹灰按展开面积计算。

(3) 独立梁抹灰。无天棚的独立梁抹灰按"天棚抹灰"项目编码列项。

【案例 13.1】某井字梁天棚断面和平面如图 13-1 所示,已知主梁尺寸为 500 mm × 300 mm,次梁尺寸为 300 mm × 150 mm,板厚为 100 mm,混凝土天棚抹砂浆。试计算井字梁天棚抹灰的清单工程量并列项。

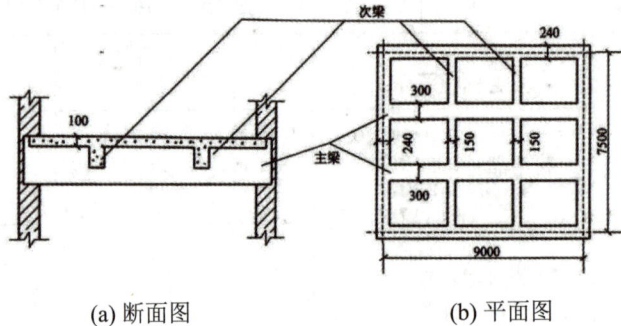

(a) 断面图   (b) 平面图

图 13-1 井字梁天棚示意图

【解】天棚抹灰工程量 = $(9 - 0.24) \times (7.5 - 0.24) + [(9 - 0.24) \times (0.5 - 0.1) - (0.3 - 0.1) \times$

$0.15 \times 2] \times 2 \times 2 + (7.5 - 0.24 - 0.6) \times (0.3 - 0.1) \times 2 \times 2$

$= 82.70 \text{ m}^2$

编制的天棚抹灰清单列项如表 13-4 所示。

表 13-4 天棚抹灰清列项

序号	项目编码	项目名称	项目特征	计量单位	工程量
1	011301001001	天棚抹灰	1. 混凝土基层 2. 抹砂浆	m^2	82.70

2. 天棚吊顶的清单工程量计算规则

天棚吊顶的清单工程量按设计图示尺寸以水平投影面积计算,其扣除和增加部位见表 13-5。艺术造型吊顶天棚面中的灯槽及跌级天棚面积不展开计算。

表 13-5 天棚吊顶扣除和增加部位

项目	应扣除	不扣除
部位	与天棚相连的窗帘盒所占的面积	检查口、附墙烟囱、柱垛和管道以及单个面积 $\leqslant 0.3 \text{ mm}^2$ 的独立柱、孔洞所占面积

【案例 13.2】某预制钢筋混凝土板底吊 U 形轻钢天棚龙骨，网格尺寸为 450 mm × 450 mm，龙骨上铺钉密度板基层，面层粘贴铝塑板，尺寸如图 13-2 所示。试计算吊顶天棚的清单工程量并列项。

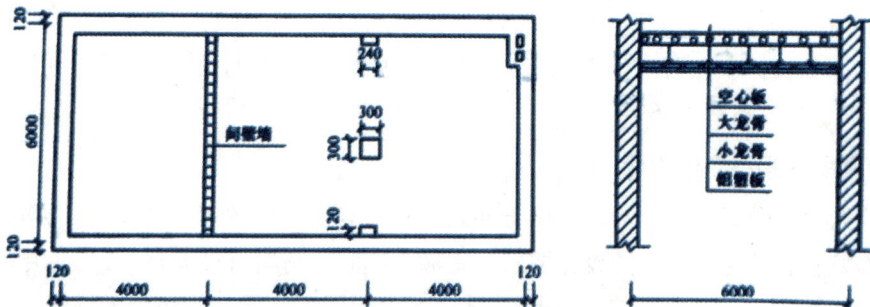

图 13-2　某工程吊顶天棚装饰示意图

【解】根据《房屋建筑与装饰工程工程量计算标准》(GB/T 50854—2024)，吊顶天棚工程量按设计图示尺寸以水平投影面积计算，不扣除附墙柱垛所占面积以及单位面积 ≤ 0.3 m² 的独立柱所占面积。

$$吊顶天棚工程量 = (12 - 0.24) \times (6 - 0.24) = 67.74 \text{ m}^2$$

编制的吊顶天棚清单列项如表 13-6 所示。

表 13-6　吊顶天棚清单列项

序号	项目编码	项目名称	项目特征	计量单位	工程量
1	011302001001	平面吊顶天棚	1. U 形轻钢龙骨，网格尺寸为 450 mm × 450 mm 2. 密度板基层 3. 铝塑板面层	m²	67.74

3. 天棚其他装饰的清单工程量计算规则

(1) 成品装饰带按设计图示尺寸以中心线长度计算；

(2) 成品装饰口按设计图示数量计算；

(3) 块料梁面按设计图示镶贴后表面积计算；

(4) 装饰板梁面按设计图示饰面外围尺寸面积计算。

墙柱面、天棚
计量计价

13.2　天棚工程河南省2016定额应用

13.2.1　天棚工程定额说明

天棚工程定额说明主要包括天棚抹灰、天棚吊顶、天棚其他装饰的相关内容。

1. 天棚抹灰相关定额说明

(1) 当抹灰项目中砂浆配合比、厚度与设计不同时，可按设计要求换算、调整。

(2) 如混凝土天棚刷素水泥浆或界面剂，按河南省 2016 定额"墙、柱面装饰与隔断、幕墙工程"相应项目人工乘以系数 1.15。

(3) 楼梯底板抹灰按河南省 2016 定额"天棚工程"相应项目执行，其中锯齿形楼梯按相应项目人工乘以系数 1.35。

2. 天棚吊顶相关定额说明

(1) 除烤漆龙骨天棚为龙骨、面层合并列项外，其余天棚龙骨、基层、面层分别列项。

(2) 如龙骨、基层和面层的设计要求与定额不同时，材料可以调整，人工、机械不变。

(3) 天棚面层在同一标高者为平面天棚，天棚面层不在同一标高者为跌级天棚。跌级天棚的面层按相应项目人工乘以系数 1.3。

(4) 轻钢、铝合金龙骨项目的龙骨按双层双向考虑，如为单层结构时，人工乘以系数 0.85。

(5) 轻钢龙骨、铝合金龙骨项目中，如面层规格与定额不同时，按相近面层项目执行。

(6) 轻钢龙骨和铝合金龙骨不上人型吊杆长度为 0.6 m，上人型吊杆长度为 1.4 m。吊杆长度与定额不同时可按实际调整，人工不变。

(7) 平面天棚和跌级天棚指一般直线形天棚，不包括灯光槽的制作安装。灯光槽制作安装应按相应项目执行。吊顶天棚中的艺术造型天棚项目中包括灯光槽的制作安装。

(8) 天棚面层不在同一标高，且高差在 400 mm 以下、跌级三级以内的一般直线形平面天棚按跌级天棚相应项目执行；高差在 400 mm 以上或跌级超过三级，以及圆弧形、拱形等造型天棚按吊顶天棚中的艺术造型天棚相应项目执行。

(9) 天棚压条、装饰线条按河南省 2016 定额"其他装饰工程"相应项目执行。

(10) 艺术造型天棚吊顶，龙骨、面层合并列项编制。

13.2.2　天棚工程定额工程量计算规则

天棚工程定额工程量计算规则分为天棚抹灰、天棚吊顶、天棚其他装饰三大类。

1. 天棚抹灰定额工程量计算规则

天棚抹灰定额工程量按设计图示尺寸以展开面积计算，不扣除间壁墙、垛、柱、附墙烟囱、检查口和管道所占的面积，带梁天棚的梁两侧抹灰面积并入天棚面积内。

在定额工程量计算规则中，明确了板式楼梯底面抹灰面积（包括踏步、休息平台及宽≤500 mm 的楼梯井）按水平投影面积乘以系数 1.15 计算，锯齿形楼梯底板抹灰面积（包括踏步、休息平台及≤ 500mm 宽的楼梯井）按水平投影面积乘以系数 1.37 计算。

2. 天棚吊顶定额工程量计算规则

天棚吊顶定额工程量在计算时，分为天棚龙骨和天棚吊顶的基层与面层，具体如下：

(1) 天棚龙骨定额工程量，按主墙间水平投影面积计算，不扣除间壁墙、垛、柱、附墙烟囱、检查口和管道所占的面积，扣除单个面积＞0.3 m² 的孔洞、独立柱及与天棚相连的窗帘盒所占的面积。斜面龙骨按斜面计算。

(2) 天棚吊顶的基层和面层定额工程量，均按设计图示尺寸以展开面积计算。天棚面中的灯槽及跌级、阶梯式、锯齿形、吊挂式、藻井式天棚面积按展开面积计算。不扣除和扣除的工程量同天棚龙骨工程量计算规则的规定。

3. 天棚其他装饰定额工程量计算规则

(1) 灯带 (槽) 按设计图示尺寸以框外围面积计算。

(2) 送风口、回风口及灯光孔按设计图示数量计算。

13.3 天棚工程清单列项与定额组价

13.3.1 天棚抹灰清单列项与定额组价

1. 天棚抹灰清单列项

天棚抹灰的清单列项如表 13-4 所示。

2. 天棚抹灰定额组价

天棚抹灰依据基层材质和抹灰厚度、工艺、遍数有定额基价子目 (13-1 混凝土天棚一次抹灰 (10 mm))～(13-5 板条天棚二遍)，装饰线依据抹灰道数有定额基价子目 (13-6 装饰线三道内)、(13-7 装饰线五道内)；其工作内容是清理修补基层表面、堵眼、调运砂浆、清扫落地灰，抹灰找平、罩面及压光；定额扩大单位为 100 m²。

【案例 13.3】某井字梁天棚如图 13-3 所示，已知墙厚为 240 mm，轴线居中，天棚装饰采用 15 mm 厚 DPM10 干混抹灰砂浆抹灰，试进行工程量计算并列项组价。

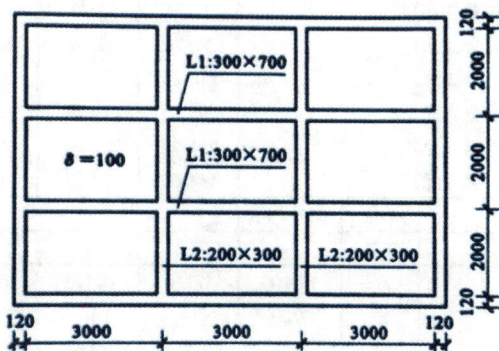

图 13-3 井字梁天棚示意图

【解】(1) 案例分析与计算。

主墙间水平投影面积为

$$S_1 = (9 - 0.24) \times (6 - 0.24) = 50.46 \text{ m}^2$$

主梁侧面展开面积为

$$S_2 = (9 - 0.24 - 0.2 \times 2) \times (0.7 - 0.1) \times 2 \times 2 + 0.2 \times (0.7 - 0.3) \times 2 \times 4 = 20.70 \text{ m}^2$$

次梁展开面积为

$$S_3 = (6 - 0.24 - 0.3 \times 2) \times (0.3 - 0.1) \times 2 \times 2 = 4.13 \text{ m}^2$$

天棚抹灰工程量为

$$S = 50.46 + 20.70 + 4.13 = 75.29 \text{ m}^2$$

(2) 案例清单列项与定额组价。

① 案例清单列项。该案例中天棚抹灰的清单列项如表 13-7 所示。

表 13-7 天棚抹灰案例清单列项

序号	项目编码	项目名称	项目特征描述	计量单位	工程量
1	011301001001	天棚抹灰	1. 混凝土基层 2. 15 mm 厚 DPM10 干混抹灰砂浆	m²	75.29

② 定额子目应用。查询河南省 2016 定额，合适的定额子目为 (13-1 混凝土天棚一次抹灰 10 mm) 和 (13-2 混凝土天棚砂浆每增减 1 mm)，如图 13-4 所示。

单位：100m²

定 额 编 号			13-1	13-2	13-3	13-4	13-5
项 目			混凝土天棚			钢板网天棚	板条天棚
			一次抹灰 (10mm)	砂浆每 增减 1mm	拉毛	底面	二遍
基 价 (元)			2635.46	262.24	3948.58	2044.75	2950.11
其 中	人 工 费 (元)		1571.00	156.49	2353.46	1231.97	1899.53
	材 料 费 (元)		207.05	20.68	310.37	144.91	9.55
	机械使用费 (元)		37.11	3.36	55.86	26.06	47.77
	其他措施费 (元)		53.77	5.36	80.55	42.07	65.10
	安 文 费 (元)		116.86	11.64	175.07	91.43	141.50
	管 理 费 (元)		293.57	29.24	439.79	229.69	355.47
	利 润 (元)		211.20	21.04	316.40	165.25	255.73
	规 费 (元)		144.90	14.43	217.08	113.37	175.46
名 称	单位	单价 (元)	数 量				
综合工日	工日	—	(10.34)	(1.03)	(15.49)	(8.09)	(12.52)
干混抹灰砂浆 DP M10	m³	180.00	1.130	0.113	1.695	0.791	—
圆钉	kg	7.00	—	—	—	—	0.740
水	m³	5.13	0.712	0.066	1.028	0.493	0.852
干混砂浆罐式搅拌机 公称储量 (L) 20000	台班	197.40	0.188	0.017	0.283	0.132	0.242

图 13-4 河南省 2016 定额定额子目 (13-1和13-2)

③ 案例定额组价。该项目中天棚抹灰的定额组价如表 13-8 所示。

表 13-8　天棚抹灰案例定额组价

序号	项目编码	项目名称	项目特征描述	计量单位	工程量	金额（元）		
						综合单价	合价	其中
								暂估价
	011301001001	天棚抹灰	1. 混凝土基层 2. DPM10 干混抹灰砂浆 15 mm 厚	m²	75.29	34.61	2605.49	0
	13-1		混凝土天棚一次抹灰 10 mm	100 m²	0.75	2319.93	1739.95	
	13-2*5		混凝土天棚砂浆每增减 1 mm 实际厚度 5 mm	100 m²	0.75	1154.05	865.54	

13.3.2　天棚吊顶清单列项与定额组价

1. 天棚吊顶清单列项

天棚吊顶的清单列项如表 13-6 所示。

2. 天棚吊顶定额组价

天棚吊顶的定额基价包括吊顶天棚 (13-8)～(13-216)、格栅吊顶 (13-217)～(13-224)、吊筒吊顶 (13-225)～(13-228)、藤条造型悬挂吊顶 (13-229)、织物软雕吊顶 (13-230)～(13-233)、装饰网架吊顶 (13-234) 等内容；定额扩大单位为 100 m²。

【案例 13.4】某办公楼二层顶面施工图如图 13-5 所示，采用的装配式 T 形铝合金龙骨 (不上人型) 为 600 mm × 600 mm，纸面石膏板为 600 mm × 600 mm；方柱断面为 1000 mm × 1000 mm，间壁墙厚为 200 mm。试进行工程量计算并列项组价。

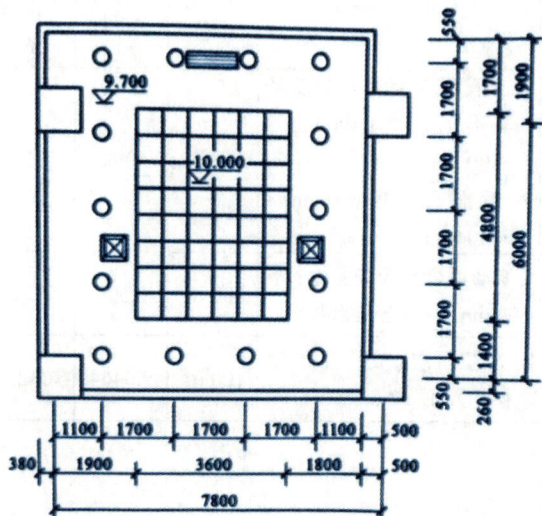

图 13-5　某办公楼二层顶面施工图

【解】(1) 案例分析与计算。

天棚吊顶为跌级天棚，其清单工程量计算规则和定额工程量计算规则不同，需分别计算。

① 跌级吊顶天棚清单工程量计算：

$S = (7.8 - 0.5 + 0.38 - 0.20) \times (6.00 + 0.26 + 1.9) - (1.00 - 0.20) \times 1 - (1.00 - 0.20) \times (1.00 - 0.20)$

$= 59.60 \text{ m}^2$

② 吊顶天棚定额工程量计算：

铝合金龙骨工程量为

$S = (7.8 - 0.5 + 0.38 - 0.20) \times (6.00 + 0.26 + 1.9) - (1.00 - 0.20) \times 1 - (1.00 - 0.20) \times (1.00 - 0.20)$

$= 59.60 \text{ m}^2$

纸面石膏板工程量为

$$S = 59.6 + (3.6 + 4.8) \times 2 \times 0.3 = 64.64 \text{ m}^2$$

(2) 案例清单列项与定额组价。

① 案例清单列项。该案例中天棚吊顶的清单列项如表 13-9 所示。

表 13-9　天棚吊顶案例清单列项

序号	项目编码	项目名称	项目特征描述	计量单位	工程量
1	011302001001	跌级吊顶天棚	1. 装配式 T 形铝合金龙骨 (不上人型) 600 mm × 600 mm 2. 纸面石膏板 600 mm × 600 mm	m²	59.60

② 定额子目应用。选取河南省 2016 定额子目 (13-51 装配式 T 形铝合金天棚龙骨 (不上人型) 600 mm × 600 mm 跌级) 和 (13-102 石膏板天棚面层 (安在 T 形铝合金龙骨上))。同时，根据定额说明，跌级天棚面层按相应项目人工乘以系数 1.30。

③ 案例定额组价。该案例中跌级吊顶天棚的定额组价如表 13-10 所示。

表 13-10　天棚吊顶案例定额组价

序号	项目编码	项目名称	项目特征描述	计量单位	工程量	综合单价	合价	其中 暂估价
1	011302001001	跌级吊顶天棚	1. 装配式 T 形铝合金龙骨 (不上人型) 600 mm × 600 mm 2. 纸面石膏板 600 mm × 600 mm	m²	59.60	83.11	4953.47	
	13-51		装配式 T 形铝合金天棚龙骨 (不上人型)600 mm × 600 mm 跌级	100 m²	0.596	5021.76	2992.97	
	13-102 R * 1.3		石膏板天棚面层 (安在 T 形铝合金龙骨上) 人工 ×1.3	100 m²	0.6464	3032.951	1960.50	

📖 **思政角**

工程的列项与组价需要严谨、细心和耐心，因此，在工程造价工作中，应发扬精益求精、执着专注的工匠精神。

13.3.3　天棚其他装饰清单列项与定额组价

1. 天棚其他装饰清单列项

天棚其他装饰的清单列项如表 13-11 所示。

表 13-11　天棚其他装饰清单列项

序号	项目编码	项目名称	项目特征	计量单位	工程量
1	011303001001	成品装饰带	1. 装饰带型式、尺寸 2. 材料品种、规格 3. 安装固定方式	m	
2	011303002001	成品装饰口	1. 装饰口材料品种、规格 2. 安装固定方式 3. 防护材料种类	个	

2. 天棚其他装饰定额组价

天棚其他装饰中灯带、灯槽依据安装形式、形状、材质分别对应定额基价子目 (13-235)~(13-328)，其工作内容包括定位、划线、下料、灯槽制作安装等；定额扩大单位为 100 m²。

送风口、回风口依据材质有定额基价子目 (13-239 铝合金送风口)~(13-242 硬木回风口)；其工作内容有对口、号眼、安装木柜条、过滤网及校正、固定等；定额单位为个。

灯光孔、风口开孔依据面积有定额基价子目 (13-243　灯光孔、风口开孔 (0.02))~(13-246 灯光孔、风口开孔 (0.5))，格栅灯带定额基价子目是 (13-247 格栅灯带 (10 m))；其工作内容是天棚面层开孔；定额扩大单位为 10 个。

13.4　工程项目实例

"某学生宿舍楼"项目中天棚工程装修做法详见装修构造做法表。

工程项目天棚工程分部分项工程清单与计价表，可扫描二维码了解。

天棚工程分部分项
工程清单与计价表

拓展知识

1. 天棚面层在同一标高者为平面天棚，天棚面层不在同一标高者为跌级天棚。在清单工程量计算规则中，天棚面中的灯槽及跌级天棚面积不展开计算；在定额工程量计算规则中，天棚面中的灯槽及跌级、阶梯式、锯齿形、吊挂式、藻井式天棚面积按展开面积计算。

2. 采光天棚在定额中同采光屋面，工程量按设计图示尺寸以面积计算，不扣除面积≤0.3 m² 孔洞所占面积；列项与组价时根据龙骨和采光板材质选取对应的定额基价子目。

赛证融合

1. 根据现行工程量计算标准规范，下列关于天棚抹灰工程量说法正确的是 (　　)。

A. 按设计图示尺寸水平展开面积计算　　B. 锯齿形的楼梯底板抹灰按照斜面积

C. 天棚抹灰不扣除检查口　　　　　　　D. 采光天棚骨架并入，不单独列项

2. 根据现行工程量计算标准规范，下列天棚工程量计算正确的是 (　　)。

A. 天棚抹灰工程量按展开面积计算

B. 天棚吊顶工程量按设计图示尺寸以水平投影面积计算

C. 成品装饰带按框外围面积计算

D. 梁面装饰工程量并入天棚装饰工程量

3. 根据现行工程量计算标准规范，下列天棚抹灰工程量计算正确的是 (　　)。

A. 扣除检查口和管道所占面积

B. 板式楼梯底面抹灰按水平投影面积计算

C. 扣除间壁墙、垛和柱所占面积

D. 锯齿形楼梯底板抹灰按展开面积计算

模块 13 赛证融合
参考答案

思政角

天棚工程装饰风格多样，能有效美化室内环境，其施工工艺和材料的应用关系到建筑物的艺术风格和使用安全。作为建设工程造价从业者，应发扬工匠精神和劳模精神，从预算及成本管理方面合理把控，为施工质量和安全奠定基础，助力祖国基建发展。

模 块 小 结

本模块重点学习了以下内容：

(1) 天棚抹灰清单工程量按设计图示尺寸以水平投影面积计算；其定额工程量，按设计图示尺寸以展开面积计算。两者均不扣除垛、柱、附墙烟囱、检查口和管道所占的面积，带梁天棚的梁两侧抹灰面积并入天棚面积内。

(2) 天棚龙骨工程量，按主墙间水平投影面积计算。不扣除间壁墙、垛、柱、附墙烟囱、

检查口和管道所占的面积，扣除单个面积 >0.3 m² 的孔洞、独立柱及与天棚相连的窗帘盒所占的面积。斜面龙骨按斜面计算。

(3) 天棚吊顶的基层和面层工程量，均按设计图示尺寸以展开面积计算。

(4) 灯带 (槽) 工程量，按设计图示尺寸以框外围面积计算。

(5) 送风口、回风口及灯光孔工程量，按设计图示数量计算。

通过本模块的学习，能结合实际施工图纸，根据规范、定额有关规定，进行天棚工程的计量、列项和计价。

同 步 测 试

一、简答题

1. 简述天棚抹灰工程量计算规则。

2. 简述天棚吊顶工程量计算规则。

二、单选题

1. 根据《房屋建筑与装饰工程工程量计算标准》(GB/T 50854—2024)，天棚面层工程量清单计算中，下面说法正确的是 (　　)。

　A. 天棚面中的灯槽、跌级展开增加的面积另行计算并入天棚

　B. 扣除柱、垛、孔洞所占面积

　C. 天棚检查孔、灯槽单独列项

　D. 天棚面中的灯槽、跌级面积不展开计算

2. 根据《房屋建筑与装饰工程工程量计算标准》(GB/T 50854—2024)，下列关于天棚装饰工程量计算正确的是 (　　)。

　A. 装饰口按设计图示数量计算

　B. 装饰带按设计图示尺寸以外边线长度计算

　C. 装饰板梁面按图示尺寸以展开面积计算

　D. 块料梁面按设计图示以外围面积计算计算

3. 根据《房屋建筑与装饰工程工程量计算标准》(GB/T 50854—2024)，下列关于天棚抹灰工程量计算正确的是 (　　)。

　A. 扣除检查口和管道所占面积

　B. 板式楼梯底面抹灰按水平投影面积计算

　C. 扣除间壁墙、垛和柱所占面积

　D. 锯齿形楼梯底板抹灰按展开面积计算

模块 14 油漆、涂料及裱糊工程

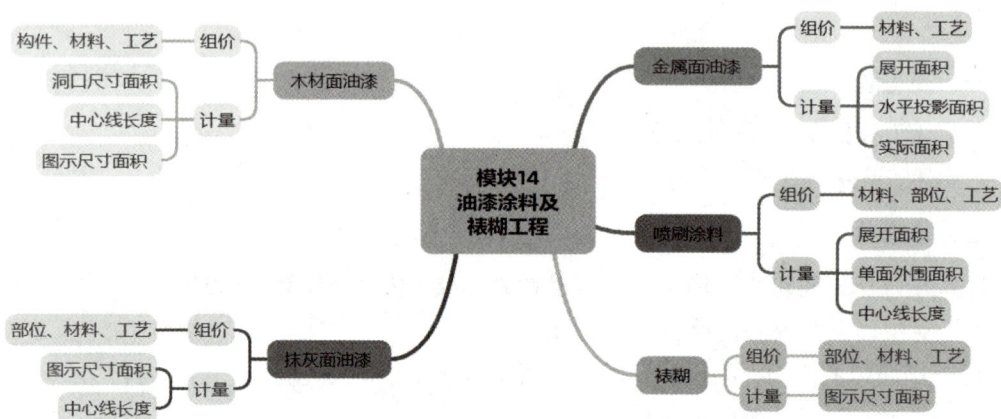

14.1 油漆、涂料及裱糊工程工程量清单编制

油漆、涂料及裱糊工程，主要涉及室内和室外墙面的涂料、地面的油漆以及装饰裱糊，不仅可以美化建筑物的外观，还可以保护建筑材料，增强建筑物的耐久性。

14.1.1 油漆、涂料及裱糊工程工程量清单

油漆、涂料及裱糊工程工程量清单主要包括木材面油漆、金属面油漆、抹灰面油漆、喷刷涂料及裱糊工程。

1. 木材面油漆工程量清单

《房屋建筑与装饰工程工程量计算标准》(GB/T 50854—2024) 附录 P.1 对木材面油漆工程量清单的项目编码、项目名称、项目特征、计量单位、工程量计算规则和工作内容做出了详细的规定，如表 14-1 所示。

表 14-1 木材面油漆工程量清单（编码：011401）

项目编码	项目名称	项目特征	计量单位	工程量计算规则	工作内容
011401001	木门油漆	1. 门、窗类型 2. 腻子种类 3. 刮腻子遍数 4. 防护材料种类 5. 油漆品种、刷漆遍数	m²	按设计图示洞口尺寸以面积计算	1. 基层清理 2. 刮腻子 3. 刷防护材料、油漆
011401002	木窗油漆				
011401003	木板条、线条油漆	1. 断面尺寸 2. 腻子种类 3. 刮腻子遍数 4. 防护材料种类 5. 油漆品种、刷漆遍数	m	按设计图示尺寸以中心线长度计算	
011401004	木材面油漆	1. 腻子种类 2. 刮腻子遍数 3. 防护材料种类 4. 油漆品种、刷漆遍数	m²	按设计图示尺寸以面积计算	

【说明】1. 木门油漆的"门类型"可描述为木大门、单层木门、双层（一玻一纱）木门、双层（单裁口）木门、全玻自由门、半玻自由门、装饰门及有框门或无框门等。

2. 木窗油漆的"窗类型"可描述为单层木窗、双层（一玻一纱）木窗、双层框扇（单裁口）木窗、双层框三层（二玻一纱）木窗、单层组合窗、双层组合窗、木百叶窗、木推拉窗等。

3. 木板条、线条油漆包括木扶手、窗帘盒、封檐板、顺水板、挂衣板、黑板框、挂镜线、窗帘棍、木线条油漆。

4. 木材面油漆包括木护墙、木墙裙、窗台板、筒子板、盖板、门窗套、踢脚线、清水板条天棚、檐口、木方格吊顶天棚、吸音板墙面、天棚面、暖气罩、其他木材面等。

2. 金属面油漆工程量清单

《房屋建筑与装饰工程工程量计算标准》(GB/T 50854—2024) 附录 P.2 对金属面油漆工程量清单的项目编码、项目名称、项目特征、计量单位、工程量计算规则和工作内容做出了详细的规定，如表 14-2 所示。

部分木材面油漆工程量清单

表 14-2 金属面油漆工程量清单（编码：011402）

项目编码	项目名称	项目特征	计量单位	工程量计算规则	工作内容
011402001	金属门油漆	1. 门、窗类型 2. 腻子种类 3. 刮腻子遍数 4. 防护材料种类 5. 油漆品种、遍数或厚度	m²	按设计图示洞口尺寸以面积计算	1. 除锈、基层清理 2. 刮腻子 3. 喷或刷防护材料、油漆
011402002	金属窗油漆				
011402003	金属面油漆	1. 构件名称 2. 腻子种类 3. 刮腻子遍数 4. 防护材料种类 5. 油漆品种、遍数或厚度		按设计图示尺寸以面积计算	1. 基层清理 2. 刮腻子 3. 喷或刷防护材料、油漆

【说明】1. 金属门油漆的"门类型"可描述为平开门、推拉门、钢制防火门等。

2. 金属窗油漆的"窗类型"可描述为平开窗、推拉窗、固定窗、组合窗、金属格栅窗等。

3. 抹灰面油漆与喷刷涂料工程量清单

《房屋建筑与装饰工程工程量计算标准》(GB/T 50854—2024) 附录 P.3、P.4 对抹灰面油漆和喷刷涂料工程量清单的项目编码、项目名称、项目特征、计量单位、工程量计算规则和工作内容做出了详细的规定，如表 14-3、表 14-4 所示。

表 14-3　抹灰面油漆工程量清单（编码：011403)

项目编码	项目名称	项目特征	计量单位	工程量计算规则	工作内容
011403001	抹灰面油漆	1. 基层类型 2. 腻子种类 3. 刮腻子遍数 4. 防护材料种类 5. 油漆品种、刷漆遍数	m²	按设计图示尺寸以面积计算	1. 基层清理 2. 刮腻子 3. 刷防护材料、油漆
011403002	抹灰线条油漆	1. 线条宽度、道数 2. 腻子种类 3. 刮腻子遍数 4. 防护材料种类 5. 油漆品种、刷漆遍数	m	按设计图示尺寸以中心线长度计算	
011403003	刮腻子	1. 基层类型 2. 腻子种类 3. 刮腻子遍数	m²	按设计图示尺寸以面积计算	1. 基层清理 2. 刮腻子

【说明】1. 抹灰面油漆工作内容中包括刮腻子。

2. "刮腻子"项目仅适用于单独进行满刮腻子的设计做法。

3. 油漆踢脚线应按"抹灰线条油漆"项目编码列项。

表 14-4　喷刷涂料工程量清单（编码：011404)

项目编码	项目名称	项目特征	计量单位	工程量计算规则	工作内容
011404001	墙面喷刷涂料	1. 基层类型 2. 喷刷涂料部位 3. 腻子种类 4. 刮腻子遍数 5. 涂料品种、喷刷遍数	m²	按设计图示尺寸以展开面积计算。洞口侧壁面积并入相应喷刷部位中计算	1. 基层清理 2. 刮腻子 3. 喷、刷涂料
011404002	天棚喷刷涂料	1. 基层类型 2. 腻子种类 3. 刮腻子遍数 4. 涂料品种、喷刷遍数			

【说明】1. 刷涂料工作内容中包括刮腻子。

2. 墙面喷刷涂料的"喷刷涂料部位"可描述为内墙、外墙。

3. 墙面油漆和喷刷涂料外墙时，应增加墙面分割界缝做法的特征描述。

4. 裱糊工程量清单

《房屋建筑与装饰工程工程量计算标准》(GB/T 50854—2024) 附录 P.5 对裱糊工程量清单的项目编码、项目名称、项目特征、计量单位、工程量计算规则和工作内容做出了详细的规定，如表 14-5 所示。

抹灰面和喷刷涂料其他项目工程量清单

表 14-5　裱糊工程量清单（编码：011405）

项目编码	项目名称	项目特征	计量单位	工程量计算规则	工作内容
011405001	墙纸裱糊	1. 基层类型 2. 腻子种类 4. 刮腻子遍数 5. 粘结材料种类 6. 防护材料种类 7. 面层材料品种、规格	m²	按设计图示尺寸以面积计算	1. 基层清理 2. 刮腻子 3. 面层铺贴 4. 刷防护材料
011405002	织锦缎裱糊				

14.1.2　油漆、涂料及裱糊工程清单工程量计算规则

油漆、涂料及裱糊工程清单工程量计算规则主要分为木材面油漆、金属面油漆、抹灰面油漆、喷刷涂料及裱糊工程五大类。

1. 木材面油漆清单工程量计算规则

(1) 木门、窗油漆按设计图示洞口尺寸以面积计算，以 m² 计量。

(2) 木板条、线条油漆按设计图示尺寸以中心线长度计算。

(3) 木材面油漆按设计图示尺寸以面积计算。

(4) 木地板油漆和木地板烫硬蜡面按设计图示尺寸以面积计算。空洞、空圈、暖气包槽、壁龛的开口部分并入相应的工程量内。

2. 金属面油漆清单工程量计算规则

(1) 金属门、窗油漆按设计图示洞口尺寸以面积计算，以 m² 计量。

(2) 金属面油漆按设计图示尺寸以面积计算。

(3) 金属构件油漆按设计图示尺寸以构件质量计算。

3. 抹灰面油漆与喷刷涂料清单工程量计算规则

(1) 抹灰面油漆、刮腻子按设计图示尺寸以面积计算。

(2) 线条类构件油漆、涂料按设计图示尺寸以中心线长度计算。

(3) 墙面、天棚喷刷涂料按设计图示尺寸以展开面积计算。洞口侧壁面积并入相应喷刷部位中计算。

(4) 空花格、栏杆刷涂料按设计图示尺寸以单面外围面积计算。

(5) 金属面、木材构件喷刷防火涂料按设计图示尺寸以面积计算。

(6) 金属构件喷刷防火涂料按设计图示尺寸以构件质量计算。

4. 裱糊清单工程量计算规则

按设计图示尺寸以面积计算。

【案例 14.1】某工程平面图与剖面图如图 14-1 所示,三合板木墙裙上润油粉,刷硝基清漆六遍,墙面、天棚刷涂料三遍。试计算墙裙油漆、墙面喷刷涂料、天棚喷刷涂料的清单工程量并列项。

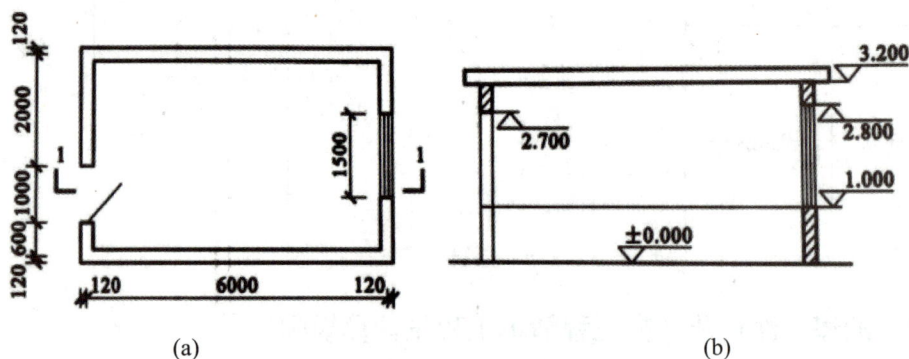

(a)   (b)

图 14-1 某工程平面图与剖面图

【解】木墙裙上刷清漆工程量为

$$S_1 = [(6.00 - 0.24 + 3.6 - 0.24) \times 2 - 1.00 + 0.12 \times 2] \times 1.00 = 17.48 \text{ m}^2$$

墙面喷刷涂料工程量为

$$S_2 = (5.76 + 3.36) \times 2 \times (3.20 - 1.00) - 1 \times (2.7 - 1.00) - 1.5 \times (2.80 - 1) +$$
$$(1.5 + 1.8) \times 2 \times 0.12 + [(2.7 - 1) \times 2 + 1] \times 0.12 = 37.05 \text{ m}^2$$

天棚喷刷涂料工程量为

$$S_3 = 5.76 \times 3.36 = 19.35 \text{ m}^2$$

编制的油漆涂料工程清单列项如表 14-6 所示。

表 14-6 油漆涂料工程清单列项

序号	项目编码	项目名称	项目特征	计量单位	工程量
1	011401001001	木墙裙油漆	1. 上润油粉 2. 刷硝基清漆六遍	m²	17.48
2	011404001001	墙面喷刷涂料	刷涂料三遍	m²	37.05
3	011404002001	天棚喷刷涂料	刷涂料三遍	m²	19.35

14.2　油漆、涂料及裱糊工程河南省 2016 定额应用

14.2.1　油漆、涂料及裱糊工程定额说明

油漆、涂料及裱糊工程的定额说明具体如下：

(1) 当设计与定额取定的喷、涂、刷遍数不同时，可执行相应定额每增加一遍项目调整。

(2) 油漆、涂料定额中均已考虑刮腻子。当抹灰面油漆、喷刷涂料设计与定额取定的刮腻子遍数不同时，可按定额"喷刷涂料"中刮腻子每增减一遍项目进行调整。"喷刷涂料"中刮腻子项目仅适用于单独刮腻子工程。

（油漆及涂料其他相关定额说明）

(3) 附着安装在同材质装饰面上的木线条、石膏线条等刷油漆、涂料，与装饰面同色者，并入装饰面计算；与装饰面分色者，单独计算。

(4) 门窗套、窗台板、腰线、压顶、扶手 (栏板上扶手) 等抹灰面刷油漆、涂料，与整体墙面同色者，并入墙面计算；与整体墙面分色者，单独计算，按墙面项目执行，其中人工乘以系数 1.43。

(5) 纸面石膏板等装饰板材面刮腻子和刷油漆、涂料，按抹灰面相应项目执行。

(6) 附墙柱抹灰面喷刷油漆、涂料、裱糊，按墙面相应项目执行；独立柱面刮腻子按墙面相应项目执行，人工乘以系数 1.2；独立柱抹灰面喷刷油漆、涂料、裱糊，按墙面相应项目执行，其中人工乘以系数 1.2。

14.2.2　油漆、涂料及裱糊工程定额工程量计算规则

油漆、涂料及裱糊工程定额工程量计算规则分为木门油漆，木扶手及其他板条、线条油漆，其他木材面油漆，金属面油漆，抹灰面油漆、涂料工程，裱糊工程六大类。

1. 木门油漆工程定额工程量计算规则

木门油漆工程执行单层木门油漆的项目，其工程量按面积结合系数计算，具体可扫描单层木门油漆项目工程量计算规则和系数表二维码了解。

（单层木门油漆项目工程量计算规则和系数表）

2. 木扶手及其他板条、线条油漆工程定额工程量计算规则

(1) 单层木门油漆项目执行木扶手 (不带托板) 油漆的项目，其工程量计算规则及相应系数如表 14-7 所示。

表 14-7   单层木门油漆项目工程量计算规则和系数

序号	项目	系数	工程量计算规则（设计图示尺寸）
1	木扶手（不带托板）	1.00	
2	木扶手（带托板）	2.50	按设计图示尺寸以延长米计算
3	封檐板、博风板	1.70	
4	黑板框、生活园地框	0.50	

(2) 木线条油漆按设计图示尺寸以长度计算。

3. 其他木材面油漆工程定额工程量计算规则

(1) 执行其他木材面油漆的项目，其工程量按设计图示面积结合系数计算，具体可扫描其他木材面油漆项目工程量计算规则和系数表二维码了解。

其他木材面油漆项目工程量计算规则和系数表

(2) 木地板油漆工程的定额工程量与清单工程量计算规则相同。

(3) 木龙骨刷防火、防腐涂料工程量按设计图示尺寸以龙骨架投影面积计算。

(4) 基层板刷防火、防腐涂料工程量按实际涂刷面积计算。

(5) 油漆面抛光打蜡工程量按相应刷油部位油漆工程量计算规则计算。

4. 金属面油漆工程定额工程量计算规则

(1) 执行金属面油漆、涂料项目，其工程量按设计图示尺寸以展开面积计算。质量在 500 kg 以内的单个金属构件，可扫描金属面质量折算面积参考系数表二维码，将质量 (t) 折算为面积。

金属面油漆质量折算面积参考系数表

(2) 执行金属平板屋面、镀锌铁皮面（涂刷磷化、锌黄底漆）油漆的项目，具体计算规则可扫描执行金属平板屋面、镀锌铁皮面油漆的工程量计算规则和系数表二维码了解。

5. 抹灰面油漆、涂料工程定额工程量计算规则

(1) 抹灰面油漆的定额工程量与清单工程量计算规则相同；抹灰面涂料的定额工程量计算规则按设计图示尺寸以面积计算。

(2) 踢脚线刷耐磨漆工程量，按设计图示尺寸长度计算。

(3) 槽型底板、混凝土折瓦板、有梁板底、密肋梁板底、井字梁板底刷油漆、涂料工程量，按设计图示尺寸展开面积计算。

执行金属平板屋面、镀锌铁皮面油漆的工程量计算规则和系数表

(4) 墙面及天棚面刷石灰油浆、白水泥、石灰浆、石灰大白浆、普通水泥浆、可赛银浆、大白浆等涂料工程量，按抹灰面积工程量计算。

(5) 混凝土花格窗、栏杆花饰刷（喷）油漆、涂料工程量，按设计图示洞口面积计算。

(6) 天棚、墙、柱面基层板缝粘贴胶带纸工程量，按相应构件基层板面积计算。

思政角

油漆涂料及裱糊工程涉及的构件、材质较多，需要在学习时认真、细心，发扬精益求精、执着专注的工匠精神。

油漆涂料计量
与计价

6. 裱糊工程定额工程量计算规则

墙面、天棚面裱糊工程的定额工程量与清单工程量计算规则相同。

14.3　油漆、涂料及裱糊工程清单列项与定额组价

14.3.1　木材面油漆工程清单列项与定额组价

1. 木材面油漆工程清单列项

木材面油漆工程的清单列项如表 14-8 所示。

表 14-8　木材面油漆工程清单列项

序号	项目编码	项目名称	项目特征	计量单位	工程量
1	011401001001	木门油漆	1. 门类型 2. 腻子种类 3. 刮腻子遍数 4. 防护材料种类 5. 油漆品种、刷漆遍数	m^2	
2	011401003001	木板条、线条油漆	1. 断面尺寸 2. 腻子种类 3. 刮腻子遍数 4. 防护材料种类 5. 油漆品种、刷漆遍数	m	
3	011401004001	木材面油漆	1. 腻子种类 2. 刮腻子遍数 3. 防护材料种类 4. 油漆品种、刷漆遍数	m^2	

2. 木材面油漆工程定额组价

(1) 木门油漆区分不同油漆种类，分别设置了 (14-1) ～ (14-24) 子目，其工作内容包括清扫、打磨、刮腻子、刷油漆等，定额扩大单位为 100 m²。

(2) 木扶手及其他板条、线条油漆区分不同油漆种类，分别设置了 (14-25) ～ (14-96) 子目，其工作内容包括清扫、打磨、刮腻子、刷油漆等，定额扩大单位为 100 m。

(3) 其他木材面油漆区分不同油漆种类，分别设置了 (14-97) ～ (14-131) 子目，同时设置木地板油漆 (14-132) ～ (14-134) 子目，其工作内容包括清扫、打磨、刮腻子、刷油漆等，定额扩大单位为 100 m²。

【案例 14.2】某门洞口宽为 1500 mm，高为 2400 mm，安装单层全玻门，油漆为底油一遍，调和漆三遍，试准确进行门油漆工程工程量计算并列项组价。

【解】(1) 案例分析与计算。

木门油漆的清单工程量计算规则和定额工程量计算规则不同，需分别计算。

定额工程量计算时，根据单层木门油漆项目工程量计算规则和系数表，单层全玻门油漆工程量按设计图示门洞口面积乘以 0.75 的系数进行计算。

木门油漆清单工程量为

$$S = 1.5 \times 2.4 = 3.60 \text{ m}^2$$

木门油漆定额工程量为

$$S = 1.50 \times 2.40 \times 0.75 = 2.70 \text{ m}^2$$

(2) 案例清单列项与定额组价。

① 定额子目应用。选取河南省 2016 定额子目 (14-1 单层木门 刷底油 调和漆二遍) 和 (14-3 单层木门 每增加一遍调和漆)，如图 14-2 所示。

单位：100m²

定 额 编 号			14-1	14-2	14-3
项　　目			单层木门		
			刷底油	洞油粉、满刮腻子	每增加一遍调和漆
			调和漆二遍		
基　　价 (元)			4155.50	5974.84	1268.02
其中	人 工 费 (元)		2148.54	3277.61	622.09
	材 料 费 (元)		1041.36	1223.78	366.28
	机械使用费 (元)		—	—	—
	其他措施费 (元)		72.18	110.14	20.90
	安 文 费 (元)		156.87	239.38	45.43
	管 理 费 (元)		298.09	454.86	86.33
	利 润 (元)		243.95	372.25	70.65
	规 费 (元)		194.51	296.82	56.34
名 称	单位	单价 (元)	数 量		
综合工日	工日	—	(13.88)	(21.18)	(4.02)
酚醛调和漆 各色	kg	15.00	21.894	21.894	—
酚醛调和漆	kg	15.00	24.846	24.846	23.604
熟桐油	kg	54.00	4.255	6.888	—
油漆溶剂油	kg	4.40	8.213	5.990	—
石膏粉	kg	0.60	5.040	5.292	—
清油	kg	19.20	1.733	3.541	—
水砂纸	张	0.42	42.000	54.000	12.000
大白粉	kg	0.35	—	18.662	—
其他材料费	%	—	2.000	2.000	2.000

图 14-2　河南省 2016 定额定额子目 (14-1 和 14-3)

② 案例清单列项与定额组价。该案例中木门油漆的清单列项和定额组价如表 14-9 所示。

表 14-9 木门油漆案例清单列项和定额组价

序号	项目编码	项目名称	项目特征描述	计量单位	工程量	金额（元）		
						综合单价	合价	其中 暂估价
1	011401001001	木门油漆	1. 门类型：单层全玻门 2. 刮腻子遍数：刷底油 3. 油漆品种、刷漆遍数：调和漆三遍	m²	3.60	36.5797	131.687	0
	14-1+14-3		单层木门 刷底油 调和漆二遍 实际遍数（遍）：3	100 m²	0.027	4877.29	131.687	0

14.3.2 金属面油漆工程清单列项与定额组价

1. 金属面油漆工程清单列项

金属面油漆工程的清单列项如表 14-10 所示。

表 14-10 金属面油漆工程清单列项

序号	项目编码	项目名称	项目特征	计量单位	工程量
1	011402003001	金属面油漆	1. 构件名称 2. 腻子种类 3. 刮腻子遍数 4. 防护材料种类 5. 油漆品种、遍数或厚度	m²	

2. 金属面油漆工程定额组价

金属面油漆区分不同种类与用途，分别设置了 (14-135)～(14-188) 定额子目，其工作内容包括除锈、清扫、打磨、刷油漆等，定额扩大单位为 100 m²。

14.3.3 抹灰面油漆工程清单列项与定额组价

1. 抹灰面油漆工程清单列项

抹灰面油漆工程的清单列项如表 14-11 所示。

表 14-11　抹灰面油漆工程清单列项

序号	项目编码	项目名称	项目特征	计量单位	工程量
1	011403001001	抹灰面油漆	1. 基层类型 2. 腻子种类 3. 刮腻子遍数 4. 防护材料种类 5. 油漆品种、刷漆遍数 6. 部位	m²	

2. 抹灰面油漆工程定额组价

抹灰面油漆区分不同油漆种类，分别设置了 (14-189)～(14-212) 定额子目，其工作内容包括清扫、打磨、刮腻子、刷油漆等，定额扩大单位为 100 m²。

【案例 14.3】某工程平面图和剖面图如图 14-3 所示。墙裙高 1 m，上部墙面装饰装修做法如下：墙面满刮腻子两遍，刷底漆一遍、乳胶漆三遍。试准确进行墙面油漆工程工程量计算并列项组价。

【解】(1) 案例分析与计算。

墙面油漆工程清单工程量计算：

$S = (6.00 - 0.24 + 3.60 - 0.24) \times 2 \times (3.20 - 1.00) - 1 \times (2.7 - 1.00) - 1.5 \times (2.80 - 1) = 35.73\ \text{m}^2$

(2) 案例清单列项与定额组价。

① 定额子目应用。选取河南省 2016 定额子目 (14-199 乳胶漆 室内 墙面二遍) 和 (14-201 乳胶漆 每增加一遍)，如图 14-3 所示。

单位：100m²

定　额　编　号			14 - 198	14 - 199	14 - 200	14 - 201
项　　　目			乳胶漆			
			室外	室内		每增加一遍
			墙面	墙面	天棚面	
			二遍			
基　　　价 (元)			2823.14	2364.95	2825.09	537.33
其中	人 工 费 (元)		1500.93	1270.41	1587.94	300.88
	材 料 费 (元)		647.40	523.39	523.39	101.48
	机械使用费 (元)		—	—	—	—
	其他措施费 (元)		50.44	42.69	53.35	10.09
	安 文 费 (元)		109.63	92.79	115.96	21.93
	管 理 费 (元)		208.32	176.32	220.34	41.66
	利 润 (元)		170.48	144.30	180.33	34.10
	规 费 (元)		135.94	115.05	143.78	27.19
名　称	单位	单价 (元)	数 量			
综合工日	工日	—	(9.70)	(8.21)	(10.26)	(1.94)
苯丙清漆	kg	12.30	11.620	11.620	11.620	—
苯丙乳胶漆 内墙用	kg	8.00	—	27.810	27.810	12.360
苯丙乳胶漆 外墙用	kg	12.30	28.080	—	—	—
成品腻子粉	kg	0.70	204.120	204.120	204.120	—
油漆溶剂油	kg	4.40	1.291	1.291	1.291	—
水	m³	5.13	0.100	0.100	0.100	0.002
水砂纸	张	0.42	10.100	10.100	10.100	4.000
其他材料费	%	—	0.900	0.900	0.900	0.900

图 14-3　河南省 2016 定额定额子目 (14-199 和 14-201)

② 案例清单列项与定额组价。该案例中墙面油漆的清单列项和定额组价如表 14-12 所示。

表 14-12　墙面油漆案例清单列项和定额组价

序号	项目编码	项目名称	项目特征描述	计量单位	工程量	金额（元）		
						综合单价	合价	其中暂估价
1	011403001001	抹灰面油漆	1. 基层类型：一般抹灰面 2. 刮腻子遍数：2 遍 3. 油漆品种、刷漆遍数：刷底漆一遍、乳胶漆三遍 4. 部位：室内墙面	m²	35.73	25.925	926.30	0
	14-199+14-201	乳胶漆 室内 墙面 二遍 实际遍数（遍）：3		100 m²	0.3573	2592.54	926.31	0

14.3.4　喷刷涂料清单列项与定额组价

1. 喷刷涂料工程清单列项

喷刷涂料工程的清单列项如表 14-13 所示。

表 14-13　喷刷涂料工程清单列项

序号	项目编码	项目名称	项目特征	计量单位	工程量
1	011404001001	墙面喷刷涂料	1. 基层类型 2. 喷刷涂料部位 3. 腻子种类 4. 刮腻子遍数 5. 涂料品种、喷刷遍数	m²	

2. 喷刷涂料工程定额组价

喷刷涂料区分不同涂料种类、施工方法，分别设置了 (14-213) ～ (14-256) 子目，其工作内容包括清扫、刮腻子、刷涂料等，定额扩大单位为 100 m²。

14.3.5　裱糊工程清单列项与定额组价

1. 裱糊工程清单列项

裱糊工程的清单列项如表 14-14 所示。

表 14-14　裱糊工程清单列项

序号	项目编码	项目名称	项目特征	计量单位	工程量
1	011405001001	墙纸裱糊	1. 基层类型 2. 腻子种类 3. 刮腻子遍数 4. 粘结材料种类 5. 防护材料种类 6. 面层材料品种、规格	m²	

2. 裱糊工程定额组价

裱糊区分不同材料种类，有墙纸与织锦缎，分别设置了定额子目 (14-257)～(14-264)，其工作内容包括清扫、找补、刷胶、铺贴等，定额扩大单位为 100 m²。

⌐ 14.4　工程项目实例

在"某学生宿舍楼"项目中油漆涂料及裱糊工程中，所有预埋木砖及木门框与墙体接触部分均需做防腐处理，所有木制品均需底油一道，满刮腻子。所有外露铁件及预埋铁件均需表面除锈后，红丹打底，刷防锈漆两遍，外露铁件刷灰白色调和漆两道，详见 12YJ1 第 80 页图 12(查阅图集)。其他构件的油漆涂料及裱糊工程做法详见装修构造做法表和立面图。

工程项目油漆涂料及裱糊工程分部分项工程清单与计价表可扫描二维码查看。

油漆涂料及裱糊工程分部分项工程清单与计价表

拓展知识

1. 油漆涂料裱糊工程通常涉及墙面、柱面、天棚等构件，其工程量计算与墙面、柱面、天棚抹灰工程量计算规则不尽相同。

2. 木地板油漆工程量计算规则和木地板工程量计算规则相同。

3. 木龙骨油漆属于木材面油漆，木龙骨刷防火涂料属于木材构件喷刷防火涂料，其工程量计算分别执行对应的工程量计算规则。

赛证融合

1. 根据现行工程量计算标准规范，下列关于油漆工程量计算说法正确的是 (　　)。

A. 窗油漆中"刮腻子"单独计算

B. 暖气罩油漆工程量按设计图示尺寸以面积计算

C. 木窗油漆，按窗扇外围面积计算

D. 木栏杆扶手油漆工程量按设计图示尺寸以展开面积计算

2. 根据现行工程量计算标准规范，关于油漆工程，下列说法正确的是 (　　)。

A. 木门油漆工作内容中未包含"刮腻子"，应单独计算

B. 木门油漆按设计图示洞口尺寸以面积计算

C. 壁柜油漆按设计图示尺寸以油漆部分的投影面积计算

D. 金属面油漆应包含在相应钢构件制作的清单内，不单独列项

3. 根据现行工程量计算标准规范，下列油漆工程的工程量可以按平方米计量的是 (　　)。

A. 木扶手油漆　　　　　　B. 挂衣板油漆

C. 封檐板油漆　　　　　　D. 木栅栏油漆

模块 14 赛证融合
参考答案

思政角

油漆涂料及裱糊工程能够有效美化居住环境，并对建筑物起到保护作用，在建筑物装修中应用广泛，其施工材料种类多样，各种新材料不断研发和使用。因此，应及时关注行业发展动态，树立终身学习的意识，不断提升职业素养。

模 块 小 结

本模块重点学习了以下内容：

(1) 油漆、涂料及裱糊工程的工程量计算。

① 抹灰面油漆，按设计图示尺寸以面积计算；抹灰面涂料，按设计图示尺寸以展开面积计算，洞口侧壁面积并入相应喷刷部位中计算。

② 木地板油漆工程量，按设计图示尺寸以面积计算，孔洞、空圈、暖气包槽、壁龛的开口部分并入相应的工程量内。

③ 槽型底板、混凝土折瓦板、有梁板底、密肋梁板底、井字梁板底刷油漆、涂料工程量，按设计图示尺寸展开面积计算。

④ 墙面、天棚面裱糊工程量，按设计图示裱糊面积计算。

(2) 油漆、涂料及裱糊工程定额基价的应用。

通过本模块的学习，能结合实际施工图纸，根据规范、定额中有关规定，进行油漆、涂料及裱糊工程的计量、列项和计价。

同 步 测 试

一、简答题

1. 简述木材面油漆工程量计算规则。

2. 简述抹灰油漆工程量计算规则。

二、单选题

根据《房屋建筑与装饰工程工程量计算标准》(GB/T 50854—2024)，按面积计算油漆工程量的是 (　　)。

A. 踢脚线油漆　　　　　　　　　　　B. 线条刷涂料

C. 挂衣板油漆　　　　　　　　　　　D. 窗帘盒油漆

三、多选题

1. 根据《房屋建筑与装饰工程工程量计算标准》(GB/T 50854—2024)，装饰装修工程中的油漆工程，下列工程量计算规则正确的有 (　　)。

A. 门、窗按设计图示洞口尺寸以面积计算

B. 木地板按设计图示尺寸以面积计算

C. 金属面按展开面积计算

D. 抹灰面油漆按设计图示尺寸以面积计算

E. 木扶手及板条按设计图示尺寸以面积计算

2. 根据《房屋建筑与装饰工程工程量计算标准》(GB/T 50854—2024)，下列根据图示尺寸以面积计算工程量的有 (　　)。

A. 线条刷涂料　　　　　　　　　　　B. 金属扶手

C. 全玻璃幕墙　　　　　　　　　　　D. 干挂石材钢骨架

E. 织锦缎裱糊

3. 根据《房屋建筑与装饰工程工程量计算标准》(GB/T 50854—2024)，下列按图示尺寸以面积计算工程量的有 (　　)。

A. 木扶手油漆　　　　　　B. 天棚刷喷涂料　　　　　　C. 抹灰面油漆

D. 裱糊　　　　　　　　　　E. 踢脚线油漆

模块 15　措施项目费

知识框架

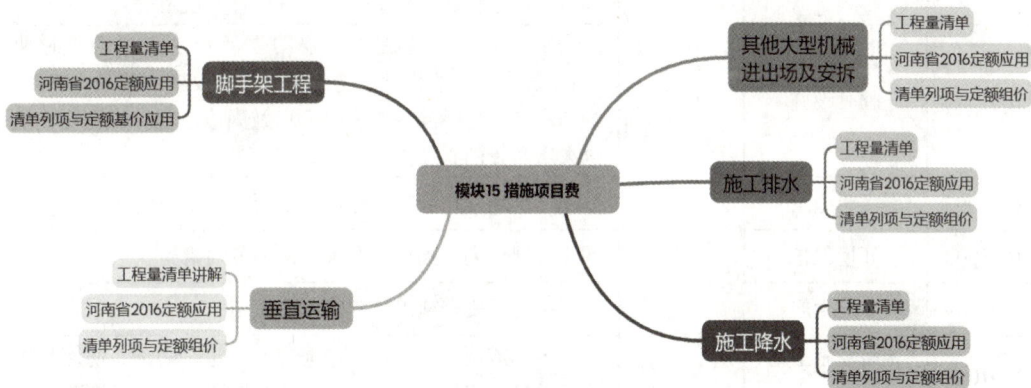

15.1　措施项目工程量清单

　　措施项目是指为完成工程项目施工，发生于该工程施工准备和施工过程中的技术、生活、安全、环境保护等方面的项目。措施项目费的发生与使用时间、施工方法和相关工序相关，措施项目包括脚手架工程、垂直运输、其他大型机械进出场及安拆、施工降水、施工排水、文明施工、环境保护等。

　　措施项目工程量清单是按《房屋建筑与装饰工程工程量计算标准》(GB/T 50854—2024) 附录 R 编制的，对措施项目工程量清单的项目编码、项目名称、计量单位、工程量计算规则和工作内容做出了详细的规定，如表 15-1 所示，适用于建 (构) 筑物工程措施项目列项。

表 15-1 措施项目工程量清单（编码：011601）

项目编码	项目名称	计量单位	工 作 内 容
011601001	脚手架		搭设脚手架、斜道、上料平台，铺设安全网，铺（翻）脚手板，转运、改制、维修维护，拆除、堆放、整理，外运、归库等
011601002	垂直运输		垂直运输机械进出场及安拆，固定装置、基础制作、安装，行走式机械轨道的铺设、拆除，设备运转、使用等
011601003	其他大型机械进出场及安拆		除垂直运输机械以外的大型机械安装、检测、试运转和拆卸，运进、运出施工现场的装卸和运输，轨道、固定装置的安装和拆除等
011601004	施工排水		提供满足施工排水所需的排水系统，包括设备安拆、调试及配套设施的设置等，设备运转、使用等
011601005	施工降水		提供满足施工降水所需的降水系统，包括设备安拆、调试及配套设施的设置等，设备运转、使用等
011601006	临时设施		为进行建设工程施工所需的生活和生产用的临时建（构）筑物和其他临时设施，包括临时设施的搭设、移拆、维修、清理、拆除后恢复等，以及因修建临时设施应由承包人所负责的有关内容
011601007	文明施工	项	施工现场文明施工、绿色施工所需的各项措施
011601008	环境保护		施工现场为达到环保要求所需的各项措施
011601009	安全生产		施工现场安全施工所需的各项措施
011601010	冬雨季施工增加		在冬季或雨季施工，引起防寒、保温、防滑、防潮和排除雨雪等措施的增加，人工、施工机械效率的降低等内容
011601011	夜间施工增加		因夜间或在地下室等特殊施工部位施工时，所采用照明设备的安拆、维护、照明用电及施工人员夜班补助、夜间施工劳动效率降低等内容
011601012	特殊地区施工增加		在特殊地区（高温、高寒、高原、沙漠、戈壁、沿海、海洋等）及特殊施工环境（邻公路、邻铁路等）下施工时，弥补施工降效所需增加的内容
011601013	二次搬运		因施工场地条件及施工程序限制而发生的材料、构配件、半成品等一次运输不能到达堆放地点，必须进行二次或多次搬运所发生的内容
011601014	已完工程及设备保护		建设项目施工过程中直至竣工验收前，对已完工程及设备采取的必要保护措施
011601015	既有建（构）筑物设施保护		在工程施工过程中，对既有建（构）筑物及地上、地下设施进行的遮盖、封闭、隔离等必要临时保护措施

【说明】1. 发包人提供设计图纸并要求按其施工的措施项目，可参照分部分项工程补充编码列项。

2. 本表"脚手架"包括工程施工过程中，按照相关规范要求及满足施工作业的需求所搭设的全部脚手架。

3. 本表"垂直运输"仅包括工程施工过程中的大型垂直运输机械。使用其他吊装机械及人力辅助工器具进行的垂直运输，包含在相应分部分项工作内容中。

4. 本表"临时设施""文明施工""环境保护""安全生产"工作内容的包含范围，应参考各省、自治区、直辖市或行业建设主管部门的相关规定进行补充。

措施项目
计量计价 1

措施项目
计量计价 2

15.2　措施项目河南省 2016 定额应用

15.2.1　措施项目相关定额说明

措施项目相关定额主要包括脚手架工程、垂直运输、其他大型机械进出场及安拆等项目。

1. 脚手架工程相关定额说明

1) 一般说明

(1) 脚手架措施项目是指施工需要的脚手架搭、拆、运输及脚手架摊销的工料消耗。

(2) 脚手架措施项目材料均按钢管式脚手架编制。

(3) 各项脚手架消耗量中未包括脚手架基础加固。基础加固是指脚手架立杆下端以下或脚手架底座下皮以下的做法。

(4) 高度在 3.6 m 以外，墙面装饰不能利用原砌筑脚手架时，可计算装饰脚手架。装饰脚手架执行双排脚手架定额乘以系数 0.3。

2) 综合脚手架

(1) 综合脚手架适用于能够按"建筑工程建筑面积计算规范"计算建筑面积的建筑工程的脚手架，不适用于房屋加层、构筑物及附属工程脚手架。

(2) 单层建筑综合脚手架适用于檐高 20 m 以内的单层建筑工程。凡单层建筑工程执行单层建筑综合脚手架项目；二层及二层以上的建筑工程执行多层建筑综合脚手架项目；地下室部分执行地下室综合脚手架项目。

(3) 综合脚手架中包括外墙砌筑及外墙粉饰、3.6 m 以内的内墙砌筑及混凝土浇注用脚手架以及内墙面和天棚粉饰脚手架。

(4) 执行综合脚手架，有下列情况者，可另执行单项脚手架相应项目：

① 满堂基础高度 (垫层上皮至基础顶面) > 1.2 m 时，按满堂脚手架基本层定额乘以系数 0.3。高度超过 3.6 m，每增加 1 m 按满堂脚手架增加层定额乘以系数 0.3。

② 砌筑高度在 3.6 m 以外的砖内墙，按单排脚手架定额乘以系数 0.3；砌筑高度在 3.6 m 以外的砌块内墙，按相应双排外脚手架定额乘以系数 0.3。

③ 室内墙面粉饰高度在 3.6 m 以外的执行内墙面粉饰脚手架项目。

④ 室内墙面粉饰高度在 3.6 m 以外的，可增列天棚满堂脚手架，室内墙面装饰不再计算墙面粉饰脚手架，只按每 100 m² 墙面垂直投影面积增加改架一般技工 1.28 工日。

⑤ 室内浇筑高度在 3.6 m 以外的混凝土墙，按单排脚手架定额乘以系数 0.3；室内浇筑高在 3.6 m 以外的混凝土独立柱、单 (连续) 梁执行双排外脚手架定额项目乘以系数 0.3；室内浇筑高在 3.6 m 以外的楼板，执行满堂脚手架定额项目乘以系数 0.3。

⑥ 女儿墙砌筑或浇筑高度 > 1.2 m 时，可按相应项目计算脚手架。

3) 单项脚手架

凡不适宜使用综合脚手架的项目，可按相应的单项脚手架项目执行。

(1) 建筑物外墙脚手架，设计室外地坪至檐口的砌筑高度在 15 m 以内的按单排脚手架计算；砌筑高度在 15 m 以外或砌筑高度虽不足 15 m，但外墙门窗及装饰面积超过外墙表面积 60% 时，执行双排脚手架项目。

(2) 外脚手架消耗量中已综合斜道、上料平台、护卫栏杆等。

(3) 建筑物内墙脚手架，设计室内地坪至板底 (或山墙高度的 1/2 处) 的砌筑高度在 3.6 m 以内的，执行里脚手架项目。

(4) 砌筑高度在 1.2 m 以外的屋顶烟囱的脚手架，按设计图示烟囱外围周长另加 3.6 m 乘以烟囱出屋顶高度以面积计算，执行里脚手架项目。

(5) 砌筑高度在 1.2 m 以外的管沟墙及砖基础，按设计图示砌筑长度乘以高度以面积计算，执行里脚手架项目。

(6) 围墙脚手架，室外地坪至围墙顶面的砌筑高度在 3.6 m 以内的，按里脚手架计算；砌筑高度在 3.6 m 以外的，执行单排外脚手架项目。

(7) 石砌墙体，砌筑高度在 1.2 m 以外时，执行外脚手架项目。

(8) 大型设备基础，凡距地坪高度在 1.2 m 以外的，执行双排外脚手架项目。

(9) 挑脚手架适用于外檐挑檐等部位的局部装饰。

(10) 悬空脚手架适用于有露明屋架的屋面板勾缝、油漆或喷浆等部位。

(11) 整体提升架适用于高层建筑的外墙施工。

4) 其他脚手架

电梯井架每一电梯台数为一孔。

2. 垂直运输相关定额说明

垂直运输工作内容，包括单位工程在合理工期内完成全部工程项目所需要的垂直运输机械台班，不包括机械的场外往返运输，一次安拆及路基铺垫和轨道铺拆等的费用。

(1) 檐高 3.6 m 以内的单层建筑，不计算垂直运输机械台班。

(2) 层高按 3.6 m 考虑，超过 3.6 m 者，应另计层高超高垂直运输增加费，每超过 1 m，其超高部分按相应定额增加 10%，超高不足 1 m 的按 1 m 计算。

(3) 垂直运输是按现行工期定额中规定的 II 类地区标准编制的，I、III 类地区按相应定额分别乘以系数 0.95 和 1.1。

3. 其他大型机械进出场及安拆相关定额说明

大型机械进出场及安拆费是指机械整体或分体自停放场地运至施工现场或由一个施工地点运至另一个施工地点，所发生的机械进出场运输和转移费用，以及机械在施工现场进行安装、拆卸所需的人工费、材料费、机械费、试运转费和安装所需的辅助设施的费用。

(1) 塔式起重机及施工电梯基础。

① 塔式起重机轨道铺拆以直线形为准，如铺设弧线形时，定额乘以系数 1.15。

② 固定式基础适用于混凝土体积在 10 m³ 以内的塔式起重机基础，如超出者按实际混凝土工程、模板工程、钢筋工程分别计算工程量，按本定额"第五章 混凝土及钢筋混凝土工程"相应项目执行。

(2) 固定式基础如需打桩时，打桩费用另行计算。

(3) 大型机械安拆费。

① 机械安拆费是安装、拆卸的一次性费用。

② 机械安拆费中包括机械安装完毕后的试运转费用。

③ 柴油打桩机的安拆费中，已包括轨道的安拆费用。

④ 自升式塔式起重机安拆费是按塔高 45 m 确定的，> 45 m 且檐高 ≤ 200 m，塔高每增高 10 m，按相应定额增加费用 10%，尾数不足 10 m 的按 10 m 计算。

(4) 大型机械进出场费。

① 进出场费中已包括往返一次的费用，其中回程费按单程运费的 25% 考虑。

② 进出场费中已包括了臂杆、铲斗及附件、道木、道轨的运费。

③ 机械运输路途中的台班费，不另计取。

④ 大型机械现场的行使路线需修整铺垫时，其人工修整可按实际计算。同一施工现场各建筑物之间的运输定额按 100 m 以内综合考虑。如转移距离超过 100 m，在 300 m 以内的，按相应场外运输费用乘以系数 0.3；在 500 m 以内的，按相应场外运输费用乘以系数 0.6；使用道木铺垫按 15 次摊销，使用碎石零星铺垫按一次摊销。

4. 施工排水相关定额说明

施工排水措施项目依据施工组织设计要求，未考虑时可按常规设置。

(1) 直流深井降水成孔直径不同时，只调整相应的黄砂含量，其余不变；PVC-U 加筋管直径不同时，调整管材价格的同时，按管子周长的比例调整相应的密目网及铁丝。

(2) 排水井分集水井和大口井两种。集水井项目按基坑内设置考虑，井深在 4 m 以内，按河南省 2016 定额计算，如井深超过 4 m 时，定额按比例调整。大口井按井管直径分两种规格，抽水结束时回填大口井的人工和材料未包括在消耗量内，实际发生时应另行计算。

5. 施工降水相关定额说明

设计未说明时，可按轻型井点管距 1.2 m、喷射井点管距 2.5 m 确定。

(1) 轻型井点以 50 根为一套，喷射井点以 30 根为一套，使用时累计根数。轻型井点少于 25 根，喷射井点少于 15 根，使用费按相应定额乘以系数 0.7。

(2) 并管间距应根据地质条件和施工降水要求，按施工组织设计确定，施工组织设计未考虑时，可按轻型井点管距 1.2 m、喷射井点管距 2.5 m 确定。

15.2.2　措施项目定额工程量计算规则

措施项目定额工程量计算规则主要包括脚手架工程、垂直运输等措施项目。

1. 脚手架工程定额工程量计算规则

1) 综合脚手架

综合脚手架按设计图示尺寸以建筑面积计算。

2) 单项脚手架

(1) 外脚手架、整体提升架按外墙外边线长度 (含墙垛及附墙井道) 乘以外墙高度以面积计算。

(2) 计算内、外墙脚手架时，均不扣除门、窗、洞口、空圈等所占面积。同一建筑物高度不同时，应按不同高度分别计算。

(3) 里脚手架按墙面垂直投影面积计算。

(4) 独立柱按设计图示尺寸，以结构外围周长另加 3.6 m 乘以高度以面积计算。执行双排外脚手架等额项目乘以系数。

(5) 现浇钢筋混凝土梁按梁顶面至地面 (或楼面) 间的高度乘以梁净长以面积计算。执行双排外脚手架等额项目乘以系数。

(6) 满堂脚手架按室内净面积计算，其高度在 3.6 ～ 5.2 m 之间时计算基本层，5.2 m 以外，每增加 1.2 m 计算一个增加层，不足 0.6 m 按一个增加层乘以系数 0.5 计算。

计算公式如下：满堂脚手架增加层 = (室内净高 - 5.2)/1.2

(7) 挑脚手架按搭设长度乘以层数以长度计算。

(8) 悬空脚手架按搭设水平投影面积计算。

(9) 吊篮脚手架按外墙垂直投影面积计算，不扣除门窗洞口所占面积。

(10) 内墙面粉饰脚手架按内墙面垂直投影面积计算，不扣除门窗洞口所占面积。

(11) 立挂式安全网按架网部分的实挂长度乘以实挂高度以面积计算。

(12) 挑出式安全网按挑出的水平投影面积计算。

3) 其他脚手架

电梯井架按单孔以座计算。

2. 垂直运输定额工程量计算规则

(1) 建筑物垂直运输机械台班用量，区分不同建筑物结构及高按建筑面积计算。地下室面积与地上面积合并计算。

(2) 河南省 2016 定额按泵送混凝土考虑，如采用非泵送，垂直运输费按以下方法增加：相应项目乘以调整系数 (5%～10%)，再乘以非泵送混凝土数量占全部混凝土数量的百分比。

3. 其他大型机械进出场及安拆定额工程量计算规则

(1) 大型机械安拆费按台次计算

(2) 大型机械进出场费按台次计算。

4. 施工排水定额工程量计算规则

(1) 轻型井、喷射井点排水的井管安装、拆除以根为单位计算，使用以"套·天"计算；真空深井、自流深井排水的安装、拆除以每口井计算，使用以每口"井·天"计算。

(2) 使用天数以每昼夜 (24 h) 为一天，并按施工组织设计要求的使用天数计算

5. 施工降水定额工程量计算规则

集水井按设计图示数量以"座"计算，大口井按累计井深以长度计算。

15.3　措施项目清单列项与定额组价

15.3.1　脚手架工程清单列项与定额组价

1. 脚手架工程清单列项

脚手架工程的清单列项如表 15-2 所示。

表 15-2　脚手架工程清单列项

项目编码	项目名称	计量单位
011601001	脚手架	项

2. 脚手架工程定额组价

脚手架工作内容包括场内、场外材料搬运；搭、拆脚手架、挡脚板、上下翻板子；拆除脚手架后材料的堆放，定额单位为 100 m²。

综合脚手架按照结构形式和檐高设置综合脚手架 ((17-1　建筑面积 500 m² 以内))～(17-47 地下室综合脚手架　四层))、单项脚手架 ((17-48　外脚手架 15 m 以内单排)～(17-67 内墙面粉饰脚手架 20 m 以内))、其他脚手架 ((17-68　电梯井架搭设高度 20 m 以内)～(17-74 电梯井架搭设高度 100 m 以内)) 定额子目。

【案例 15.1】某建筑平面示意图如图 15-1 所示，该建筑每层层高为 3.6 m，框架结构采用综合脚手架。试完成综合脚手架工程工程量计算并准确列项组价。

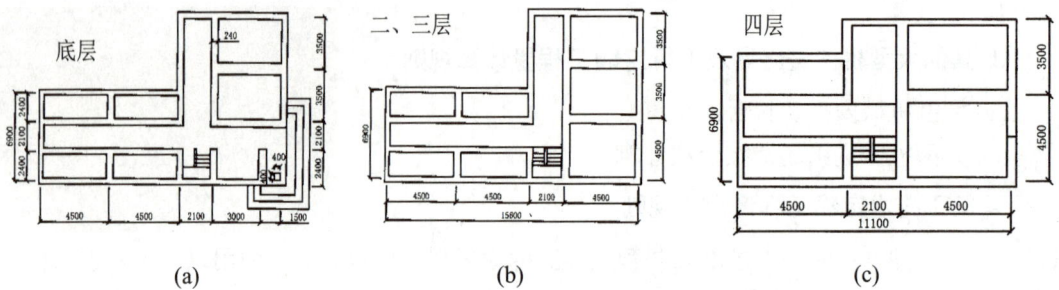

底层 二、三层 四层

(a)   (b)   (c)

图 15-1　某建筑平面示意图

【解】(1) 案例分析与计算。

底层建筑面积 = 64. 26 + 80. 30 - 6. 75 = 137. 8 m²

二层建筑面积 = 64. 26 + 80. 30 = 144. 56 m²

三层建筑面积 = 64. 26 + 80. 30 = 144. 56 m²

四层建筑面积 = 32. 13 + 56. 36 = 88. 49 m²

总建筑面积 = 137. 81 + 144. 56 × 2 + 88. 49 = 515. 42 m²

(2) 案例清单列项与定额组价。

① 定额子目应用。结合案例工程实际情况，选取河南省 2016 定额

子目 (17-9 多层建筑综合脚手架 框架结构 檐高 20 m 以内)。

② 清单列项与定额组价。该案例中综合脚手架的清单列项与定额组价如表 15-3

所示。

河南省 2016
定额子目

表 15-3　综合脚手架案例清单列项和定额组价表

序号	项目编码	项目名称	计量单位	工程量	金额 (元)	
					综合单价	合价
1	011701001001	综合脚手架	项	1	30 763.25	30 763.25
	17-9	多层建筑综合脚手架 混合结构 檐高 20 m 以内	100 m²	5.1542	5698.58	30 763.25

15.3.2　垂直运输工程清单列项与定额组价

1. 垂直运输工程清单列项

垂直运输工程的清单列项如表 15-4 所示。

表 15-4　垂直运输工程清单列项

项目编码	项目名称	计量单位
011601002	垂直运输	项

2. 垂直运输工程定额组价

垂直运输工作内容包括单位工程合理工期内完成全部工程所需要的垂直运输全部操作

过程，定额单位为 100 m²。

垂直运输按照起重机械类型和结构形式设置了卷扬机施工 ((17-75 垂直运输工)～塔式起重机施工 (17-103 垂直运输 20 m(6 层)) 定额子目。

【案例 15.2】某高层建筑如图 15-2 所示，框剪结构女儿墙高度为 1.8 m，垂直运输，采用自升式塔式起重机及单笼施工电梯。试完成该高层建筑物的垂直运输工程工程量计算并准确列项组价。

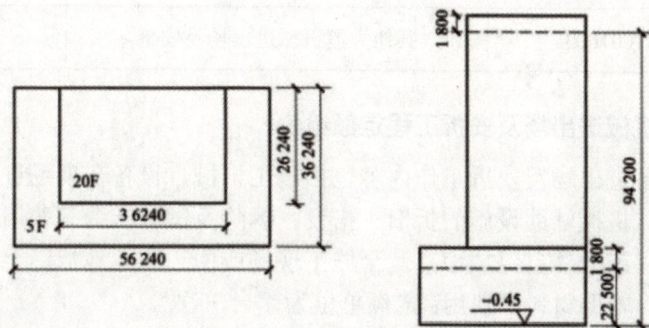

图 15-2 某高层建筑示意图

【解】(1) 案例分析与计算。

垂直运输 (檐高 22.5 m 以内) 工程量 = (56.24 × 36.24 − 36.24 × 26.24) × 5 = 5436.00 m²

垂直运输 (檐高 94.20 m 以内) 工程量 = 26.24 × 36.24 × 5 + 36.24 × 26.24 × 15
= 19018.75 m²

(2) 案例清单列项与定额组价。

① 定额子目应用。结合案例工程实际情况，檐高 22.5 m 以内选取河南省 2016 定额子目 (17-80 垂直运输 20 m(6 层) 以上塔式起重机施工 全现浇结构 檐高 40 m 以内)、檐高 94.20 m 以内选取河南省 2016 定额子目 (17-82 垂直运输 20 m(6 层) 以上塔式起重机施工 全现浇结构 檐高 100 m 以内)。

② 清单列项与定额组价。该案例中垂直运输的清单列项与定额组价如表 15-5 所示。

表 15-5 垂直运输案例清单列项和定额组价表

序号	项目编码	项目名称	计量单位	工程量	金额 (元)	
					综合单价	合价
1	011601002001	垂直运输	项	1	157 529.3	157 529.3
	17-80	垂直运输 20 m(6 层) 以上塔式起重机施工 全现浇结构 檐高 40 m 以内	100 m²	54.36	2897.89	157 529.3
2	011601002002	垂直运输	项	1	77 572.61	77 572.61
	17-82	垂直运输 20 m(6 层) 以上塔式起重机施工 全现浇结构 檐高 100 m 以内	100 m²	190.18	4080.04	77 572.61

15.3.3　其他大型机械进出场及安拆工程清单列项与定额组价

1. 大型机械设备进出场及安拆工程清单列项

大型机械设备进出场及安拆工程的清单列项如表 15-6 所示。

表 15-6　其他大型机械进出场及安拆工程清单列项

项目编码	项目名称	计量单位
011601003	其他大型机械进出场及安拆	项

2. 其他大型机械进出场及安拆工程定额组价

大型机械设备进出场及安拆工作内容包括施工机械、设备在现场进行安装拆卸所需人工、材料、机械，机械辅助设施的折旧、搭设、拆除及试运转费等费用，进出场费包括施工机械、设备整体或分体自停放地点运至施工现场或由一施工地点运至另一施工地点所发生的运输、装卸、辅助材料等费用；定额单位为"台·次"。

其他大型机械进出场及安拆按照起重机械类型设置了 (17-113　塔式起重机固定式基础 (带配重))～(17-154　履带式抓斗成槽机) 定额子目。

15.3.4　施工排水清单列项与定额组价

1. 施工排水工程清单列项

施工排水工程的清单列项如表 15-7 所示。

表 15-7　施工排水工程清单列项

项目编码	项目名称	计量单位
011601004	施工排水	项

2. 施工排水工程定额组价

成井工作内容包括准备钻孔机械、埋设护筒、钻机就位；泥浆制作、固壁，成孔、出渣、清孔等，对接上、下井管 (滤管)，焊接，安放，下滤料，洗井，连接试抽等，定额单位为 m。

成井按照成井方法设置了 (17-155　成井轻型井点)～(17-164　钢筋笼子排水井) 定额子目。

排水工作内容包括抽水、值班、降水设备维修等，定额单位为昼夜。

15.3.5　施工降水清单列项与定额组价

1. 施工降水工程清单列项

施工降水工程的清单列项如表 15-8 所示。

表 15-8 施工降水工程清单列项

项目编码	项目名称	计量单位
011601005	施工降水	项

2. 施工降水工程定额组价

降水按照降水形式设置了 (17-165 排水、降水 轻型井点)～(17-171 排水、降水 集水井) 定额子目。

15.4 措施项目实例

某学生宿舍楼为框架结构，层数为 6 层，建筑高度为 22.5 m，计划工期为 260 日历天。采用综合脚手架，垂直运输机械塔式起重机、施工电梯，人工费指数、机械人工费指数、管理费指数采用河南省发布 2023 年 7 月至 12 月指数，材料价格按 2024 年 3 月郑州市建设工程主要材料价格信息指导价，指导价中没有的参照市场调查价。工程项目单价措施项目清单与计价如表 15-9 所示。

表 15-9 单价措施项目清单与计价

序号	项目编码	项目名称	项目特征描述	计量单位	工程量	金额（元）		
						综合单价	合价	其中
								暂估价
1	011701001001	综合脚手架	1. 建筑结构形式：框架结构 2. 檐口高度：22.5 m	m²	17721.48	70.15	1243161.82	0
	17-10		多层建筑综合脚手架 框架结构 檐高 30 m 以内	100 m²	177.21	7014.41	1243161.82	
2	011704001001	超高施工增加	1. 建筑物建筑类型及结构形式：框架结构 2. 建筑物檐口高度、层数：30 m 以内	m²	192.2	41.87	8047.41	0
	17-104		建筑物超高增加费 建筑物檐高 40 m 以内	100 m²	1.922	4186.72	8047.41	

序号	项目编码	项目名称	项目特征描述	计量单位	工程量	金额（元）		其中
						综合单价	合价	暂估价
3	011703001001	垂直运输	1. 建筑物建筑类型及结构形式：框架结构 2. 建筑物檐口高度、层数：22.5 m	m²	17721.48	31.32	555036.75	0
	17-80		垂直运输 20 m(6 层) 以上塔式起重机施工 全现浇结构 檐高 40 m 以内	100 m²	177.2148	3130.97	555036.75	
4	011705001001	大型机械设备进出场及安拆	机械设备名称：塔式起重机	台·次	1	65169.13	65169.13	0
	17-116		自升式塔式起重机安拆费	台·次	1	35141.3	35141. 3	
	17-147		进出场费 自升式塔式起重机	台·次	1	30027.83	30027.83	
5	011705001001	大型机械设备进出场及安拆	机械设备名称：施工电梯	台·次	1	14251.41	14251.41	0
	17-124		施工电梯安拆费 75 m 以内	台·次	1	14251.41	14251.41	

拓展知识

(1)《建筑设计防火规范》(GB 50016—2014) 附录 A.0.1 中对坡屋面建筑高度的规定：建筑屋面为坡屋面时，建筑高度应为建筑室外设计地面至其檐口与屋脊的平均高度。

(2)《民用建筑设计统一标准》(GB 50352—2019) 第 4.5.2.2 条对坡屋面建筑高度的规定：坡屋顶建筑高度应按建筑物室外地面至屋檐和屋脊的平均高度计算。

(3) 常见的大型设备主要有塔吊、汽车起重机、桩机、施工升降机、物料提升机、龙门吊、汽车泵、车载泵、地泵、挖掘机、推土机、土方运输车、混凝土运输车、压路机、吊篮。

(4) 脚手架的选择要以施工环境和工程需求为基础。施工环境包括建筑的高度、结构特点、地面状况等。工程需求包括施工的周期、人员数量、施工任务等。

赛证融合

1.关于超高施工增加费计取的条件，下列说法正确的是(　　)。

A.单层建筑檐口高超过 18 m，多层建筑超过 6 层

B.单层建筑檐口高超过 18 m，多层建筑超过 8 层

C.单层建筑檐口高超过 20 m，多层建筑超过 6 层

D.单层建筑檐口高超过 20 m，多层建筑超过 8 层

2.关于里脚手架和外脚手架计算规则，下列说法正确的是(　　)。

A.按建筑面积计算

B.按所服务对象的垂直投影面积计算

C.按搭设的水平投影面积计算

D.按搭设长度乘以搭设层数以延长米计算

3.根据现行工程量计算标准规范，冬雨季施工费包括(　　)。

A.冬季施工防寒措施及清扫积雪

B.雨季防雨施工措施及排降雨积水

C.风季施工措施

D.临时排水沟

E.冬雨季施工工人劳保用品及施工降效

4.根据现行工程量计算标准规范，下列关于超高施工增加和垂直运输措施项目工程量计算说法正确的有(　　)。

A.单层建筑物檐口高度超过 20 m，多层建筑物超过 6 层才计算超高施工增加

B.垂直运输机械的场外运输及安拆按大型机械设备进出场及安拆编码列项计算

C.垂直运输设备基础，应单独编码列项计算

D.建筑物有不同檐高时垂直运输按最高列项

E.同一建筑物有不同檐高时，垂直运输按建筑物的不同檐高分别编码列项计算

5.根据现行工程量计算标准规范，下列措施项目工程量计算正确的有(　　)。

A.里脚手架按建筑面积计算

B.满堂脚手架按搭设水平投影面积计算

C.混凝土墙模板按模板与墙接触面积计算

D.混凝土构造柱模板按图示外露部分计算模板面积

E.超高施工增加费包括人工、机械降效，供水加压以及通信联络设备费

模块 15 赛证融合
参考答案

思政角

我国建筑业持续快速发展，规模不断扩大，实力不断增长，"中国建造"技术和品牌在创新中实现腾飞蝶变，脚手架工程等措施项目不仅承载着人身生命财产的安全，更加

关系着建筑项目的质量和稳定。在学习过程中，要求不断学习中国建筑先进技术，立足学科与行业发展，追求创新，将个人职业理想与社会发展相结合，成为合格的社会主义接班人。

模 块 小 结

本模块主要学习了措施项目的工程量清单、河南省 2016 定额应用、清单列项与定额组价，结合实际工程项目进行措施项目列项组价，主要内容如下。

(1)《房屋建筑与装饰工程工程量计算标准》(GB/T 50854—2024) 附录对脚手架工程、垂直运输、其他大型机械进出场及安拆、施工排水、施工降水等工程量清单的项目编码、项目名称、计量单位等做出了详细的规定。

(2) 垂直运输定额工程量计算规则按建筑面积计算。

(3) 其他大型机械进出场及安拆定额工程量计算规则按使用机械设备的数量"台·次"计算。

(4) 根据河南省 2016 定额的相关规定，对"某学生宿舍楼"实际工程项目进行措施项目的清单列项和定额组价，并就拓展知识、赛证融合展开了探讨。

同 步 测 试

一、简答题

1. 简述脚手架工程的定额工程量计算规则。
2. 简述模板工程的定额工程量计算规则。

二、单选题

1. 根据《河南省房屋建筑与装饰工程预算定额》(HA 01-31—2016)，关于脚手架工程清单工程量，以下说法正确的是 (   )。

A. 综合脚手架按建筑面积计算   B. 外脚手架按建筑面积计算

C. 里脚手架按建筑面积计算   D. 悬空脚手架按建筑面积计算

2. 根据《河南省房屋建筑与装饰工程预算定额》(HA 01-31—2016)，关于混凝土模板及支架 (撑) 清单工程量，以下需要扣除的体积是 (   )。

A. 现浇钢筋混凝土墙、板单孔面积≤ 0.3 m² 的孔洞

B. 现浇钢筋混凝土墙、板单孔面积＞ 0.3 m² 的孔洞

C. 宽度≤ 500mm 的楼梯井所占面积

D. 楼梯踏步、踏步板、平台梁等侧面模板

3. 根据《河南省房屋建筑与装饰工程预算定额》(HA 01-31—2016)，关于混凝土模板及支架(撑)以下说法错误是(　　)。

A. 原槽浇灌的混凝土基础，不计算模板

B. 采用清水模板时，应在特征中注明

C. 按模板与混凝土构件的接触面积计算

D. 若现浇混凝土梁、板支撑高度超过 3.2 m 时，项目特征应描述支撑高度

4. 楼梯是按建筑物一个自然层双跑楼梯考虑的，如单坡直行楼梯(即一个自然层、无休息平台)，根据《河南省房屋建筑与装饰工程预算定额》(HA 01-31—2016)，按相应项目人工、材料、机械应乘以系数(　　)。

A. 1.1　　　　　　B. 1.2　　　　　　C. 1.3　　　　　　D. 1.4

三、多选题

1. 垂直运输工程需要描述的项目特征包括(　　)。

A. 建筑物建筑类型及结构形式

B. 处置运输机械类型

C. 地下室建筑面积

D. 建筑物檐口高度、层数

E. 垂直运输机械的固定装置、基础制作、安装

2. 施工排水、施工降水工程成井项目需要描述的项目特征包括(　　)。

A. 成井方式　　　　　　　　　B. 地层情况　　　　　　　　　C. 成井直径

D. 井(滤)管类型、直径　　　　E. 机械规格型号

3. 安全文明施工中文明施工包括(　　)。

A. 现场污染源的控制

B. 现场围挡的墙面美化

C. 施工现场操作场地的硬化

D. 安全资料、特殊作业专项方案的编制

E. 现场工人的防暑降温、电风扇

模块 16　工程量清单编制

知识框架

```
                                          ┌─ 分部分项工程量清单编制
                                          ├─ 措施项目清单编制
         工程量清单概述        工程量清单编制 ┤
                                          ├─ 其他项目清单编制
                  模块16 工程量清单编制       └─ 税金项目清单编制

         工程实例清单编制                 模拟清单
```

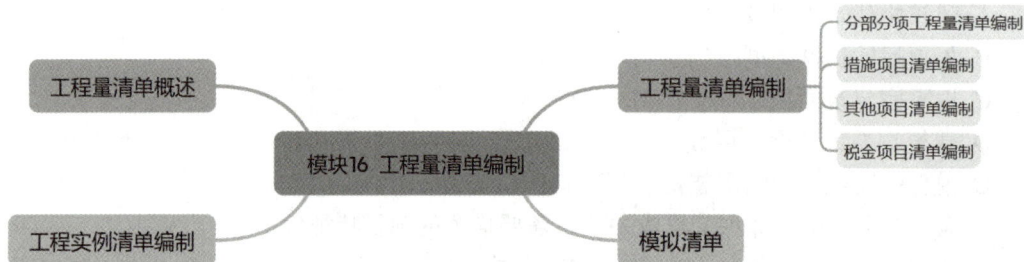

16.1　工程量清单概述

　　工程量清单计价是招标人为完成工程发承包而提供的一套完整的实物量清单，投标人根据招标人提供的实物量清单中列明的项目名称、项目特征、计量单位和工程数量进行自主报价。根据不同的规范、标准或项目条件，招标人可以设置不同的项目名称、设置要求、项目特征描述方式、计量单位选择和工程数量计算规则。招标人对各投标人的报价进行综合比较，最终择优选定中标人，完成工程交易，签订合同，并在后续的合同履约过程中根据约定进行价款调整、支付和结算。

　　由于建设项目交易的不确定性，在我国大力推行工程总承包方式后，交易时点被前移至初步设计或扩大初步设计阶段。为满足不同交易时点的需要，工程量清单的项目设置规则应具备多样性，因此工程量清单逐步发展为多层级工程量清单，形成以清单计价规范和各专（行）业工程量计算规范配套使用的清单规范体系，满足不同设计深度、不同复杂程度、不同承包方式及不同管理需求下工程计价的需要。目前使用的建设工程工程量清单计价规范主要适用于施工图设计完成后的施工发承包及施工阶段的计价活动，相应项目编码规则、项目特征描述方式以及工程量计算规则是在项目已经具备施工图的基础上进行的，适合不同交易时点对工程量清单的实际要求。

根据《建设工程工程量清单计价标准》(GB/T 50500—2024) 规定,工程量清单主要适用于施工图完成后招投标阶段,将工程量清单项目设置分为分部分项工程项目、措施项目、其他项目以及税金项目。工程量清单可分为招标工程量清单和已标价工程量清单,由招标人根据相关标准、招标文件、设计文件以及施工现场实际情况编制的称为招标工程量清单,作为投标文件组成部分的已标明价格并经承包人确认的称为已标价工程量清单。

招标工程量清单应由具有编制能力的招标人或受其委托的工程造价咨询人或招标代理人编制。采用工程量清单方式招标时,招标工程量清单必须作为招标文件的组成部分,其准确性和完整性由招标人负责。招标工程量清单应以单位 (项) 工程为单位编制,由分部分项工程项目清单、措施项目清单、其他项目清单、税金项目清单组成。

1. 工程量清单计价的适用范围

使用财政资金或国有资金投资的建设工程,应按国家及行业工程量计算标准编制工程量清单,采用工程量清单计价。非使用财政资金或国有投资的建设工程,宜按国家及行业工程量计算标准编制工程量清单,采用工程量清单计价。工程量清单应按分部分项工程项目清单、措施项目清单、其他项目清单、增值税分别编制及计价。

国有资金投资的项目包括全部使用国有资金 (含国家融资资金) 或国有资金投资为主的工程建设项目。

1) 国有资金投资的工程建设项目

(1) 使用各级财政预算资金的项目;

(2) 使用纳入财政管理的各种政府性专项建设资金的项目;

(3) 使用国有企事业单位自有资金,并且国有资产投资者实际拥有控制权的项目。

2) 国家融资资金投资的工程建设项目

(1) 使用国家发行债券所筹资金的项目;

(2) 使用国家对外借款或者担保所筹资金的项目;

(3) 使用国家政策性贷款的项目;

(4) 国家授权投资主体融资的项目;

(5) 国家特许的融资项目。

3) 国有资金 (含国家融资资金) 为主的工程建设项目

这类项目是指国有资金占投资总额 50% 以上,或虽不足 50% 但国有投资者实质上拥有控股权的工程建设项目。

2. 对工程量清单编制的要求

1) 工程量清单编制的依据

(1) 相关工程国家及行业工程量计算标准;

(2) 国家及省级、行业建设主管部门颁发的工程计量与计价相关规定,以及根据工程需要补充的工程量计算规则;

(3) 招标文件、拟订的合同条款及其相关资料;

(4) 工程招标图纸及其相关资料;

(5) 与建设工程有关的技术标准规范;

(6) 施工现场情况、相关地勘水文资料、工程特点及交付标准；

(7) 其他相关资料。

2) 单价合同要求

单价合同的工程量清单，应依据招标图纸、技术标准规范、相关工程国家及行业工程量计算标准及补充的工程量计算规则，确定分部分项工程项目清单及其项目特征，并计算其工程数量。清单项目按项计量编制的，应在其计量单位中以项表示。如招标工程需要，可参考同类工程的设计图纸等资料，在招标工程量清单中合理列出招标图纸没反映、但施工中可能会发生的清单项目及其项目特征，并结合招标工程及参考同类工程资料确定暂定工程数量。

3) 总价合同要求

总价合同的工程量清单，应依据招标图纸、技术标准规范、相关工程国家及行业工程量计算标准及补充的工程量计算规则，确定分部分项工程项目清单及其项目特征，并计算其工程数量。按照招标图纸及技术标准规范可确定项目特征、但不能准确计算工程数量的项目可按暂定数量编制，并在其项目特征中说明为暂定工程量。

3. 工程量清单计价的作用

(1) 提供一个平等的竞争条件。采用施工图预算进行投标报价，由于对设计图纸理解存在差异，不同投标企业计算出的工程量不同。工程量清单报价就是为投标者提供了一个平等竞争的条件，相同的工程量，由企业根据自身的实力来填报不同的单价。投标人的这种自主报价，使得企业的优势体现到投标报价中，可在一定程度上规范建筑市场秩序，确保工程质量。

(2) 满足市场竞争需要。招标人提供工程量清单，投标人根据自身情况确定综合单价，利用单价与工程量逐项计算每个项目的合价，再分别填入工程量清单表内，计算出投标总价。单价成了决定性的因素，单价过高不能中标，单价过低又要承担过大的风险。单价的高低直接取决于企业管理水平和技术水平的高低，直接促成了企业整体实力的竞争，有利于建设市场的快速发展。

(3) 提高工程计价效率。采用工程量清单计价方式，避免了传统计价方式下，招标人与投标人在工程量计算上的重复工作，各投标人以招标人提供的工程量清单为统一平台，结合自身的管理水平和施工方案进行报价，促进了各投标人企业定额的完善和工程造价信息的积累和整理，体现了现代工程建设中快速报价的要求。

(4) 有利于工程价款结算。业主要与中标单位签订施工合同，中标价是确定合同价的基础，投标清单上单价成为拨付工程款的依据。业主根据施工企业完成的工程量，可以快速确定进度款的拨付额。工程竣工后，根据设计变更、工程量增减等，业主也很容易确定工程的最终造价，可减少业主与施工单位之间的纠纷。

(5) 有利于对投资的控制。采用施工图预算形式，业主对因设计变更、工程量的增减所引起的工程造价变化不敏感，到竣工结算时才可确定对项目投资的影响程度，采用工程量清单报价的方式则可对投资变化一目了然，在进行设计变更时，可以快速确定对工程造价的影响，业主可根据投资情况决定是否变更或进行方案比较，选择最恰当处理方法。

16.2　工程量清单编制

16.2.1　分部分项工程量清单编制

分部分项工程项目清单必须载明项目编码、项目名称、项目特征、计量单位和工程量。分部分项工程项目清单必须根据各专业工程工程量计算规范规定的项目编码、项目名称、项目特征、计量单位和工程量计算规则进行编制。

1) 项目编码

项目编码是分部分项工程和措施项目清单名称的阿拉伯数字标识。清单项目编码以五级编码设置，用十二位阿拉伯数字表示。一、二、三、四级编码为全国统一，即一至九位应按工程量计算规范附录的规定设置；第五级即十至十二位为清单项目编码，应根据拟建工程的工程量清单项目名称设置，不得有重号，这三位清单项目编码由招标人针对招标工程项目具体编制，并应自 001 起顺序编制。

各级编码代表的含义如下：

(1) 第一级表示专业工程代码 (分二位)；

(2) 第二级表示附录分类顺序码 (分二位；

(3) 第三级表示分部工程顺序码 (分二位)；

(4) 第四级表示分项工程项目名称顺序码 (分三位)；

(5) 第五级表示工程量清单项目名称顺序码 (分三位)。

以房屋建筑与装饰工程为例，其工程量清单项目编码结构如图 16-1 所示。

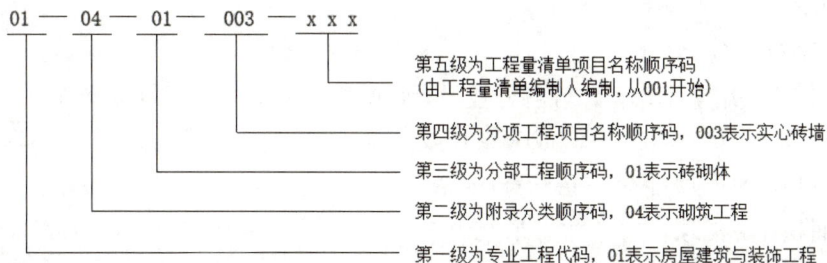

图 16-1　工程量清单项目编码结构

当同一标段 (或合同段) 的一份工程量清单中含有多个单位工程且工程量清单是以单位工程为编制对象时，在编制工程量清单时应特别注意对项目编码十至十二位的设置，不得有重码。例如，一个标段 (或合同段) 的工程量清单中含有三个单位工程，每一单位工程中都有项目特征相同的实心砖墙砌体，在工程量清单中又需反映三个不同单位工程的实心砖墙砌体工程量时，则第一个单位工程的实心砖墙的项目编码应为 010401003001，第二个单位工程的实心砖墙的项目编码应为 010401003002，第三个单位工程的实心砖墙的项目编码应为 010401003003，并分别列出各单位工程实心砖墙的工程量。

2) 项目名称

分部分项工程项目清单的项目名称应按各专业工程工程量计算规范附录的项目名称结合拟建工程的实际确定，附录表中的"项目名称"为分项工程项目名称，是形成分部分项工程项目清单项目名称的基础。即在编制分部分项工程项目清单时，以附录中的分项工程项目名称为基础，考虑该项目的规格、型号、材质等特征要求，结合拟建工程的实际情况，使其工程量清单项目的名称具体化、细化，以反映影响工程造价的主要因素。例如，"门窗工程"中"特种门"应区分"冷藏门""冷冻闸门""保溢门""变电室门""隔音门""防射线门""人防门""金库门"等。清单项目名称应表达详细、准确，各专业工程量计算规范中的分项工程项目名称如有缺陷，招标人可作补充，并报当地工程造价管理机构。

3) 项目特征

项目特征是构成分部分项工程项目、措施项目自身价值的本质特征。项目特征是对项目的准确描述，是确定一个清单项目综合单价不可缺少的重要依据，是区分清单项目的依据，也是履行合同义务的基础。分部分项工程项目清单的项目特征应按各专业工程工程量计算规范附录中规定的项目特征，结合技术规范、标准图集、施工图纸，按照工程结构、使用材料及规格或安装位置等，予以详细而准确的表述和说明。凡项目特征中未描述到的其他独有特征，由清单编制人视项目具体情况确定，以准确描述清单项目为准。

在各专业工程工程量计算规范附录中还有关于各清单项目"工程内容"的描述。工程内容是指完成清单项目可能发生的具体工作和操作程序，但应注意的是，在编制分部分项工程项目清单时，工程内容通常无须描述，因为在工程量计算规范中，工程量清单项目与工程量计算规则、工程内容有一一对应的关系，当采用工程量计算规范这一标准时，工程内容均有规定。

4) 计量单位

计量单位应采用基本单位，除各专业另有特殊规定外均按以下单位计量：

(1) 以重量计算的项目——吨或千克 (t 或 kg)；

(2) 以体积计算的项目——立方米 (m^3)；

(3) 以面积计算的项目——平方米 (m^2)；

(4) 以长度计算的项目——米 (m)；

(5) 以自然计量单位计算的项目——个、套、块、组、台；

(6) 没有具体数量的项目——宗、项。

各专业有特殊计量单位的，再另外加以说明，当计量单位有两个或两个以上时，应根据所编工程量清单项目的特征要求，选择最适宜表现该项目特征并方便计量的单位。例如，门窗工程计量单位有"樘 /m^2"两个计量单位，实际工作中应选择最适宜、最方便计量和组价的单位来表示。

计量单位的有效位数应遵守下列规定：

(1) 以"t"为单位，应保留三位小数，第四位小数四舍五入；

(2) 以"m³""m²""m""kg"为单位，应保留两位小数，第三位小数四舍五入；

(3) 以"个""项"等为单位，应取整数。

5) 工程量的计算

工程数量主要通过工程量计算规则计算得到。工程量计算规则是指对清单项目工程量计算的规定。除另有说明外，所有清单项目的工程量应以实体工程量为准，并以完成后的净值计算；投标人投标报价时，应在单价中考虑施工中的各种损耗和需要增加的工程量。根据现行工程量清单计价与工程量计算规范的规定，工程量计算规则可以分为房屋建筑与装饰工程、仿古建筑工程、通用安装工程、市政工程、园林绿化工程、构筑物工程、矿山工程、城市轨道交通工程、爆破工程九大类。

以房屋建筑与装饰工程为例，工程量计算规范中规定的分类项目包括土石方工程，地基处理与边坡支护工程，被基工程，砌筑工程，混凝土及钢筋混凝土工程，金属结构工程，木结构工程，门窗工程，屋面及防水工程，保温、隔热、防腐工程，楼地面装饰工程，墙面、柱面装饰与隔断工程、幕墙工程，天棚工程，油漆、涂料、裱糊工程，其他装饰工程，拆除工程、措施项目等，分别制定了它们的项目设置和工程量计算规则。

随着工程建设中新材料、新技术、新工艺等的不断涌现，工程量计算规范附录所列的工程量清单项目不可能包含所有项目。在编制工程量清单时，当出现工程量计算规范附录中未包括的清单项目时，编制人应作补充。在编制补充项目时应注意以下三个方面：

(1) 补充项目的编码应按工程量计算规范的规定确定，即补充项目的编码由工程量计算规范的代码与 B 和三位阿拉伯数字组成，并应从 001 起顺序编制，例如，房屋建筑与装饰工程如需补充项目，则其编码应从 01B001 开始起顺序编制，同一招标工程的项目不得重码。

(2) 在工程量清单中应附补充项目的项目名称、项目特征、计量单位、工程量计算规则和工作内容。

(3) 将编制的补充项目报省级或行业工程造价管理机构备案。

16.2.2　措施项目清单编制

1) 措施项目列项

措施项目是指为完成工程项目施工，发生于该工程施工准备和施工过程中的技术、生活、安全、环境保护等方面的项目。

措施项目清单应根据相关专业现行工程量计算规范的规定编制，并应根据拟建工程的实际情况列项。措施项目清单应结合招标工程的实际情况和相关部门的有关规定，依据常规的施工工艺、顺序及生活、安全、环境保护、临时设施、文明施工的要求，按相关工程国家及行业工程量计算标准的措施项目分类规则，以及补充的工程量计算规则，结合招标文件及合同条款要求进行编制。其中安全生产措施项目应按国家及省级、行业主管部门的管理要求和招标工程的实际情况列项。

2) 措施项目清单的编制依据

措施项目清单的编制需考虑多种因素，除工程本身的因素外，还涉及水文、气象、环境、安全等因素。措施项目清单应根据拟建工程的实际情况列项。若出现工程量计算规范中未列的项目，可根据工程实际情况补充。

措施项目清单编制的主要依据如下：

(1) 施工现场情况、水文资料、工程特点；

(2) 常规施工方案；

(3) 与建设工程有关的标准、规范、技术资料；

(4) 拟定的招标文件；

(5) 建设工程设计文件及相关资料。

16.2.3   其他项目清单编制

其他项目清单是指分部分项工程项目清单、措施项目清单所包含的内容以外，因招标人的特殊要求而发生的与拟建工程有关的其他费用项目和相应数量的清单。工程建设标准的高低、工程的复杂程度、工程的工期长短、工程的组成内容、发包人对工程管理的要求等都直接影响其他项目清单的具体内容。其他项目清单包括暂列金额、暂估价 (包括材料暂估单价、工程设备暂估单价、专业工程暂估价)、计日工、总承包服务费等。

其他项目清单列项应符合下列规定：

(1) 暂列金额应根据工程特点按招标文件的要求列项，可按用于暂未明确或不能详细说明工程、服务的暂列金额 (如有) 和用于合同价款调整的暂列金额分别列项。用于暂未明确或不能详细说明工程、服务的暂列金额应提供项目及服务名称，并根据同类工程的合理价格估算暂列金额；用于合同价款调整的暂列金额可按招标图纸设计深度及招标工程实施工期等因素对合同价款调整的影响程度，结合同类工程情况合理估算。

(2) 专业工程暂估价应根据招标文件说明的专业工程分类别和 (或) 分专业列项，并列出明细表，其暂估价可根据项目情况，结合同类工程的合理价格或概算金额估算。

(3) 直接发包的专业工程应根据招标文件说明的发包人直接发包的各专业工程分别列项，并列出明细表。

(4) 发包人提供材料的可按承包人负责安装和承包人不负责安装分别列项，发包人按要求提供材料一览表，列出材料明细项目及其暂估单价。

(5) 计日工应在项目特征中说明招标工程实施中可能发生的计日工性质的工种类别、材料及施工机具名称、零星工作项目、拆除修复项目等，并列出每一项目相应的名称、计量单位和合理暂估数量。

(6) 发包人提供材料、专业分包工程的总承包服务费应分别列项，可按项或费率计量。按费率计量的，宜以暂估价作为计价基础，直接发包的专业工程的总承包服务费宜以项计量。

16.2.4　税金项目清单编制

税金项目清单根据政府有关主管部门的规定及计价规范规定列项，按增值税率计算，如国家税法发生变化或增加税种，应对税金项目清单进行补充。

16.2.5　工程量清单总说明编制

工程量清单总说明包括以下内容：

(1) 工程概况。工程概况中要对建设规模、工程特征、计划工期、施工现场实际情况、自然地理条件、环境保护要求等做出描述。其中建设规模是指建筑面积；工程特征应说明基础及结构类型、建筑层数、高度、门窗类型及各部位装饰、装修做法；计划工期是根据工程实际需要而安排的施工天数；施工现场实际情况是指施工场地的地表状况；自然地理条件是指建筑场地所处地理位置的气候及交通运输条件；环境保护要求是针对施工噪声及材料运输可能对周围环境造成的影响和污染所提出的防护要求。

工程量清单的编制

(2) 招标范围。招标范围界定了中标人承担的工作量、招标人与中标人责任划分界限，也向各潜在投标人说明参与招标项目投标时，所需要考虑的成本、技术和资格条件范围，确定招标项目所涉及的范围，如建筑工程招标范围为"全部建筑工程"，装饰装修工程招标范围为"全部装饰装修工程"。

(3) 工程量清单编制依据。工程量清单编制依据包括建设工程工程量清单计价规范、设计文件、招标文件、施工现场情况、工程特点及常规施工方案等。

(4) 工程质量、材料、施工等的特殊要求。工程质量的要求是指招标人要求拟建工程的质量应达到合格或优良标准；对材料的要求是指招标人根据工程的重要性、使用功能及装饰装修标准提出的，诸如对水泥的品牌、钢材的生产厂家、花岗石的出产地、品牌等的要求；施工要求一般是指建设项目中对单项工程的施工顺序等的要求。

(5) 其他需要说明的事项。

16.3　工程实例清单编制

以某学生宿舍楼为例编制分部分项工程和单价措施项目工程量清单，本节节选部分清单进行展示 (见表 16-1)，完整的分部分项工程和单价措施项目工程量清单可扫描二维码查看。

某学生宿舍楼
工程量清单

表 16-1　某学生宿舍楼工程量清单

工程名称：某学生宿舍楼　　　　　　　　　　标段：单项工程　　　　　　第 1 页 共 18 页

序号	项目编码	项目名称	项目特征描述	计量单位	工程量	金额（元）		
						综合单价	合价	其中 暂估价
	A.1	土石方工程						
1	010101001001	平整场地	1. 土壤类别：一、二类土	m²	3083.11			
2	010101002001	挖一般土方	1. 土壤类别：一、二类土 2. 挖土深度：2 m 内	m³	9736.08			
3	010103001001	回填方	1. 密实度要求：夯填 2. 填方材料品种：素土 3. 房心回填	m³	2284.51			
4	010103001002	回填方	1. 密实度要求：夯填 2. 填方材料品种：3：7 灰土 3. 基础回填	m³	5462.88			
		分部小计						
	A.2	地基处理与边坡支护工程						
1	010201001001	换填垫层	1. 材料种类及配比：3：7 灰土 2. 压实系数：≥ 0.97	m³	6019			
		分部小计						
	A.4	砌筑工程						
1	010401001001	砖基础	1. 砖品种、规格、强度等级：标准砖 2. 基础类型：条形 3. 砂浆强度等级：M5 混合砂浆	m³	724.11			
2	010401003001	实心砖墙	1. 砖品种、规格、强度等级：标准砖 2. 女儿墙 3. 砂浆强度等级、配合比：M5 混合砂浆	m³	102.99			
3	010401003002	实心砖墙	1. 砖品种、规格、强度等级：加气砼砌块 2. 墙体类型：墙厚 100 mm 3. 砂浆强度等级、配合比：M5 混合砂浆	m³	176.43			
4	010401003003	实心砖墙	1. 混合砂浆：标准砖 2. 墙体类型：外墙 3. 砂浆强度等级、配合比：水泥砂浆 M5.0	m³	9.68			
5	010401003004	实心砖墙	1. 砖品种、规格、强度等级：加气砼砌块 2. 墙体类型：墙厚 200 mm 3. 砂浆强度等级、配合比：M5 混合砂浆	m³	4191.91			

16.4　模拟工程量清单

工程量清单计价模式经过多年工程实践应用，仍然存在不能完全支持多阶段交易的问题，因此工程实务逐步衍生出"模拟工程量清单"这种变通性方式，发包方将根据方案设计、初步设计图纸或不完备的施工图纸编制的工程量清单称为模拟工程量清单，模拟工程量清单是在工程设计图纸没有或不完备情况下的工程量清单的替代方式。

模拟工程量清单招标实际上是将施工图设计时间、工程量清单编制时间、招投标时间、土方施工时间穿插搭接，在缩短工程开发周期的同时保证设计和建造连续性，从而达到缩短建设时间或快速回收资金的目的。

采取模拟工程量清单方式，在具备初步施工图纸后开始进行模拟工程量清单的编制，既可以节约工程进度，又有利于工程成本控制和管理，通过对比发现，模拟工程量清单控制价招标是介于费率招标和工程量清单招标二者间的折中方式，在模拟工程量清单方式下风险能够相对均衡分担。

由于模拟工程量清单与现行计价规范中标准工程量清单的编制基础不同，所以"模拟工程量清单"与工程量清单招标的最大区别在于工程量的确定，工程量清单的编制基础是构成工程实体的各部分实物工程量，而模拟工程量清单则是依据业主概念设计，参照类似工程的清单项目和技术指标进行编制的暂估工程量清单。

模拟工程量清单有以下优点：

(1) 招标阶段对成本可审。"模拟工程量清单"可以在无图的情况下编制清单，列出每项工程的单价，有助于投资方在审核总包合同金额时进行直观判断。

(2) 过程阶段对成本可知。在项目实施过程中，成本管理部可以通过单方造价结合项目进度，能直接看出目前总包合同的已发生成本金额。

(3) 结算阶段对成本可控。"模拟工程量清单"在项目实施过程通过施工图预算对清单中的暂定工程量更新，可以使总包合同形成总价固定合同，由于投标时施工单位与业主对清单内容达成一致，在结算办理时仅需要加上签证变更部分，可以减少争议，使结算金额可控范围增大。

赛证融合

1.关于分部分项工程项目清单的编制，下列说法正确的是 (　　　)。

A.第二级项目编码为单位工程顺序码

B.应补充描述清单计算规范中未规定的其他独有特征

C.项目名称应直接采用规范附录给定的名称

D.工程量中应包含多种必要的施工损耗量

2. 编制工程量清单时，下列费用属于总承包服务费考虑范围的是 (   )。

A. 总包人对专业工程的投标费   B. 承包人自行采购工程设备的保护费

C. 总包人施工现场的管理费   D. 竣工决算文件的编制费

3. 关于建设工程工程量清单的编制，下列说法正确的是 (   )。

A. 招标文件必须由专业咨询机构编制，由招标人发布

B. 材料的品牌档次应在设计文件中体现，在工程量清单编制说明中不再说明

C. 专业工程暂估价中包括企业管理费和利润

D. 税金、规费是政府规定的，在清单编制中可不列项

4. 工程量清单要素中的项目特征的主要作用体现在 (   )。

A. 提供确定综合单价和依据   B. 描述特有属性

C. 明确质量要求   D. 明确安全要求

E. 确定措施项目

5. 关于招标工程量清单的编制，下列说法正确的有 (   )。

A. 应在预算定额和工程量清单计算规范中选择工程量计算规范

B. 措施项目清单应根据拟建工程实际列项

C. 专业工程暂估价应计入其他项目费

D. 计日工应列出计量单位、暂定数量、暂定金额

E. 总承包服务费的项目名称和服务内容应由招标人填写

6. 按照《住房城乡建设部关于进一步推进工程造价改革的指导意见》(建标〔2014〕142 号) 的要求，工程量清单规范体系应满足 (   )
下工程计价需要。

A. 不同管理需求   B. 不同融资方式

C. 不同设计深度   D. 不同复杂程度

E. 不同承包方式

模块 16 赛证融合
参考答案

思政角

实行工程量清单模式，是促进建设市场有序竞争和健康发展的需要，工程量清单计价是国际通行的计价办法，在我国实行工程量清单计价，有利于提高国内建设各方主体参与国际化竞争的能力。通过建筑工程计量计价更新迭代过程，深刻体会到各类规范举足轻重的作用，树立行业标准与规范意识，增强对从事本行业工作的责任感和使命感，树立崇高的职业理想。

模 块 小 结

本模块重点学习了以下内容：

(1) 工程量清单计价的适用范围，清单计价适用于建设工程发承包及其实施阶段的计价活动。使用国有资金投资的建设工程发承包，必须采用工程量清单计价，非国有资金投资的建设工程，宜采用工程量清单计价。

(2) 分部分项工程项目清单必须根据各专业工程工程量计算规范规定的项目编码、项目名称、项目特征、计量单位和工程量计算规则进行编制。

(3) 措施项目清单应根据相关专业现行工程量计算规范的规定编制，并应根据拟建工程的实际情况列项，措施项目中可以计算工程量的项目（单价措施项目）宜采用分部分项工程项目清单的方式编制。

(4) 其他项目清单是指分部分项工程项目清单、措施项目清单所包含的内容以外，因招标人的特殊要求而发生的与拟建工程有关的其他费用项目和相应数量的清单。

(5) 规费与税金项目清单应按照规定的内容列项，当出现规范中没有的项目时，应根据省级政府或有关部门的规定列项。

(6) 模拟工程量清单实质上是在工程设计图没有或不完备的情况下工程量清单的替代方式，其与现行计价规范中标准工程量清单最大的不同点就是编制基础不同。

同 步 测 试

一、简答题

1. 什么是工程量清单？

2. 分部分项工程量清单由哪些内容构成？

3.《建设工程工程量清单计价规范》对工程量清单编制有哪些一般规定？

二、单选题

1. 关于招标工程量清单编制的说法，正确的有（　　）。

A. 脚手架工程应列入以综合单价形式计价的措施项目清单

B. 暂估价用于支付可能发生也可能不发生的材料及专业工程

C. 暂列金额是招标人考虑工程建设工程中不可预见、不能确定因素而暂定的一笔费用

D. 计日工清单中由招标人列项，招标人填写数量与单价

2. 关于分部分项工程量清单编制的说法，正确的是（　　）。

A. 施工工程量大于按计算规则计算出的工程量的部分，由投标人在综合单价中考虑

B. 在清单项目"工程内容"中包含的工作内容必须进行项目特征的描述

C. 计价规范中就某一清单项目给出两个及以上计量单位时应选择最方便计算的单位

D. 同一标段的工程量清单中含有多个项目特征相同的单位工程，可采用相同的项目编码

3. 在工程量清单编制过程中，用于工程合同签订时尚未确定或者不可预见的所需材料、工程设备、服务的采购，施工中可能发生的工程变更、合同约定调整因素出现时的合同价款调整的金额应列入（　　）。

A. 暂估价   B. 计日工   C. 暂列金额   D. 总承包服务费

4. 关于分部分项工程量清单中项目特征描述的作用的说法，错误的是 (   )。

A. 项目特征是进行概算审查的依据   B. 项目特征是履行合同义务的基础

C. 项目特征是确定综合单价的前提   D. 项目特征是区别清单项目的依据

三、多选题

1. 工程量清单的编制，主要用于 (   )。

A. 编制标底   B. 投标投价   C. 调整工程量

D. 优化设计方案   E. 办理竣工结算

2. 关于分部分项工程量清单的编制，下列说法中正确的有 (   )。

A. 以清单计算规范附录中的名称为基础，结合具体工作内容补充细化项目名称

B. 清单项目的工作内容在招标工程量清单的项目特征中加以描述

C. 有两个或以上计量单位时，选择最适宜表现项目特征并方便计量的单位

D. 除另有说明外，清单项目的工程量应以实体工程量为准，各种施工中的损耗和需
要增加的工程量应在单价中考虑

E. 在工程量清单中应附补充项目名称、项目特征、计量单位和工程量

3. 关于措施项目工程量清单编制与计价，下列说法中正确的是 (   )。

A. 不能计算工程量的措施项目也可以采用分部分项工程量清单方式编制

B. 安全文明施工费按总价方式编制，其计算基础可为"定额基价""定额人工费"

C. 总价措施项目清单表应列明计量单位、费率、金额等内容

D. 除安全文明施工费外的其他总价措施项目的计算基础可为"定额人工费"

E. 按施工方案计算的总价措施项目可以只需填"金额"数值

模块 17 最高投标限价编制

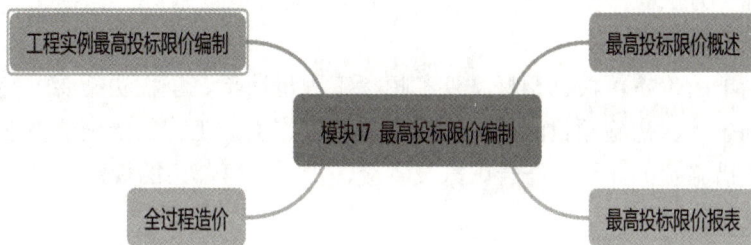

17.1 最高投标限价概述

最高投标限价是招标人可依据招标文件要求、工程实际情况、结合类似工程合理的施工方案及工期数据合理确定计划工期，最高投标限价应基于合理计划工期内完成招标工程所需的费用进行编制，招标人可依据招标工程量清单及同类工程的价格信息和造价资讯等，按相关主管部门规定确定招标工程可接受的最高价格。

1. 最高投标限价编制要求

(1) 相关工程量计算标准；

(2) 招标文件（包括招标工程量清单、合同条款、招标图纸、技术标准规范等）及其补遗、澄清或修改；

(3) 国家及省级、行业建设主管部门颁发的工程计量与计价相关规定，以及根据工程需要补充的工程量计算规则；

(4) 与招标工程相关的技术标准规范；

(5) 工程特点及交付标准、地勘水文资料、现场情况；

(6) 合理施工工期及常规施工工艺、顺序；

(7) 工程价格信息及造价资讯、工程造价数据及指数；

(8) 其他相关资料。

2. 最高投标限价编制内容

最高投标限价编制的内容包括分部分项工程费、措施项目费、其他项目费、税金。具体编制内容如下：

1) 分部分项工程费的编制

分部分项工程费应根据拟定的招标文件中的分部分项工程量清单项目的特征描述及有关要求计价，分部分项工程项目清单中承包人提供材料、发包人提供材料、材料暂估价、按项计价等清单项目的综合单价及价格可根据招标文件和招标工程量清单，以及类似工程的价格信息、价格指数及市场造价资讯等确定。最高投标限价的清单项目综合单价在编制说明中明确其计价方法。

2) 措施项目费的编制

措施项目清单的价格可根据招标文件和招标工程量清单、工程实施要求及常规的施工工艺措施、合同条款、措施项目清单构成明细分析表、类似工程的措施价格信息及市场造价资讯等确定，措施费的计算应符合国家及省级、行业主管部门的规定。

3) 其他项目费的编制

(1) 暂列金额。暂列金额按招标工程量清单中列出的相关金额计价。

(2) 专业工程暂估价。专业工程暂估价按招标工程量清单中列出的相关金额计价。

(3) 计日工。计日工按招标工程量清单中列出的工程内容和要求计价。

(4) 总承包服务费。总承包服务费按招标工程量清单列出的需要投标人提供服务的发包人提供材料、专业分包工程、直接发包的专业工程，以及类似工程价格信息和造价资讯等分别确定各清单项目的服务费或费率并计价。

4) 税金的编制

增值税应以分部分项工程项目清单、措施项目清单、其他项目清单 (专业工程暂估价除外) 的合金额作为计算基础，乘以政府主管部门规定的增值税税率来计算。

3. 最高投标限价的作用

(1) 控制投资成本。最高投标限价能够有效地控制工程的投资成本，防止因投标报价过高而导致投资失控。通过设定最高限价，以利于客观、合理地评价投标报价，可以避免投标人哄抬价格，确保工程投资在预算范围内。

(2) 筛选优质投标人。通过设定最高投标限价，可以筛选出报价合理、技术实力雄厚的优质投标人，提高招标质量。

(3) 平衡各方利益。最高投标限价能够平衡招标人、投标人和承包人之间的利益，确保各方在公平、公正的基础上参与招标活动。

(4) 增强透明度。最高投标限价的公布增强了招标过程的透明度，有利于客观、合理地评审投标报价，避免哄抬标价，造成国有资产流失。

(5) 引导投标报价。最高投标限价反映社会平均水平，为招标人判断最低投标价是否低于成本提供参考依据，避免无序竞争。

(6) 避免投资超概算。我国国有资本项目投资是投资预算审批制度，国有资本投资的项目原则上不能超过批准的投资预算。当最高投标限价超过批准的概算时，招标人应将其报原概算审批部门重新审核，确保投资不超过批准的投资概算。

4. 最高投标限价编制注意事项

(1) 最高投标限价编制说明需要完善。在编制最高投标限价时，应该严格按照规范要求编制，编制说明要尽量详细和全面。例如，在挖基础土方项目上，常见的工程量清单要求投标人在投标报价中根据现场及自身情况自行选择机械挖土和人工挖土的比例，自行考虑土方的场内外运输等，在最高投标限价编制时是怎样考虑的，应在编制说明中说明。

(2) 最高投标限价在组价时要严格按清单要求进行。例如，在措施费用的计算中，要根据拟建设项目可行的施工方案来计算措施费用，特别是在以"项"为单位计价的措施费用计算中，不能随意估计列一笔费用，要通过具体的分析和计算来确定，否则就会给工程结算造成不便。

(3) 最高投标限价对特殊材料的价格和施工方案要作充分调研，慎重定价。在一些特殊复杂工程的最高投标限价编制过程中，要多做调查研究，材料价格的准确性和施工方案的可行性要贴合实际施工现场，

最高投标限价编制

由此编制出合理的最高投标限价。否则，不但不能起到核验施工图设计和概算投资是否吻合的作用，还会影响工程施工的实施进程。

(4) 最高投标限价编制中对工程量清单不清楚的内容要作明确与完善。最高投标限价编制过程中发现工程量清单不清楚不完善的内容，要提醒招标人及时明确或作出补充说明，以保证工程量清单和招标控制价的完整性和准确性。

(5) 最高投标限价编制要避免与招标文件及工程量清单脱节。在分部分项清单项目综合单价的组价过程中，要严格按照特征描述所体现的组价原则来套用定额和计价，招标文件中要求投标人考虑的各种因素包括风险费用，在综合单价的组价中必须考虑。

17.2　最高投标限价报表

工程计价表格的设置应满足工程计价的需要及方便使用的要求。各省、行业建设主管部门可根据本地区、本行业的实际情况，在计价标准要求工程计价表格的基础上补充完善。工程量清单计价表格包括工程计价文件封面、工程计价总说明、分部分项工程和单价措施

项目计价表、措施项目清单与计价表、其他项目计价表、规费和税金项目计价表、其他报表等内容。

1) 最高投标限价使用表格

(1) 表 B.2.1 最高投标限价封面

(2) 表 C.2.1 最高投标限价扉页

(3) 表 D.1.1 最高投标限价编制说明

(4) 表 E.1.1 工程项目清单汇总表

(5) 表 E.2.1 分部分项工程项目清单计价表

(6) 表 E.2.2-1 分部分项工程项目清单综合单价分析表

(7) 表 E.2.3 材料暂估单价及调整表

(8) 表 E.3.1 措施项目清单计价表

(9) 表 E.3.2 措施项目清单构成明细分析表

(10) 表 E.4.1 其他项目清单计价表

(11) 表 E.4.2 暂列金额明细表

(12) 表 E.4.3 专业工程暂估价明细表

(13) 表 E.4.4 计日工表

(14) 表 E.4.5 总成表服务费计价表

(15) 表 E.4.6 直接发包的专业工程明细表

(16) 表 E.5.1 增值税计价表

(17) 表 G.1.1 发包人提供材料一览表

以上各组成内容的具体格式在《建设工程工程量清单计价标准》(GB/T 50500—2024) 附表中有专门的格式介绍，具体可参考执行，工程计价表宜采用统一格式。

2) 工程计价说明

工程计价说明可按下列内容填写：

(1) 最高投标限价编制说明、投标报价填报说明、竣工 (过程) 结算编制说明，宜按下列内容填写：工程概况、建设规模、工程特征、计划工期、合同工期、实际工期、施工现场及变化情况、施工组织设计的特点、自然地理条件、环境保护要求等；编制依据等。

(2) 工程量清单计算规则说明。

17.3 最高投标限价编制

某学生宿舍楼为框架结构，层数为 6 层，建筑高度为 22.5 米，计划工期为 260 日历天。采用综合脚手架，垂直运输机械塔式起重机、施工电梯，人工费指数、机械人工费指数、管理费指数采用河南省发布 2023 年 7 月至 12 月指数，材料价格按 2024 年 3 月份郑州市建设工程主要材料价格信息指导价，指导价中没有的参照市场调查价，试以上述信息为参照编制该项目的最高投标限价，案例部分工程文件表如表 17-1，其余部分可扫描二维码查看。

表 17-1　编 制 说 明

总　说　明	
工程名称：某学生宿舍楼	第 1 页 共 1 页

一、工程概况

1. 建设规模：总建筑面积约 1.8 万平方米学生宿舍楼

2. 工程特征：框架结构，层数为 6 层，建筑高度为 22.5 米

3. 计划工期：260 日历天

4. 施工现场实际情况：施工场地平整

5. 环境保护要求：必须符合当地环保部门对噪音、粉尘、污水、垃圾的限制或处理的要求

二、招标范围

该项目施工图纸范围内的土建工程

三、编制依据

(1) 某省城乡建筑设计院有限公司施工图纸

(2)《建设工程工程量清单计价规范》(GB 50500—2013)

(3)《房屋建筑与装饰工程工程量计算规范》(GB 50854—2013)

(4)《河南省房屋建筑与装饰工程预算定额》(HA-01—2016)

(5) 学生宿舍楼工程勘察报告

(6) 人工费指数、机械人工费指数、管理费指数采用河南省发布 2023 年 7 月至 12 月指数

(7) 材料价格按 2024 年 3 月份郑州市建设工程主要材料价格信息指导价，指导价中没有的参照市场价

(8) 施工现场情况和地形地貌

(9) 与本工程项目相关的施工方案

(10) 与本工程项目有关的标准、规范

四、计价说明

1. 通用说明

1.1 分部分项工程量清单计价：根据本项目工程量清单中的分部分项工程量清单的项目特征、工程量，套用相应专业的计价定额进行计价

1.2 总价措施项目计价：根据河南省 2016 定额中相应的费用标准计价。

1.3 单价措施项目计价：根据本项目工程量清单中的单价措施项目工程量清单的项目特征、工程量，套用相应专业的计价定额进行计价。

1.4 其他项目清单计价：暂列金额、材料 (设备) 暂估价、专业工程暂估价、计日工、总承包服务费根据工程量清单给定的项目内容、金额和数值计量计价

续表

1.5 规费和税金清单计价：根据工程量清单给定的费率标准计价
1.6 材料价格依据：按业主要求参照信息价，工程量清单中有品质品牌要求的，按相应的品质品牌的市场调查价进行组价计算
2. 专用说明
2.1 本预算按塔吊、预拌混凝土 泵送、预拌砂浆计算
2.2 土方工程按图纸及现场标高计算，不考虑外运
2.3 垂直运输费按建筑面积计算，不执行定额规定的调整系数
2.4 混凝土、钢筋混凝土模板及支架工程量按图纸计算
2.5 大型机械设备进出场及安拆：塔式起重机、施工电梯按审定的施工组织设计中场地平面图计取
2.6 雨水管计入土建工程
2.7 女儿墙内侧按涂料考虑

表 -01

17.4　全过程造价

其他相关报表及
综合单价分析表

　　住房和城乡建设部发布"十四五"建筑业发展规划，明确加快建立全过程工程咨询服务交付标准、工作流程、合同体系和管理体系，明确权责关系，完善服务酬金计取方式，发展涵盖投资决策、工程建设、运营等环节的全过程造价工程咨询服务模式。

1. 全过程造价内容

　　(1) 拓展工程造价咨询业务范围。

　　(2) 优化业务结构，在服务阶段、服务层次、服务领域等方面进行全方位的业务拓展。

　　(3) 探索研究建筑物碳计量、信息工程计价等新业务的市场开发。

　　(4) 制定全过程工程造价咨询服务技术标准和合同范本。

　　(5) 推广以造价管理为核心的全面项目管理服务，为项目管理总承包模式的发展提供投融资管理、投资控制、设计优化等咨询服务。

　　(6) 推动信息技术创新转型升级，向工程咨询价值链高端延伸，运用 BIM、大数据、云技术等信息化先进技术，提升工程造价咨询服务价值。

2. 全过程造价职业技能

　　前期阶段造价全过程核心工作包括编制成本指标、合约规划、招标计划、资金计划、设计优化、经济评价、方案比选。

　　招标阶段造价全过程核心工作包括编制招标文件、招标工程量清单，招标控制价、清标、合同。

　　实施阶段造价全过程核心工作包括月报管理、台账管理、成本动态管理、支付管理、索赔管理、变更管理、合同价格管理。

　　结算阶段造价全过程核心工作包括结算编制、结算审核、结算定案。

　　对从业人员的能力要求包括计量计价的能力、分析合同与相关政策的能力、对工程变更的认知能力、竣工结算与决算编制能力、沟通能力等。

全过程造价管理

赛证融合

1. 关于招标工程量清单中分部分项工程量清单的编制，下列说法正确的是（　　）。

A. 所列项目应该是施工过程中以其本身构成工程实体的分项工程或可以精确计量的措施分项项目

B. 拟建施工图纸有体现，但专业工程量计算规范附录中没有相对应项目的，则必须编制这些分项工程的补充项目

C. 补充项目的工程量计算规则，应符合"计算规则要具有可计算性"且"计算结果要具有唯一性"的原则

D. 采用标准图集的分项工程，其特征描述应直接采用"详见××图集"方式

2. 下列关于最高投标限价说法正确的是（　　）。

A. 采用工程量清单招标的工程必须编制最高投标限价

B. 最高投标限价根据市场价格信息上浮或下调

C. 投标人对工程最高限价有异议的，在最高报价公布 7 天内向工程管理机构投诉

D. 工程造价管理机构复查最高投标限价大于 ±3% 时，责成招标人改正

3. 关于工程量清单计价，下列表达式正确的是（　　）。

A. 分部分项工程费 = $\sum$（分部分项工程量 × 相应分部分项的工料单价）

B. 措施项目费 = $\sum$（措施项目工程量 × 相应的工料单价）

C. 其他项目费 = 暂列金额 + 材料设备暂估价 + 计日工 + 总承包服务费

D. 单位工程造价 = 分部分项工程费 + 措施项目费 + 其他项目费 + 规费 + 税金

4. 在工程量清单计价中，下列费用项目应计入总承包服务费的是（　　）。

A. 总承包人的工程分包费

B. 总承包人的管理费

C. 总承包人对发包人自行采购材料的保管费

D. 总承包工程的竣工验收费

5. 根据《建设项目工程总承包合同（示范文本）》(FS-2020—0216)，暂估价用于支付

必然发生但暂时不能确定价格的 (　　)

　　A. 专业服务　　B. 计日工　　C. 专业工程　　D. 材料设备　　E. 设计变更

6. 关于其他项目清单与计价表的编制，下列说法正确的有 (　　)。

　　A. 材料暂估单价进入清单项目综合单价，不汇总到其他项目清单计价表总额

　　B. 暂列金额归招标人所有，投标人应将其扣除后再做投标报价

　　C. 专业工程暂估价的费用构成类别应与分部分项工程综合单价的
　　　　构成保持一致

　　D. 计日工的名称和数量应由投标人填写

　　E. 总承包服务费的内容和金额应由投标人填写

模块 17 赛证融合
参考答案

思政角

　　招标控制价作为建筑工程的最高投标限价，不仅是投标人参照的最高投标价格，也是招标人控制工程成本的前提，其重要性毋庸置疑。学习过程中明确工程造价岗位职业道德要求，通过案例实操提高专业技能，具有理论联系实际、实事求是的工作作风和科学严谨的工作态度，鞭策自己在未来职业生涯中树立良好的职业素养，培养精益求精的工匠精神和求真务实的工作态度。

模 块 小 结

　　本模块重点学习了以下内容：

　　(1) 最高投标限价是根据国家或省级、行业建设主管部门颁发的有关计价依据和办法，以及拟定的招标文件和招标工程量清单，招标人在工程造价控制目标的限额范围内，设置的最高限价，一般应包括总价及分部分项工程费、措施项目费、其他项目费、税金，各个部分有不同的计价要求。

　　(2) 分部分项工程费的编制应根据拟定的招标文件中的分部分项工程量清单项目的特征描述及有关要求计价。

　　(3) 措施项目费的编制要注意结合项目施工环境的因素。其他项目费的编制应按招标工程量清单中所列出的项目根据工程特点和有关计价依据计算。税金应按国家或省级、行业建设主管部门的规定计算，不得作为竞争性费用。

　　(4) 工程造价全过程咨询核心价值在于多维的数据集成、信息共享、各方协同，能够实现模拟设计、建造和工程管理，提高管理绩效。推广以造价管理为核心的全面项目管理服务，可为项目管理总承包模式的发展提供投融资管理、投资控制、设计优化等咨询服务。

同 步 测 试

一、简答题

1. 如何编制最高投标限价？

2. 最高投标限价的作用有哪些？

3.《建设工程工程量清单计价标准》对最高投标限价有哪些一般规定？

二、单选题

1. 根据我国现行的工程量清单计价办法，单价采用的是 (　　)。

A. 预算单价　　　　　B. 市场价格　　　　　　　C. 综合单价　　　　　　　D. 工料单价

2. 计日工综合单价包括 (　　)。

A. 人工费

B. 人工费、材料费、机械费

C. 人工费、材料费、机械费、管理费

D. 人工费、材料费、机械费、管理费、利润

3. (　　) 不属于措施费。

A. 二次搬运费　　　B. 检验试验费　　　　　C. 临时设施费　　　　　D. 夜间施工费

4. 招标工程量清单必须作为招标文件的组成部分，其准确性和完整性应由 (　　) 负责。

A. 招标人　　　　　B. 投标人　　　　　　C. 招标代理机构　　　　D. 招标监督机构

5. 使用国有资金投资的建设工程发承包，(　　) 采用工程量清单计价。

A. 宜　　　　　　　B. 必须　　　　　　　C. 可以　　　　　　　　D. 不得

三、多选题

1. 最高投标限价编制依据有 (　　)。

A.《建设工程工程量清单计价标准》　　B. 拟定的投标文件

C. 建设工程设计文件及相关资料　　　　D. 施工现场情况

E. 工程特点及常规施工方案

2. 根据《建设工程工程量清单计价标准》(GB/T 50500—2024)，在其他项目清单中，由业主估算来决定的其他项目费有 (　　)。

A. 暂估价　　　　　　　　　　　　　B. 计日工

C. 工程排污费　　　　　　　　　　　D. 暂列金额

E. 总承包服务费

3. 采用《建设工程工程量清单计价标准》(GB/T 50500—2024) 进行招标的工程，企业在投标报价时，不得作为竞争性费用的有 (　　)。

A. 垂直运输费　　　　　　　　　　　B. 临时施费

C. 分部分项工程费　　　　　　　　　D. 住房公积金

E. 税金

参 考 文 献

[1] 中华人民共和国住房和城乡建设部，国家市场监督管理总局．GB/T 50854—2024 房屋建筑与装饰工程工程量计算标准 [S]．北京：中国计划出版社，2024．

[2] 中华人民共和国住房和城乡建设部，国家市场监督管理总局．GB/T 50500—2024 建设工程工程量清单计价标准 [S]．北京：中国计划出版社，2024．

[3] 河南省建筑工程标准定额站．HA 01-31—2016 河南省房屋建筑与装饰工程预算定额 [S]．北京：中国建材工业出版社，2016．

[4] 中华人民共和国住房和城乡建设部标准定额研究所．TY 01-31—2015 房屋建筑与装饰工程消耗量定额 [S]．北京：中国计划出版社，2015．

[5] 中华人民共和国国家标准．GB 55031—2022 民用建筑通用规范 [S]．北京：中国建筑工业出版社，2023．

[6] 中华人民共和国住房和城乡建设部、财政部《关于印发〈建筑安装工程费用项目组成〉的通知》(建标 [2013]44 号)．

[7] 朱溢镕，韩红霞，张霞．建筑工程计量与计价(河南版)[M]．北京：化学工业出版社，2018．

[8] 宋显锐，王莹．建筑与装饰工程计量与计价[M]．武汉：武汉理工大学出版社，2021．

[9] 全国造价工程师职业资格考试培训教材编审委员会．建设工程技术与计量(土木建筑工程)[M]．北京：中国计划出版社，2025．

[10] 全国造价工程师职业资格考试培训教材编审委员会．建设工程造价案例分析(土木建筑工程、安装工程)[M]．北京：中国计划出版社，2025．

[11] 全国造价工程师职业资格考试培训教材编审委员会．建设工程计价[M]．北京：中国计划出版社，2025．

[12] 肖明和，关永冰，胡安春．建筑工程计量与计价实务[M]．北京：北京理工大学出版社，2022．

[13] 何玉红，黄慧．建筑工程计量与计价[M]．郑州：郑州大学出版社，2017．

[14] 杨建林，王慧萍．建筑工程计量与计价[M]．北京：北京大学出版社，2021．

[15] 张强，易红霞．建筑工程计量与计价：透过案例学造价[M]．北京：北京大学出版社，2014．

[16] 夏占国．建筑工程计量与计价[M]．郑州：郑州大学出版社，2020．

[17] 郑伟．建筑施工技术[M]．长沙：中南大学出版社，2022．

[18] 马丽华，王秀英．建筑工程计量与计价[M]．北京：机械工业出版社，2013．

[19] 易红霞，周金菊．建筑工程计量与计价[M]．长沙：中南大学出版社，2013．

高等院校土建类专业信息化系列教材

BIM建筑工程
计量与计价

■ 主编◎谭攀静　郑晓茜